"十四五"普通高等教育本科部委级规划教材

中央高校基本科研业务费专项资金资助（项目编号：2021RC016,2022RC035）

环境与生态创新研究书库　丛书主编／李祥珍

———— 环境与生态创新研究书库 ————

海洋蓝色碳汇
理论、计量及交易基础

主　编／李祥珍　侯翱宇　柴　利

副主编／郅　红　姜文博　冯　笑

参　编／宋子晟　刘　奥　张会朝　田英涛　杨佳莹

　　　　田渝川　蔡季晨　李上红　刘　冰　顾卓尔

　　　　王萍萍　杨明楠　陈帅丞　秦子涵　管佳远

U0216857

中国纺织出版社有限公司

图书在版编目（CIP）数据

海洋蓝色碳汇理论、计量及交易基础 / 李祥珍，
侯翱宇，柴利主编 . -- 北京 : 中国纺织出版社有限公司 , 2024. 9. -- ISBN 978-7-5229-2160-0

Ⅰ . X511

中国国家版本馆 CIP 数据核字第 2024LJ4953 号

责任编辑：房丽娜　　责任校对：王蕙莹　　责任印制：储志伟

中国纺织出版社有限公司出版发行
地址：北京市朝阳区百子湾东里 A407 号楼　邮政编码：100124
销售电话：010—67004422　传真：010—87155801
http://www.c‑textilep.com
中国纺织出版社天猫旗舰店
官方微博 http://weibo.com/2119887771
三河市宏盛印务有限公司印刷　各地新华书店经销
2024 年 9 月第 1 版第 1 次印刷
开本：710×1000　1 / 16　印张：19.75
字数：300 千字　定价：58.00 元

前　言

　　海洋是地球上最大的生态系统，其广袤的水域覆盖了地球表面约71%的面积。作为地球的"蓝色心脏"，海洋不仅孕育了丰富的生物，还在全球气候调节和碳循环中扮演着至关重要的角色。在应对全球气候变化的背景下，海洋碳汇功能逐渐被各国政府、学术界和公众广泛关注。

　　"蓝色碳汇"是指沿海和海洋生态系统（如红树林、盐沼和海草床等）通过光合作用吸收和存储大气中的二氧化碳的过程。与陆地森林相比，海洋蓝色碳汇具有更高效的碳储存能力和长期稳定性。因此，保护海洋蓝色碳汇生态系统不仅有助于减缓气候变化，还能提供诸多生态服务，如防止海岸侵蚀、保护渔业资源和改善水质等。

　　本书旨在为读者提供一个全面而系统的海洋蓝色碳汇理论、计量及交易基础的知识框架。全书分为三个主要部分：第一部分详细介绍了当今世界面临的气候变化挑战及能源革命与技术创新前景，进而介绍碳排放与双碳行动的基本知识。第二部分从海洋生态系统出发，展开介绍了碳汇与碳循环的作用，引出海洋蓝色碳汇的基本概念、重要性及其在全球碳循环中的作用。读者将了解海洋蓝色碳汇生态系统的类型、分布、生态功能及其计量方法，并进一步探讨海洋碳汇的发展现状、问题与挑战。第三部分探讨了蓝色碳汇的交易机制和政策框架。随着碳市场的发展，蓝色碳汇作为一种新型的碳资产，其交易模式和监管政策也在不断完善。此部分深入剖析了碳汇交易的基本理论、当前蓝色碳汇的国内外现状、挑战及未来发展趋势。

　　本书的创新之处主要体现在以下几个方面：第一，经典案例引用。本书精心挑选了国内外经典的蓝色碳汇项目案例，通过调查和分析，为读者提供真实的参考和启示。这些案例不仅展示了成功的经验，也探讨了面临的挑战和解决方案。第二，拓展阅读等前沿文献导读。本书每章末都设计了丰富的拓展阅读材料和前沿文献导读，涵盖了最新的研究成果和热点话题。这些材料将帮助读者深入理解当前领域的前沿动态，并引导其进行更深层次的探索和研究。第三，跨学科的综合视角。本书不仅涵盖了生物学、生态学、环境科学等基础知识，还融合了经济学、社会学和政策研究的内容。通过多学科的综合视角，读者可以更全面地了解和把握蓝色碳汇的复杂性和多样性。第四，互动学习设计。书中配有图表、数据、案例分析和相关情景设置，设计了多样化的互动学习环节，如思考题、讨论题和实践活动。这些设计旨在激发读者的主动思考和实践能力，帮助其更好地理解和应用所学知识。

　　本书以通俗易懂的语言讲述海洋蓝色碳汇的基本理论，适合高等院校环境相关专业的学生和研究人员在专业教育中作为辅助教材使用，也适用于其他通识类课程或选修课。同时，环境政策制定者以及对海洋碳汇感兴趣的公众也可以阅读。

　　本书在编写时引用了许多国内外相关领域的最新成果，在此向成果引用涉及的专家和学者致以由衷的感谢。由于编写时间及编者水平有限，书中不足之处和纰漏敬请读者指正。希望通过本书的学习，读者能够深入理解海洋蓝色碳汇的重要性和潜力，并积极参与到蓝色碳汇的保护和可持续利用中来，为全球应对气候变化和生态环境保护贡献智慧和力量。

　　愿本书成为您探索海洋蓝色碳汇世界的启航之帆！

编　者

2024 年 5 月 30 日

目　录
Contents

第一章

面向未来的生存之战

"地球变成水球，海平面升高造成的温室效应，使人类的家园逐渐被淹没在一片汪洋中。人们只能依靠漂浮的人工岛屿来维持生存。稀缺的土地、淡水成为幸存者们争夺的焦点。"这是 1995 年上映的科幻电影《未来水世界》里的一个虚拟镜头，20 多年后的今天，人类却担忧电影里的虚幻镜头变成现实。

气候变化已成为人类面临的共同挑战。工业革命以来，大气中温室气体浓度急剧上升，大规模使用化石燃料排放的二氧化碳等使全球气候变暖趋势进一步加剧。地球上大部分地区都因气温升高、海平面升高、极端气候事件频发、全球气候变暖而深受影响，给人类带来了巨大的生存与发展的挑战。全球粮食、水资源、生态系统、能源、基础设施、人民生命财产安全等都面临着长期而重大的威胁。

绿水青山就是金山银山，保护生态环境就是保护生产力，改善生态环境就是促进生产力发展。应对气候变化代表全球向绿色低碳转型的大方向，推动能源资源升级转型、产业结构转型，以科技创新为引擎，引导经济社会向更加环保的方向迈进，走出一条发展与保护相协调、生态环境健康的新路子，使之成为经济社会可持续发展的支柱。

气候变化带来的挑战是现实的，是严峻的，也是长期的。虽然前路漫漫，但各国应该抱着人类命运共同体的理念，团结一致，志存高远，一起应对气候变化的挑战，一起保卫人类共同的家园——地球。

第一节　全球气候变化

- ★ 了解全球变暖的原因及其主要驱动因素
- ★ 掌握气候变化的全球和区域影响
- ★ 掌握温室气体是如何促使全球变暖的
- ★ 评估气候变化对生物多样性和人类健康的影响
- ★ 探索气候变化缓解和适应策略，研究并评估各种缓解和适应气候变化的策略，包括可再生能源的使用、碳排放减少和生态保护措施

联合国政府间气候变化专门委员会（Intergovernmental Panel on Climate Change，IPCC）的报告显示，由于人类活动的影响，2011~2020年十年间全球平均气温较工业化前（1850~1900年）上升了约1.1℃，2023年更是有记录以来最热的一年。气候灾害的增加在过去二十年间造成超过120万人死亡、超过40亿人受灾的同时，气候变化也在冲击着农业生产和人类赖以生存的地球生态系统，挑战着人类的粮食安全。气候变化影响日益显著，已成为人类社会面临的持续挑战中最为严峻的一项。

受化石燃料的影响，全球平均气温的上升比以往的变化更快。除此之外，森林砍伐以及一些农业和工业实践也增加了温室气体的排放，特别是二氧化碳和甲烷。二氧化碳是大气中最常见的温室气体，在所有气候变暖污染物中所占比例约为75%。这种气体主要由生产和燃烧过程产生，如石油、天然气和煤炭等。甲烷是另一种常见的温室气体，虽然它只占总排放量的16%，但它吸收热量的能力大约是二氧化碳的25倍，这种气体的来源包括农业泄漏（主要是家畜）、石油和天然气生产泄漏、垃圾填埋场产生的废弃物等。2019年大气中二氧化碳和甲烷的浓度与1750年相比分别上升了约48%和160%。这些气体的大量存在使热量更多地滞留在地球的低层大气中，从而导致全球气候变暖，这

就叫温室效应（Greenhouse Effect）。环境受到气候变化的影响越来越大，沙漠正在扩大，北极地区的变暖加剧导致了永久冻土的融化、冰川的退缩和海冰的减少。更高的温度也造成了更强烈的风暴、干旱和其他极端天气，山区、珊瑚礁和北极的快速环境变化迫使许多物种迁移或灭绝。即使减少未来变暖的努力取得成功，一些影响也将持续几个世纪，包括海水升温、海水酸化、海平面的升高等。气象学家认为，全球气温将在几十年内持续升高，主要原因是人类活动产生的温室气体造成的。IPCC 的评估报告显示，究竟气候变化造成的影响会有多严重，还要看人类今后的活动路线。更多的温室气体排放会导致我们这个星球上的极端气候更多、破坏力更大。

"如果没有全球气候变化温度升高的影响，西非本月早些时候的气温飙升至 110 华氏度以上是不可能的"，这是根据世界天气归因联盟的一项新研究得出的结论。该联盟调查了全球变暖和全球极端天气事件之间的联系，通过历史天气数据和计算机模型的结合，确定温室气体排放造成的影响。2024 年 3 月底和 4 月初席卷西非部分地区的致命热浪，布基纳法索部分地区的气温达到华氏 113 度，而马里的卡耶斯市的气温高达华氏 119 度，这是非洲大陆有记录以来最热的 4 月份。极端高温也影响了尼日尔、尼日利亚、贝宁、多哥、加纳、科特迪瓦、毛里塔尼亚、塞内加尔、冈比亚、几内亚比绍和几内亚的部分地区，数百万人受到极端气温的影响。在马里，巴马科市加布里埃尔·图尔斯医院报告称，几天内有 100 多人死亡。如果没有全球变暖的影响，这一事件的严重程度将大大降低，在一个没有人为气候变化的世界里，同样的热浪会比现在低 1.5℃。

全球气候变化不是未来的问题。科学家们早年关于全球气候变化会造成的影响的预测在现在已经成为现实，温室气体的过多排放而导致的地球气候变化已经对地球环境造成了深远的影响。

一、海平面上升

气候变暖的首要表现是海平面上升。海平面上升是指陆地冰层融化，海洋变暖，海水逐渐膨胀。海平面最近几十年加速上升的趋势比较明显，海平面上升主要是因为气候变暖导致的海洋热膨胀以及南极冰川的消融。自 1880 年有可靠记录以来，全球海平面已经上升了约 8 英寸（0.2 米）。科学家预测，海平面在 2100 年前至少会再上升 0.3 米。欧盟约 1/3 的人口居住在距离海岸 50 公里的地区，这些地区的 GDP 超过欧盟 GDP 的 30%。5 米以内的欧洲海域资产加起来，经济价值在 5000 亿~1 万亿欧元。海平面上升将加剧沿海地区洪水和水土流失的风险，也将对这些地区的人民、基础设施、企业和自然造成严重后果。

二、干旱气候加剧

　　干旱是指长期无雨或少雨，使土壤水分不足、作物水分平衡遭到破坏而减产的气象灾害。高温加速了水的蒸发，再加上降水的缺乏，增加了严重干旱的风险。由于气候变化，许多地区面临的旱情更为频繁，程度也更为严重，持续时间也更久。干旱是由降水不足和蒸发共同造成的，不同于因常年过量消耗水资源而出现的结构性缺水。干旱往往会产生连锁反应，例如对交通基础设施、农业、林业、水和生物多样性造成恶劣影响。这些连锁反应已经并将继续对全球农业产生重大的负面影响，因为高温、干旱、洪水、害虫、疾病的增加，土壤健康状况下降，适合种植作物的地区减少，树木越来越多地死于干旱，农业生产出现了大量损失，生态系统遭到巨大破坏。

三、极端气候增加

　　气候变暖不仅会使气温升高，降水也会越来越极端。大气温度每升高1℃，空气中就会多出7%的水分。大气中水分的增加会导致山洪爆发，引发更具破坏性的飓风，甚至是更强的暴风雪。气候变暖，冰河消融，海平面上升，降雨模式改变，蒸发增加，从而导致各种极端气候现象大幅度增加。

四、生物多样性的损失

　　高温还会改变许多动植物物种的分布和丰富程度，气候变化发生得如此之快，已经严重影响了地球的生物多样性。气候变化对生物多样性的直接影响包括动植物物种的行为和生命周期、物种丰度和分布、群落组成、栖息地结构和生态系统过程的变化。气候变化对生物多样性的间接影响也是通过土地等资源利用方式的改变。由于其规模、范围和速度，这些影响可能比直接影响更具破坏性。间接影响包括：过度开发，空气、水和土壤污染以及入侵物种的扩散，它们将进一步降低生态系统对气候变化的适应能力，降低其提供基本服务的能力。气候变化的影响，如海面温度升高、海洋酸化以及海流和风型的变化，将影响海洋的物理和生物构成。温度和海洋环流的变化有可能改变鱼类的地理分布，不断上升的海洋温度也可能使外来物种扩张到它们以前无法生存的地区，如今的礁石已是高度濒危的生态系统。当珊瑚面临环境压力时，在高温条件下会将色彩斑斓的海藻排出，变成鬼魅般的白色，这种现象称为珊瑚白化。在这种虚弱的状态下，它们更容易死亡。这些变化都会对沿海和海洋生态系统产生难以避免的影响，这些影响会在很多地区造成重大的社会和经济后果。

五、人类健康的威胁

世界卫生组织（World Health Organization，WHO）将气候变化称为全球健康在21世纪面临的巨大威胁。在一些传染疾病流行的地区，大多数传染疾病如登革热，发生在一年中较温暖的时期。此外，频繁和严重的高温天气可能导致老年人和病人出现更多的热应激和不适。如果不采取行动改变地区气候变暖的趋势，社会和生态系统将面临严重的风险。世界贫困地区其温室气体排放量占全球排放量的比例比较小，但适应气候变化的能力最弱，也最容易受到气候变化的影响。

思考题

- 气候变化给城市或乡村会带来什么影响？
- 针对地球变暖，我们应该采取什么措施？
- 气候变化与天气极端化之间有何联系？
- 海洋生态系统受气候变化的长期影响有多大？
- 二氧化碳与甲烷在温室气体中的作用差别在哪里？甲烷在大气中所占比例虽然较低，但其温室效应却大大超过二氧化碳的原因是什么？

第二节　能源革命与技术创新

一、世界三次能源革命

第一次能源革命以蒸汽机的发明和煤炭的大规模使用为主要标志，人类开始进入煤
炭能源时代。第一次能源革命使我们的经济从农业转为工业，生产过程变得机械化，工
业产品第一次被大规模制造出来。在这一时期，蒸汽机的发明和金属锻造的发展，彻底
改变了商品的生产和交换方式，例如纺纱机、织布机的发明，以现在的老式机器取代了
原来的手工织布机，轮船替代马车来运输货物。

第二次能源革命主要围绕电力的发明、石油和天然气的广泛应用。石油、天然气的大
面积开采以及柴油机、汽油机的发明和使用，使石油、天然气与煤炭一并成了世界主要能
源。在此期间，钢铁和化学制品都得到了大规模的发展；电报和电话的出现代表着通信技
术得到了一个跨越性的发展；飞机和汽车的发明，带来了交通运输技术突飞猛进的发展。

现在我们正在经历以"低碳化、无碳化"理念为核心的第三次能源革命，是由高碳

能源向低碳能源，传统化石能源向太阳能、风能和地热能等可再生能源的转变。

IPCC 认为，过去50年全球变暖主要是由于化石燃料的排放造成的温室效应加剧，如石油、天然气和煤炭的燃烧。《巴黎协议》的目标是将21世纪全球平均气温的上升控制在2℃以内，并将全球气温上升控制在前工业化时期水平之上1.5℃以内。要达到这一目标，必须在2050年前达到气候中和，即采取各种措施实现温室气体的净零排放，这意味着必须尽快实现新能源包括可再生能源的大力推广使用。

全球多数国家承诺要大幅削减温室气体排放，这是世界各国为应对气候变化所做的努力之一，意味着各国将逐步淘汰化石燃料，使用低排放能源。在2023年的联合国气候变化会议上，超过100个国家设定了到2030年将可再生能源容量增加两倍的目标。欧盟的目标是到2030年40%的电力来自可再生能源。同时，可再生能源在世界各地的分布也比化石燃料更加均匀，化石燃料的主产国只集中在有限的几个国家。通过以上措施，最大程度减少化石燃料燃烧带来的空气污染和人类健康损害。

二、新能源

新能源是指那些可替代化石燃料能源，来自自然界里能够持续利用的能源。随着全球对能源可持续性和环境保护意识的增强，新能源的发展和利用已经成为当今世界各国政府和企业关注的焦点之一。新能源包括但不限于太阳能、风能、地热、潮汐能、生物能等，具有取之不尽、用之不竭的特点，对减缓气候变化、降低能源消耗、改善空气质量具有十分重要的意义。随着技术的进步和应用的推广，新能源已经逐渐成为能源领域的重要组成部分，为人类社会的可持续发展提供重要支撑。

（一）太阳能

太阳每天都照耀着地球，人们可以利用开放空间和建筑物屋顶上的光伏模块来发电。太阳能电池在光伏组件中将太阳光中的能量转换成可利用的电力，这意味着可以利用太阳能电池——光伏发电。

人们也可利用太阳能获取热量。太阳能集热器吸收太阳光中的能量，将其转移到储热罐中，这就是太阳能集热器的特点。储存的能量可以通过热交换器用于加热。

太阳能是所有能源中最丰富的，甚至可以在多云的天气中利用太阳能技术通过光伏板将太阳能转化为电能。过去十年里太阳能电池板的制造成本大幅度下降，更广泛、深入地走向世界每一个角度，特别是不发达地区。太阳能电池板的寿命大约是30年。

（二）风能

风能已经使用了几千年，但在过去的几年里，陆上和海上风能技术得到了革命性的发展。世界风能的技术潜力超过了全球电力生产，而且世界上大多数地区都有足够的潜力来实现风能的大规模使用。

风是一种近乎永恒的自然力量，我们可以利用风力涡轮机带动发动机来生产可再生的电力能源。其工作原理如下：风力驱动风力发电机的叶片，再由发电机将收集到的风能转换成电能。

（三）地热能

地热能指的是在地表以下储存的热量，一般来说地下越深，温度越高，可利用这些热量进行发电。为了做到这一点，可以利用水井或其他方法从地热储层中提取地球内部可利用的热能。水通过管道从地表进入地球内部，在那里加热、蒸发再返回地面，水蒸气带动涡轮机和发电机，将储存的地热能转换为电能。

自然温度足够高且具有渗透性的储层被称为热液储层，而温度足够高但经过水力增产的储层被称为增强型地热系统。一旦到达地表，不同温度的液体就可以用来发电。热液储层发电技术已有100多年的历史，成熟可靠。

（四）潮汐能

潮汐能来源于利用海水的动能和热能来产生电能或热能的技术，尚处于开发初期的潮汐能源系统正在摸索中。海洋能源的潜力在理论上可以轻而易举地超越目前人类对能源的需求，而且海洋能源的潜力巨大。

（五）生物能

生物能是由各种被称为生物质的有机材料生产的，比如木材、木炭、动物粪便和其他用于供热和发电的肥料，以及用于生物燃料的农作物如油菜籽、玉米和向日葵等。生物质在特殊的沼气池中发酵，这就产生了沼气，沼气可以燃烧产生热量和电力。可再生原料和厨房垃圾被用来制造清洁能源。农村的生物质大部分用于烹饪、照明和取暖，这种生物质由于成本低、采集和使用方便而通常被发展中国家广泛使用。

现代生物质系统包括专用作物或树木的残留物、农业和林业的残留物，有机物质的种类也多种多样。燃烧生物质产生能源尽管也会产生温室气体，但排放量低于燃烧煤炭、石油或天然气等化石燃料。然而，鉴于人们可能为获取树木等生物质能源对森林滥砍滥伐，人类只能有限地使用生物能源。

（六）"新石油"：锂和氢能

"新石油"是一个极其形象生动的比喻，用来描述锂和氢能源在当今世界能源转型中的重要地位和潜力。锂离子电池是一种重要的电池技术，在移动设备、电动汽车、储能系统等方面都有广泛的应用，它是一种利用锂离子在正负极之间运动来进行电能储存和释放的可充电电池。氢能源是指利用氢气作为能源的一种形式，被视为具有重要应用前景的清洁高效可持续能源之一。由于全球对化石燃料的依赖程度较严重，寻找可替代能源已经成为当前全球最迫切的任务之一。电动汽车、储能系统等领域已经广泛应用锂电池技术，能够减少对石油的需求，氢能源则可以在运输和工业领域作为减少对石油依赖的清洁燃料使用。锂和氢能源相比传统石油具有更低的碳排放，能够减少尾气排放、改善空气质量、减少温室气体排放，有助于应对气候变化和环境污染问题。锂电池技术和氢能技术正在不断发展和成熟，相关产业链也在迅速壮大。随着技术进步和成本下降，锂和氢能源的应用拥有广阔的市场前景。

三、新能源技术转型

促进可持续发展和应对气候变化的关键要素之一是新能源技术的革命。由于全球对能源安全、环境污染和气候变化的日益重视，新能源技术的研发和应用已成为国际社会的共同追求。

几十年来，人类社会取得了重要的进步，许多创新的新能源技术不断涌现，如太阳能、风能、地热能、潮汐能和生物能等。这些技术以其绿色、清洁、可再生的特点，为解决能源问题、减缓气候变化、改善环境质量提供了新的途径和可能性。但是新能源技术仍面临着诸多挑战，包括技术成本、能源存储、系统集成、基础设施建设等方面。新能源技术的发展，创新是关键。通过不断地创新，我们可以降低新能源产业的成本，提高效率，增强稳定性，拓展应用领域，从而推动新能源技术向更广泛的应用迈进。

（一）储能技术

新能源中一个最激动人心的创新领域就是储能。随着电池技术的进步，大容量的锂电池在电动汽车上得到了充分的应用，电动汽车一次充电可行驶距离大大增加，这是电动汽车能否大规模进入家庭的关键因素。太阳能和风能等可再生能源产生的多余能量也可以存储，使它们更加灵活可靠。智能电网使用复杂的算法来平衡供需，这是另一个有助于优化可再生能源使用的关键趋势。

（二）太阳能光伏技术

太阳能已经成为全球能源转型的重要一环。近年来，太阳能技术在转换效率、持久性和便捷度等方面取得了长足进步。研究人员不断开发先进的制造技术和新型光伏材料，以提高太阳能光伏板的转化效率，同时降低生产成本。此外，薄膜太阳能技术、聚光太阳能技术的进步扩大了太阳能应用的可能。这些技术创新和进步使太阳能电池板更容易被更广泛的消费者和企业使用，加速了太阳能的利用。

太阳能与智能电网技术的结合正在彻底改变能源行业。智能电网可以实现电力的双向流动，允许家庭和企业产生的多余太阳能反馈到电网中。这种整合改善了电网的稳定性，提高了能源系统的效率。

随着太阳能创新技术的引入，交通运输业正在经历一场变革。太阳能电动汽车和太阳能充电站正在为可持续和清洁交通铺平道路。太阳能电动汽车利用太阳能，减少对化石燃料的依赖，为更环保的未来做出贡献。

浮动太阳能是一种太阳能系统，是将光伏板安装在放置于水体上的浮动结构上。这种可再生能源技术正变得越来越受欢迎，特别是在土地稀缺的地区。全球最大的浮动式太阳能发电厂位于我国安徽省，这座150兆瓦的太阳能发电厂占地约2.5平方公里，可为94000户居民供电。浮动式太阳发电站将发电模组安装在水面浮体上，相较于传统的陆地日光伏电站，无须征地，且太阳能面板可借由水的冷却作用，提高发电效率，浮体也可降低水分蒸发，阻挡阳光照射，抑制海藻大量生长。

（三）风力发电技术

专家估计，技术进步将有助于到2035年将风能成本降低17%~35%，技术进步很大程度上取决于风力涡轮机尺寸的变化。目前，陆上风力涡轮机的平均转子直径为120米，预计到2035年，直径将增加到174米。风力涡轮机可以用更大的转子直径覆盖更大的区域，增加捕获更多风的能力。轮毂高度是风力涡轮机离地面的高度，轮毂高度越高，风力也就越大。2019年，陆上风力涡轮机的平均轮毂高度为89米，到2035年，这一指标预计将增加到130米，这将大大提高风能的容量。风力发电的这种改进可能会对全球经济和整体能源价格产生巨大影响。

（四）其他新能源技术

地热能是一个有前景的可再生能源领域，冰岛在地热能的使用方面处于领先地位。冰岛约85%的能源需求是通过地热能来满足的，使其成为该领域的世界领导者。

一种新兴技术潮汐能有可能改变能源格局，苏格兰的梅根潮能（MeyGen）项目就是利用潮汐技术的一个典型例子。梅根潮能项目位于苏格兰北部，是一座潮能发电站，该项目由SIMEC亚特兰蒂斯能源公司拥有和运营，是"世界上最大的潮汐流发电项目"，该项目计划在现场安装高达400兆瓦的电力。

氢能源是利用氢作为燃料来源的可再生能源。这是通过电解过程来实现的，其中包括水分子利用电流分解为氢气和氧气，产生的氢气可以用来为燃料电池或内燃机提供动力。氢能源的一个值得注意的例子是，使用氢燃料电池提供动力的燃料电池汽车，将氢气转换成电能，并向电动机提供电能。

技术进步、成本降低和环境可持续性意识的增强正在推动新能源的快速发展。随着创新的不断进行，新能源将在满足全球能源需求和塑造可持续的未来方面发挥越来越重要的作用。随着世界向可再生能源过渡，这些新兴技术和趋势将在帮助我们满足能源需求的同时，在保护地球方面发挥越来越重要的作用。正如我们所看到的，各种新兴的可再生能源技术正在推动这一转变，从能源储存和智能电网到浮动太阳能和氢能，新的创新技术不断涌现，可再生能源领域日益壮大。虽然其中一些技术仍处于发展的早期阶段，但其他技术已经对可再生能源领域产生了重大影响。通过拥抱新兴技术并保持领先地位，我们可以为子孙后代创造一个更清洁、更环保、更可持续的地球。

四、中国成为世界可再生能源领导者

在过去的20多年里，中国的可再生能源装机量以远超世界其他国家的惊人速度增长。2020年，我国承诺到2030年可再生能源装机容量达到1200吉瓦，是当时装机容量的两倍以上。按照目前的速度，中国在2025年就可以达到这一目标。到2026年底，中国的太阳能光伏总装机容量将突破1000吉瓦大关。2023年3月底，全国非化石能源发电装机占总装机容量比重达到50.5%，首次超过一半，与10年前相比已有大幅提升。

国际能源署评估到2030年全球可再生能源增长两倍的承诺时指出，2023年全球可再生能源装机容量增长50%的动力主要来自中国。2022年，中国安装的太阳能光伏发电容量与世界其他地区的总和大致相当，2023年，新增太阳能装机容量一倍，新增风能装机容量66%，新增储能容量近4倍。

作为温室气体排放大国，中国是如何成为世界可再生能源大国的？部分原因可以追溯到21世纪头十年中期的投资决策，当时中国正从长达数十年的GDP快速增长阶段转型，随着劳动力成本不断上升，中国的发展模式过度依赖煤炭，这使中国陷入了空气、土壤和水污染的多重危机。到21世纪头十年，中国已经超过美国成为全球温室气体排放量最大的国家。在接下来的每一个五年计划中，中国都对可再生能源技术的各个方面进行了战略投资，从太阳能和风能、绿色氢、地热项目到电池存储及其供应链的研究和投资。在十年的时间里，中国很大程度上实现了新能源转型目标，不仅掌握了太阳能和风能技术的生产，还几乎垄断了包括对清洁能源革命至关重要的稀土和战略矿物开采及加工在内的供应链的所有环节。如今，中国已经拥有了全球80%以上的太阳能制造能力。中国可再生能源行业的巨大产量压低了全球价格，成为发展中国家降低可再生能源系统成本的一个关键因素。中国不仅在风能和电池技术领域占据重要地位，还在电动汽车等新能源汽车制造领域独占鳌头，成为全球最大的电动汽车出口国，比亚迪（BYD）公司已经成为全球最大的新能源汽车制造商，中国已经准备好在全球范围内向传统汽车品牌发起强有力的挑战。

大规模的风力发电场已经在中国北方投入运营，在相对空旷的西部沙漠地区，一系列大型的清洁能源基地正在规划中，其中包括许多中国大型国有电力公司。这些基地由巨大的太阳能电池阵列和风力发电场组成，将通过高速输电线路与中国东部的市场相连。这些项目利用了沙漠中高太阳辐射和大量廉价可用土地的优势。中国的目标是建设200多个这样的基地，以实现到2030年将其可再生能源装机容量提高到2022年总量的三倍以上。

作为世界上最大的新能源投资国和可再生能源市场，中国在可再生能源领域的快速发展使其成为全球可再生能源的领导者之一。中国的成就不仅体现在国内，也在国际舞台上展现出中国在推动全球可再生能源发展方面的重要作用。为实现2030年碳达峰和2060年碳中和目标，中国积极参与全球气候合作，致力于促进全球减排，加快清洁能源推广利用，为全球减排贡献中国力量，承担着应对气候变化的责任。

思考题

● 如何评价第三次能源革命冲击的全球能源格局？

● 减少全球温室气体排放，可再生能源为什么必不可少？

● 新能源技术的发展面临的挑战主要有哪些？讨论成本、存储、技术成熟度等方面的问题及其可能的解决策略。

● 传统能源产业在全球向低碳经济转型的过程中，将会怎样适应和转型？探讨传统能源行业如石油、天然气等在新能源推广过程中的角色和转型机会。

● 评估锂和氢能作为"新石油"的潜力和挑战。分析这些能源在未来能源系统中的应用前景和可能面临的技术或政策障碍。

章节小结

本章深入探讨了气候变化对地球及其生态系统的深远影响，为减少温室气体排放而进行的能源革命与技术创新，以及面对全球气候变化带来的风险与挑战而引发的应对策略。

全球气候变化已经成为一个迫在眉睫的全球性问题，其带来的影响广泛而深远。气候变化导致的大气温度升高、海洋酸化、海平面上升以及极端气候事件的频率和强度增加，都对全球的生态系统、人类社会生活以及经济发展构成了严峻挑战。这些变化不仅威胁到生物多样性，还影响了农业生产、水资源管理和公共卫生，增加了自然灾害的风险，给经济带来了重大损失。

为了应对气候变化，全球正在经历一场以低碳化、无碳化为核心的能源革命。新能源技术，如光伏、风力和地热等，正在逐渐替代传统化石燃料，减少温室气体排放。这些技术创新不仅对减缓气候变化具有重要意义，也为经济社会的可持续发展提供了新的动力。

拓展阅读

1.McKay M，Watson G.Adapting Hazard Studies for Extreme Weather ［J］. *TCE: The Chemical Engineer*，2024（993）28.

这篇文章通过危害研究来确定极端天气带来的风险。讨论的主题包括评估极端天气影响所带来的威胁的明显位置，对详细设计的审查，以确定由于可预见的偏离预期操作而可能产生的任何危害或可操作性障碍，以及启动前安全审查等。不同类型的危害研究方法包括危害与可操作性研究（HAZOP）、危害分析与关键控制点（HACCP）以及其他相关技术。作者重点强调了详细设计评估和启动前安全评估（PSSR）的重要性，以识别因偏离正常操作而可能导致的潜在危害。

2.Lu Y，Khan Z A，Alvarez-Alvarado M S，Zhang Y，Huang Z，Imran M.A critical review of sustainable energy policies for the promotion of renewable energy sources ［J］. *Sustainability*，2020，12（12）：5078.

满足日益增长的能源需求和限制其对环境的影响是21世纪面临的两个相互交织的问题。各国政府一直在制定规章和有关政策，鼓励环境友好的可再生能源发电，同时采取保护战略和技术创新。重要的是制定可持续能源政策，并为最终用户提供相关和适当的政策建议。本研究通过介绍美国、德国、英国、丹麦和中国五个国家的能源政策发展历史，对促进可再生能源的可持续能源政策进行了回顾。对旨在促进可持续能源政策的发展及其模型的文章进行了调查。节能标准是建筑节能最流行的策略之一，它是在现有技术的基础上动态更新的。上网电价已被广泛用于鼓励可再生能源的应用，这在不同国家得到了成功的示范。加强建筑能源性能认证计划，建立可靠的数据库系统，提高信息透明度，为未来的零能耗建筑和智慧城市铺平道路。

3.He X，Ou S，Gan Y，Lu Z，Przesmitzki S V，Bouchard J L，Wang M.Greenhouse gas consequences of the China dual credit policy ［J］. *Nature communications*，2020，11（1）：5212.

十多年来，中国一直是世界上最大的汽车市场。为了解决能源安全和空气质量问题，中国出台了双积分政策，以提高汽车效率，加快新能源汽车的普及。本文将市场渗透模型与车辆模型相结合，以评估对温室气体排放和能源需求的影响。在这里，我们使用这个综合建模框架来研究几种情景，包括假设的政策调整、油价、电池成本和中国乘用车的充电基础设施。模型显示，在双积分政策下，中国乘用车的温室气体排放总量预计将在2032年达到峰值。如果更高效的内燃机在短期内继续成为技术组合的一部分，而新能源汽车在长期内得到更多的渗透，那么温室气体排放的显著减少是可能的。

4.Nie Y，Cui D，Wang B.Analysis and Evaluation of Energy and Environmental Benefits of New Energy Vehicles［C］.*In Journal of Physics: Conference Series*.IOP Publishing，2020，1649（1）75.

中国石油和天然气对外依存度不断加大，能源安全形势日益严峻，汽车行业是原油消费快速增长的重要原因，发展新能源汽车产业已成为全球共识。本文旨在通过成本效益分析研究中国新能源汽车产业的发展战略，从而为中国新能源汽车示范推广车辆的选择和下一步的技术研发提供参考，对中国新能源汽车技术研发和推广具有一定的参考意义。本文首先从宏观角度出发，结合中国新能源汽车产业的发展现状，分析新能源汽车产业化过程中存在的问题；其次，将成本效益分析理论引入到中国新能源汽车产业战略研究中，识别并选择中国新能源汽车发展的成本效益指标，构建指标体系；再次，运用层次分析法对成本效益指标进行分析，并预测其发展趋势；最后，根据前文的分析结果，提出了中国新能源汽车产业合理发展的政策建议，明确提出了中国新能源汽车的发展重点和任务。

5.Cheng Q，Xiong Y.Low - carbon sustainable development driven by new energy vehicle pilot projects in China：Effects，mechanisms，and spatial spillovers［J］.*Sustainable Development*，2024，32（1）：979–1000.

交通运输行业作为主要的碳排放行业之一，在低碳可持续发展的背景下，面临着巨大的碳减排压力。新能源汽车（NEV）试点项目为中国实现双碳目标提供了机会。基于2000~2019年中国277个城市的面板数据，评价新能源汽车试点项目对城市二氧化碳排放的影响。研究结论如下：新能源汽车试点项目在降低城市二氧化碳排放总量和强度方面实现了协同效益。机制分析表明，新能源汽车试点通过改善能源消费结构和增加电动客车来减少二氧化碳排放。在不同资源禀赋和交通压力的试点城市中，非资源型城市和限牌城市的碳减排效果更显著。此外，考虑到地理距离因素，新能源汽车试点项目仅对邻近城市的二氧化碳排放强度具有空间溢出效应。

第二章

碳排放与双碳行动

在当今世界，碳无处不在，无论是在工业革命的蒸汽机轰鸣中，还是在现代的信息时代，碳始终扮演着不可或缺的角色。随着工业化和现代化的加速，人类对化石燃料的依赖增加，导致大量碳排放，进而导致了全球气候变暖、生态环境恶化等一系列全球性问题。

碳排放的问题已经引起了全球各国的关注。全球碳排放总量在经济、政治、技术和社会等多种因素的影响下不断变化，尤其是在发展中国家，随着经济的快速发展，碳排放量急剧增加。中国作为碳排放大国，其碳排放总量的增减对全球气候变化的应对起到了关键作用。

面对这一全球性的挑战，国际社会已经通过了一系列协议和行动计划，旨在通过国际合作实现全球气候变化的减缓和适应。这些协议强调了国家间的合作、技术转移和资金支持，以促进相关内容的有效实施。同时中国作为负责任的大国，也积极响应，并根据本国国情做出了积极的示范。

在全球应对气候变化的战略中，利用经济手段来减少碳排放是当前应对全球气候变化的关键策略之一。通过多方面的政策和合作，推动全球向低碳经济转型，实现可持续发展，形成良性循环。

本章将继续介绍碳的基本概念，同时分析全球碳排放的现状及所带来的气候变化与影响，进而探索国际社会在气候变化应对中的法律、政策框架和合作机制，以及中国在减排上的目标与方案。通过这些讨论，旨在为读者提供一个关于碳排放及全球气候变化的全面视角，以及对如何通过国际合作与经济手段共同应对这一全球性挑战的深入理解。

第一节　碳排放

学习目标

★ 了解碳的基本概念

★ 了解目前碳排放的现状

★ 了解气候变化的概念

★ 了解气候变化的成因及危害，明确当前碳减排的迫切需求

一、碳的基本概念

（一）什么是碳

碳是一种非金属元素，原子序数为6。碳是自然界中四种最常见的元素之一，也是地球上所有已知生命的基本组成部分。碳具有独特的化学性质，能够形成多种不同的化学键，使它可以与其他元素以及自身结合形成多样的复杂结构和大分子，包括生命所需的各种有机分子。

碳的主要形态包括：

1. 石墨

碳原子以层状结构排列，每层内的碳原子之间通过共价键相连，层与层之间则通过较弱的范德华力相互作用，使石墨成为良好的润滑剂和导电材料。

2. 金刚石

每个碳原子都通过共价键与四个其他碳原子连接，形成一个极其坚固的四面体结构，使金刚石成为自然界中已知的最硬的物质。

3. 富勒烯

是由碳原子连接形成球形或椭球形笼状结构的中空分子。其中最著名的是碳60分

子，它由60个碳原子组成，形状类似于足球。

4. 石墨烯

是由单层碳原子以六边形排列组成的二维晶体结构，具有出色的机械能、热能和电性能，是当前材料科学中的热门研究对象。

（二）碳的应用

碳多样的化学性质使其在生物化学、碳循环、工业应用等方面均扮演着举足轻重的角色。

1. 碳在生物化学中的角色

碳是生命的化学基础，形成了所有生物分子的骨架，如蛋白质、脂肪、碳水化合物和核酸。碳水化合物（如葡萄糖、蔗糖和淀粉）是重要的能量来源，它们通过光合作用在植物中合成，然后在细胞呼吸过程中分解以释放能量。在细胞呼吸过程中，碳通过三羧酸循环（Krebs循环）和电子传递链中的一系列反应被氧化，释放能量以供细胞使用。脂质（如脂肪、磷脂和固醇）含有长碳链，是细胞膜的主要成分，并在能量储存和信号传导中起重要作用。蛋白质由氨基酸组成，而每个氨基酸都含有碳原子，其在催化生化反应（酶）、结构支撑（胶原蛋白）、运输（血红蛋白）等方面发挥关键作用。DNA和RNA是遗传信息的载体，均由含碳的核苷酸组成。碳在核酸中的存在对于基因的复制和表达至关重要。

2. 地球上的碳循环

碳在地球的大气、海洋、地面和生物体之间通过复杂的循环过程持续移动，包括光合作用、呼吸作用、海洋溶解等自然过程，以及如化石燃料燃烧等人类活动。

3. 碳在工业中的应用

碳以其不同的形式被广泛应用于多种工业活动中，包括能源生产（如煤炭和石油）、材料科学（如碳纤维和石墨烯制品）和环境技术（如碳捕捉和存储技术）。

碳是地球上不可或缺的元素，其独特的化学和物理性质使其在自然界中扮演了多种关键角色。作为所有已知生命形式的基础，碳不仅构成了复杂的生物分子，如蛋白质、脂肪、碳水化合物和核酸，还是地球碳循环的核心。这一循环涉及碳在地球的生物圈、岩石圈、大气圈和水圈之间的不断转移和流动，对维持全球气候、生态系统健康以及地球生命系统的平衡起到了重大作用。

同时，在环境科学中，碳的角色也尤为关键，它的循环过程影响着气候变化和地球的生态平衡。碳通过其在自然和人造过程中的多样化应用和作用，影响着从微生物过程到全球气候变化的各个方面，其综合作用对于地球的生命系统和环境健康至关重要。

（三）碳的形成

1. 碳的形成过程

碳是宇宙中常见的元素之一，它在宇宙中的形成主要是在恒星内部通过一系列核反应发生的。在恒星的生命周期中，当它们的核心温度和压力足够高时，较轻的元素如氢和氦会通过核聚变反应转变成更重的元素，包括碳。这个过程就像是宇宙的烹饪过程，将简单的原料合成为复杂的物质。

2. 碳在宇宙中的分布

碳从恒星内部通过超新星爆炸等事件被释放到宇宙空间，随后这些碳可能成为新恒星、行星和其他天体的构成部分。地球上的碳及其所有的复杂有机化合物，包括生命体内的碳，都源于这些宇宙过程。

通过这样的宇宙化学过程，碳成为宇宙中的常见元素之一，并在支撑生命和塑造宇宙中发挥了关键作用。

（四）碳循环

碳循环是指碳元素在地球上的生物圈、岩石圈、水圈及大气圈中交换，并随着地球的运动而不断循环的过程。碳循环是地球系统中的一个基本循环，对全球气候、生态系统的健康和生物多样性都有深远的影响。碳循环的主要组成部分包括：

1. 大气碳循环

大气层中的碳主要以二氧化碳的形式存在。植物、藻类和某些细菌通过光合作用从大气中吸收二氧化碳，将其转化为有机物，并释放氧气。

2. 陆地生物圈的碳循环

陆地上的植物吸收大气中的二氧化碳，通过光合作用将二氧化碳转化为葡萄糖，再综合成为植物体的碳化合物，利用生成的碳化合物来构建细胞组成，如纤维素和木质素。经过食物链的传递，植物体的碳化合物成为动物体的碳化合物。植物和动物的呼吸作用把摄入体内的一部分碳转化为二氧化碳释放入大气，另一部分则构成生物的机体或在机体内贮存。当植物和动物死亡时，它们的有机体经过分解过程被分解，部分碳以二氧化碳的形式重新释放到大气中，其余部分则转化为土壤中的有机物。

3. 海洋碳循环

海洋吸收和存储了大量大气中的二氧化碳。二氧化碳可由大气进入海水，也可由海水进入大气。部分碳通过海洋生物的光合作用被固定，而死亡的海洋生物质会沉积在海底，最终形成沉积岩或化石燃料。

4. 岩石圈的碳循环

碳酸盐岩石中储存了大量的碳。这些岩石由于地质作用被带回地表，碳则通过火山喷发等形式被释放到大气中。

5. 人类活动对碳循环的影响

人类通过燃烧化石燃料（煤炭、石油和天然气）和改变土地使用方式（如森林砍伐）显著地增加了大气中的二氧化碳浓度。这些人类活动加速了全球气候变化，影响了自然碳循环的平衡。

（五）碳循环的重要性

碳循环的稳定对于维护全球气候平衡至关重要。二氧化碳作为一种主要的温室气体，其浓度的增加直接促进了地球的温室效应并导致全球气候恶化。同时，碳循环过程中的碳也支持了地球上所有生命的能量代谢过程，包括光合作用和呼吸作用。因此，碳循环不仅是地球气候系统的一个组成部分，也是生物生态系统不可或缺的一个环节。维持碳循环的健康和平衡，可以起到减少气候变化的影响、保护生物多样性以及维护生态系统稳定的作用，对人类的生存和福祉意义重大。碳循环的重要性远远超出了简单的化学和生物循环，它深刻影响着地球的气候系统、生态平衡以及人类社会的经济活动。

1. 调节全球气候

碳循环是地球气候系统的关键组成部分。大气中的二氧化碳浓度直接影响地球温室效应的强弱，从而影响全球温度。随着工业化进程的加速，人类活动释放的二氧化碳量显著增加，且由于树木砍伐，自然界吸收的二氧化碳量减少，导致大气中二氧化碳浓度上升，加剧了全球气候变暖。因此，通过加强对碳循环的管理，我们可以更有效地应对全球气候变化。

2. 维持生态系统的健康

植物通过光合作用吸收二氧化碳，并将其转化为自身生长所需的有机物质，同时为动物和微生物提供食物资源。这一过程不仅维持了生物多样性，还帮助稳定了生态系统的结构和功能，如土壤肥力和森林的碳储存能力。

3. 支持生物地球化学过程

碳循环是地球上众多生物地球化学过程中的一个，它与水循环、氮循环等其他生物地球化学循环相互作用，共同影响着全球环境的稳定性。

4. 影响经济活动

碳循环与许多经济活动直接相关，尤其是与能源生产相关的行业关系更为密切。化石燃料的开采和使用构成了碳循环的一部分，化石燃料也为全球经济提供了动力。然而，化石燃料的过度使用也引起了全球碳循环的失衡和气候变化等问题，这就需要通过可持续的能源解决方案和碳管理的策略等来共同调整优化这些问题，以实现经济和生态之间的平衡。

5.影响社会和政策决策

碳循环的变化为政府制定环境和能源政策提供了科学依据，这些政策旨在减少温室气体排放，促进碳汇活动。同时，国际社会通过《巴黎协定》等协议，共同努力以达成全球碳排放减少的目标，展示了碳循环管理对于全球政治和经济合作的重要性。

碳循环不仅是一个自然现象，还与人类的生活、环境的健康和全球经济紧密相连。正确理解和管理碳循环对于建立一个可持续的未来具有极其重要的意义。

二、碳排放

（一）全球碳排放现状

全球碳排放是一个动态变化的图景，受到经济、政治、技术和社会等多种因素的影响。全球碳排放总量继续呈上升趋势，主要由于工业活动、能源生产和交通运输需求的增加。根据国际能源机构（IEA）的数据，2021年全球二氧化碳排放量达到了历史新高，突显出减排的紧迫性。2023年，全球能源相关的二氧化碳排放增长了1.1%，总排放量增加了4.10亿吨，达到了37.4亿吨的新纪录。这一增长主要是由于煤炭排放的增加，占2023年排放增量的65%以上。此外，由于干旱导致的水力发电量不足也在一定程度上推动了碳排放量的增加。

全球碳排放的主要来源包括：① 能源产业。能源产业是全球最大的碳排放源，包括发电、供热、交通和其他形式的能源消费，尤其是依赖煤炭的电力生产和石油的运输。其中燃烧煤炭、石油和天然气等化石燃料是此类排放的主要来源。② 工业活动。特别是钢铁、水泥、化工和造纸等重工业产业，这些行业在生产过程中消耗大量能源并直接向大气排放大量的二氧化碳。③ 交通运输。汽车、飞机、船和铁路等交通工具的运营在全球碳排放量中占比较大，尤其是依赖化石燃料的运输方式更是产生了大量的碳排放。

碳排放在全球分布上存在较大差异：① 发达国家：虽然近年来许多发达国家的碳排放量总体有所下降，但它们的人均排放量和在历史上累积的碳排放量依然较高。例如北美，尤其是美国，尽管人均碳排放量近年有所下降，但长期以来一直是世界碳排放大国之一。而欧洲虽然总体碳排放量低于亚洲和北美，但仍是重要的碳排放区。② 发展中国家：随着经济的快速发展，其中亚洲，尤其是中国和印度，由于快速的工业化和城市化进程，已成为世界上最大的碳排放区域，碳排放量急剧增加。其中中国占全球碳排放量的近30%。这些国家正面临着经济发展需求与环境保护之间巨大矛盾的挑战。

碳排放量目前仍呈增长趋势，尽管增长率有所波动，但全球碳排放总量在过去几十年依旧持续增长。经济发展、人口增长和能源需求的增加是推动碳排放量增长的主要驱动力。因此，许多国家承诺通过减少碳排放和提高能源效率，包括投资可再生能源、提高燃料效率标准和实施碳定价机制等策略，以减少碳排放量、应对气候变化。

由于技术的进步，包括可再生能源技术成本的下降、能效提升技术的发展以及政策法规的制定，有望减少对化石燃料的依赖，推动碳减排，并推出相应的气候适应措施。

尽管如此，世界各国在未来碳排放的管理方面仍面临着许多挑战。虽然一些国家成功实现了经济增长与碳排放的脱钩，但在全球范围内仍需继续努力。并且由于发展中国家和发达国家在碳排放和历史责任、减排能力和经济发展需求之间存在显著差异，在碳排放方面存在着较大的公平性问题，这在国际谈判中仍是一个亟待解决的复杂议题。

全球碳排放的现状呈现出复杂多变的特点，需要国际社会的共同努力，全球碳排放的管理和减少策略是实现可持续发展目标的关键，这需要全球各国共同合作，采取有效的政策和技术解决方案来平衡经济发展与环境保护的关系，并减缓和适应气候变化，积极应对气候变化带来的挑战。

（二）中国碳排放现状

中国作为全球碳排放大国，其碳排放现状对全球气候变化的应对具有举足轻重的影响。中国的碳排放总量在过去几十年中急剧增加，主要是由于其快速的工业化和城市化进程。根据国际能源机构（IEA）的数据，中国在2020年的碳排放量占全球碳排放总量的28%以上，使中国成为世界上最大的单一碳排放国。2023年中国的二氧化碳排放量略有下降，总量下降了0.9%，达到了10.92亿吨，约占全球总排放量的29.2%。

中国碳排放的主要来源包括以下五方面：

1. 能源产业

（1）燃煤发电。中国是世界上最大的煤炭消费国，燃煤电站是最大的单一碳排放源。虽然近年来中国大力发展可再生能源，但煤炭在中国的能源结构中仍占有相当重要的地位。

（2）工业能源消耗。中国的工业部门，尤其是重工业如钢铁和水泥制造，由于大量使用煤炭作为能源，使这些行业的能耗和碳排放均居高不下。

2. 交通运输

（1）道路交通。随着经济的快速增长和城市化的进程，使近年来中国的车辆保有量急剧增加，尽管目前电力汽车发展迅猛，但由于人口总量巨大和电车基础建设不够完善等原因，目前中国的车辆仍以燃油车为主，因此道路交通成为中国重要的碳排放来源。

（2）航空和航运。中国是全球贸易的重要枢纽，进出口量很大，因此航空和航运业的快速发展也造成了大量的碳排放。

3. 建筑业

随着城镇化进程的加快，新建筑的增加导致建筑能耗持续上升。建筑业的能源主要用于供暖、空调、照明和电器使用，其中很大一部分能源来自化石燃料。

4. 农业

虽然农业活动中直接的二氧化碳排放量低于工业和能源部门的排放量，但甲烷和氧化亚氮（主要来自稻田和牲畜）等温室气体的排放，也是构成总体碳排放的重要组成部分。

5. 工业过程

某些工业过程中的化学反应，如水泥熟料的生产和一些化工过程中的化学反应直接产生二氧化碳。

以上这些来源构成了中国碳排放的主体，同时也是未来减排需努力的关键领域。中国政府已经意识到这一问题，正在采取多种措施来减少碳排放。中国政府已承诺于2030年前实现碳达峰，即碳排放总量在达到峰值后开始下降，并力争在2060年前实现碳中和。同时，中国正在推进能源生产和消费革命，扩大风能、太阳能等可再生能源的使用范围，目标是减少对煤炭的依赖。并且，中国已建立国家级碳排放交易市场，旨在通过市场机制推动减排。

中国的碳排放减少挑战与其经济发展紧密相关。作为世界工厂，中国需要在推动经济增长和减少碳排放之间找到平衡。这不仅需要政策支持，还需要技术创新和国际合作。同时，中国在多边环境协议和国际气候变化谈判中发挥着越来越重要的作用。通过与其他国家共享技术、经验和资源，中国在全球碳减排努力中扮演着关键角色。中国的碳排放现状是其快速发展过程中一个复杂的问题，涉及到环境、经济、政策和国际合作等多个层面。中国如何应对这一挑战，将对全球气候变化的应对产生深远影响。

（三）气候变化

1. 气候变化的定义

气候变化是指由于自然过程或人类活动导致的地球气候系统（包括大气、水体和陆地表面）的统计特性（主要是温度、降水和风）在几十年或更长时间尺度上的持续变化。这一概念在科学、政治和公众讨论中占据了核心地位，不同的国际组织根据其关注点的差异有不同的定义和重点。

（1）《联合国气候变化框架公约》（UNFCCC）。根据UNFCCC，气候变化指的是由自然过程、外部强迫因素或持续的人类活动导致的气候系统的变化。这一定义强调了人类活动在当代气候变化中的作用，特别是工业化以来人类对自然环境的影响，如大量燃烧化石燃料和改变土地使用方式所引起的温室气体排放量增加。UNFCCC的工作重点是通过国际合作减少温室气体排放和适应气候变化的影响，侧重于应对和减缓由人类活动引起的气候变化。

（2）政府间气候变化专门委员会（IPCC）。IPCC定义的气候变化是指在全球或区域气候的统计特性（包括平均天气和气候极端事件的变化）在长时间段内发生的任何变化，无论这些变化是由自然变化还是由人类活动引起的。IPCC 提供的这一定义更为广泛，提供了一个更为全面的框架，涵盖了由自然因素和人为因素引起的气候变化，重点在于评估和总结科学数据，为政策制定者提供关于气候变化可能的环境、社会和经济影响的科学信息和对应的策略。

（3）美国国家海洋和大气管理局（NOAA）。NOAA 定义气候变化为"气候系统的任何长期显著变化"，这包括降水、温度和风模式的变化，无论这些变化是由自然原因还是由人类活动引起的。NOAA 的重点在于从科学的角度监测和分析气候数据，以确保对气候变化的准确理解和预测，以及评估其对自然环境和人类社会的影响，这有助于制定有效的气候适应和减缓策略，以及进行应急准备和资源管理。

（4）世界气象组织（WMO）。WMO 将气候变化描述为由于自然变化或人类活动引起的气候系统状态的统计分布持续改变的情况，这种改变需要至少持续几十年或更长时间。这一定义强调了气候变化的持久性和全球性，关注长期气候模式的变化及其对全球环境的影响，以及通过国际合作提高各国对气候变化的应对能力。

（5）欧洲环境署（EEA）。EEA 将气候变化定义为由于自然变异和人类活动引起的温度和其他气候系统变量的统计分布长期改变。EEA 在其工作中关注气候变化对欧洲环境和社会经济系统的具体影响，并推动区域内的环境政策的制定和立法工作，以及增强公众意识和参与度，确保气候行动计划的有效实施，同时保证相关措施的实施。

这些定义虽然在措辞上有所不同，但共同强调了气候变化的广泛性和多样性，涵盖了气候变化的自然和人为因素，以及其对地球环境和人类社会的潜在影响。通过这些多维度的定义，不同的组织可以根据自己的研究和政策重点，对气候变化进行更深入的分析和应对。

2. 气候变化的成因

气候变化的成因可以从自然因素和人为因素两个主要方面进行理解。这些因素共同发挥作用，影响地球的气候系统。

（1）自然因素。

① 太阳活动变化。太阳是地球气候系统的主要能量来源。太阳辐射的强度变化可以影响地球接收能量的多少，从而影响气候。

② 火山活动。大规模的火山爆发可以将大量的火山灰和硫酸盐气溶胶喷入平流层，这些物质可以反射太阳辐射，导致地表温度降低。

③地球轨道变化。地球绕太阳运行的轨道、倾角和运动周期的长期变化，影响地球接收到的太阳辐射量和分布，从而影响气候。

（2）人为因素。

① 发电。发电行业产生的二氧化碳是全球二氧化碳排放的主要来源之一，尤其是依赖于煤炭、石油和天然气的发电厂。这些化石燃料在燃烧过程中释放的大量二氧化碳，是导致全球温室效应增强的关键因素。

② 制造商品。制造行业，如钢铁、水泥和化工产品，在生产过程中，不仅消耗大量能源，还直接产生二氧化碳和其他温室气体。

③ 碳汇的减少。碳汇是自然环境中能够从大气中吸收并存储二氧化碳的生态系统。砍伐森林、土地开发和不当的土地管理不仅减少了这些天然碳汇，还会在进行这些活动的过程中释放原本储存的碳，增加了温室气体的排放。此外，碳汇的减少还会导致生物多样性的损失和生态系统服务能力的减弱，影响水循环和土壤质量，进一步对地区和全球气候产生不利影响。

④ 供能建筑。建筑行业在建造和运营阶段消耗大量能源，特别是供暖、制冷和照明。这些能源大部分来自化石燃料，对气候变化有直接影响。

这些人类活动通过直接和间接的方式对全球气候产生影响，使采取有效的全球和地区性减排措施变得尤为迫切和重要。

思考题

● 为什么说碳循环与人类的生活、环境的健康和全球经济紧密相连？
● 发达国家与发展中国家在碳排放方面存在哪些差异？
● 中国碳排放的主体有哪些？
● 什么是气候变化？

第二节　国际应对气候变化

一、气候国际法

1.《联合国气候变化框架公约》

《联合国气候变化框架公约》（UNFCCC）是全球范围内应对气候变化的重要法律文件。UNFCCC的制定可以追溯到20世纪80年代末和90年代初，当时科学家们开始对全球气候变化的严重性和可能带来的灾难性后果发出警告，这引发了国际社会对气候变化问题的广泛关注，最终促成了1992年在里约热内卢举行的联合国环境与发展大会上通过了UNFCCC，该公约由150多个国家和地区共同签署，于1994年3月21日生效。

UNFCCC的主要目标是在全球范围内达成气候变化问题的协调和合作，同时确立了国际合作应对气候变化的基本原则，包括共同但有区别的责任原则、公平和公正原则以及可持续发展原则。共同但有区别的责任原则意味着各国对气候变化问题负有共同责任，但考虑到了各国在历史上和发展水平上的差异，要求发达国家承担更多责任。公平和公正原则强调了在应对气候变化问题时应考虑到各国的不同情况，以确保行动的公平性和公正性。可持续发展原则体现了对于经济、社会和环境的协调发展的追求，以在满足当前需求的同时不损害未来世代的权益。

UNFCCC的主要议题包括：一是减缓气候变化，公约鼓励各缔约方积极采取行动减少温室气体的排放，以遏制气候变化的进程，包括制定国家层面的减排目标和计划，促进可再生能源和能效的发展，以及开展气候变化相关的研究和技术合作等。二是适应气候变化，公约要求各缔约方制定和实施适应气候变化的措施，以减轻气候变化对人类社会、经济和生态系统的不利影响，包括建立早期警报系统、改善基础设施的抗灾能力，以及采取农业、水资源管理等方面的适应性措施。三是透明度和问责机制，公约要求各缔约方定期报告温室气体排放情况和采取的减排措施，以确保各国的行动符合公约要求；此外，公约还设立了监测、评估和审议机制，以监督各缔约方的履约情况。四是财政支持和技术转让，公约要求发达国家向发展中国家提供资金和技术支持，以提升后者减缓和适应气候变化、发展可再生能源以及加强应对能力等方面的水平。

《联合国气候变化框架公约》是国际社会为全面控制温室气体排放、应对全球气候变暖对人类经济和社会造成的不利影响而制定的首个国际公约，也是国际社会在应对全球气候变化问题上进行国际合作的一个基本框架，它奠定了应对气候变化国际合作的法律基础。

2.《京都议定书》

《京都议定书》是 UNFCCC 的重要补充协定，旨在进一步推动全球减缓气候变化的行动。该议定书于1997年在日本京都召开的《联合国气候变化框架公约》缔约方第三次会议上通过，于2005年正式生效。它建立了一套具体的减排承诺机制，要求发达国家和经济转型中的国家减少温室气体排放，并将全球平均气温升高控制在比工业革命前水平高2℃以内，以减轻气候变化给全球环境、经济和社会带来的严重影响。

《京都议定书》的核心目标是在发达国家范围内降低温室气体排放，特别是二氧化碳、甲烷和氧化亚氮等温室气体的排放量。为实现这一目标，议定书设立了著名的"京都议定书第一承诺期"，即发达国家要在2008~2012年实现集体减排的目标，将温室气体排放量降至1990年水平的平均值以下，比如美国被要求将其排放量减少7%，日本的减排目标为6%，欧盟国家集体减排目标为8%，而加拿大的减排目标为6%。2012年12月，在卡塔尔多哈通过了《〈京都议定书〉多哈修正案》，用于从2013年开始至2020年的第二个承诺期。同时，修正案还确定了"共同但有区别的责任"原则，即发达国家应对全球气候变化问题承担主要责任，而发展中国家则应当采取适当的减缓行动，同时获得资金和技术支持。

《京都议定书》还引入了灵活机制，包括国际排放贸易机制（ET）、清洁发展机制（CDM）和联合履行机制（JI）。排放贸易机制允许发达国家之间买卖温室气体排放配额，以便更高效地实现减排目标。清洁发展机制允许发达国家在发展中国家实施减排项目，并将减排额度计入自己的减排目标中，促进了技术转移和可持续发展。联合履行机制允许发达国家在其他发达国家实施减排项目，并将减排额度计入自己的减排目标中，促进了国际合作和减排措施的推广。这些灵活机制为各国提供了更多实现减排目标的方法，同时也促进了国际间的合作和技术转移，使《京都议定书》更具包容性和实用性，以应对全球气候变化的挑战。

然而，尽管《京都议定书》在推动减排行动方面取得了一定成就，但也存在一些挑战和争议。其中一个主要问题是议定书的覆盖范围较窄，只涵盖了发达国家和经济转型中的国家，而未对发展中国家等其他国家设定具体减排义务。另外，一些发达国家在履行减排承诺方面遇到了困难，导致部分国家未能如期实现减排目标。同时，美国作为全球最大的温室气体排放国之一，在特朗普政府时期退出了《京都议定书》，这对全球气候治理体系造成了重大打击。

《京都议定书》作为国际社会在气候变化问题上的早期努力，具有重要的历史地位和意义。尽管面临诸多挑战，但它为全球气候治理奠定了基础，并为后续的国际合作提供了法律依据。

3. "巴厘岛路线图"

"巴厘岛路线图"是2007年12月15日在印度尼西亚巴厘岛举行的《联合国气候变化框架公约》第十三次缔约方会议暨《京都议定书》缔约方第三次会议上通过的，共有13项内容和1个附录。

"巴厘岛路线图"强调了气候变化问题的紧迫性和严重性。路线图指出，气候变化已经对全球环境、经济和社会造成了严重影响，特别是对发展中国家和弱势群体的影响尤为严重。因此，路线图呼吁各国加强合作，共同应对气候变化带来的挑战。这包括加强政策对话、信息交流、能力建设和技术合作等方面。

除了减缓气候变化问题，路线图还强调了另外三个在以前国际谈判中曾受到不同程度忽视的问题：适应气候变化问题、减少森林砍伐和退化导致的排放（REDD+）问题以及技术转移和资金支持问题。在"巴厘岛路线图"提出之前，国际谈判主要集中在减排措施上，而对适应气候变化的措施关注不足。"巴厘岛路线图"强调了适应气候变化的重要性，特别是对于最不发达国家和小岛屿发展中国家，他们在面对气候变化带来的负面影响时尤为脆弱。路线图要求为这些国家提供更多的支持和资源，以增强它们对气候变化的适应能力。路线图还提出了减少森林砍伐和森林退化导致的排放概念，这是一个在之前谈判中未被充分重视的问题。森林砍伐和退化是重要的温室气体排放源，因此，通过REDD+机制，鼓励发展中国家通过保护和恢复森林来减少温室气体排放，并为这些努力提供国际资金支持。尽管《京都议定书》中有关于技术转移和资金支持的规定，但在实际执行中仍存在不足。"巴厘岛路线图"强调了发达国家应向发展中国家提供技术转移和资金支持，以帮助它们减少排放和适应气候变化的影响。

"巴厘岛路线图"的通过标志着美国在国际气候谈判中的重新参与。美国作为全球最大的经济体和第二大碳排放国，其参与对于全球气候行动的成功至关重要。尽管美国拒绝签署《京都议定书》，但路线图明确规定，所有发达国家缔约方，包括美国，都需要努力参与减排行动。"巴厘岛路线图"还提出了一系列谈判议题和进程安排。它要求各方在2009年哥本哈根气候变化大会上达成一项全面的、具有法律约束力的协议，以取代2012年到期的《京都议定书》。

"巴厘岛路线图"被视为人类应对气候变化史上的一座新里程碑，为未来的气候行动提供了重要的指导方向和行动框架，为全球气候行动注入了新的动力和希望。

4.《巴黎协定》

《巴黎协定》是2015年12月12日在巴黎气候变化大会上通过的一项具有历史性意义的国际气候变化协议。该协定旨在应对全球气候变化问题，核心目标是通过国际合作实现全球变暖控制在2℃以内，并努力将温度上升幅度控制在1.5℃以内。为实现这一目标，协定要求各缔约方提交国家自主贡献（NDCs），即各国自主制定的减排目标和行动计划，并在2020年后定期进行全球盘点，以评估全球减排进展和《巴黎协定》的实施情况。

协定的内容涵盖了减缓气候变化和适应其影响的双重目标，还规定了具体的实施机制和行动举措。其中包括：建立全球气候变化应对机制，加强国际合作，推动全球减排进程；实施国家自主贡献，鼓励各国根据自身国情制定和提交国家自主贡献计划，并进行定期更新；加强透明度建设，要求各国定期报告自身的减排行动和进展，确保协定目标的实现；提供资金支持，发达国家应提供资金帮助发展中国家应对气候变化挑战，并逐步增加资金规模；加强技术转移和能力建设，发达国家应向发展中国家转让绿色低碳技术，帮助发展中国家提高应对气候变化的能力；推动可持续发展和低碳经济的转型，鼓励各国采取政策、措施，促进绿色低碳技术的发展和应用；加强气候适应措施，提高各国应对极端天气事件和气候变化的能力；加强国际合作，鼓励各国共同应对气候变化挑战，推动全球气候治理的进程。

到2017年11月，几乎所有的UNFCCC缔约方都已经签署了《巴黎协定》，这意味着全球范围内的大部分国家和地区都正式承诺参与到这一全球性的气候行动中来，这些缔约方的温室气体排放量加起来接近全球总排放量。

《巴黎协定》的达成是国际气候治理历程中的一个重要里程碑，它标志着全球气候治理从自上而下的谈判模式转变为更加灵活的自下而上模式，这一转变使各国能够根据自身的国情和能力制定减排目标，从而促进世界各国的广泛参与和合作，解决全人类面临的气候问题开始进入全球合作的新时代。

二、《蒙特利尔议定书》

《蒙特利尔议定书》全称为《蒙特利尔破坏臭氧层物质管制议定书》，是1987年签署的一项国际环境协议，旨在减少或消除对臭氧层有害的化学物质排放。这一协议不仅有助于保护臭氧层，也对减缓气候变化产生了显著影响。

《蒙特利尔议定书》通过要求各缔约国采取一系列措施，包括限制和逐步减少氯氟烃（CFCs）等有害物质的消费和排放、推动替代物质和技术的研发和应用、加强国际合作和信息交流以及为发展中国家提供技术和资金支持，这些措施不仅有效地保护了臭氧层，同时也对减少温室气体排放产生了积极影响，从而有助于全球应对气候变化的挑战。为了保持协议的有效性和适应性，议定书允许各国根据科学和技术的发展不断调整和更新控制措施。为了支持发展中国家履行议定书规定的义务，议定书设立了多边基金，并提供资金和技术支持。同时，遵守委员会和科学评估小组的设立确保了各缔约国能够履行其承诺，并根据最新的科学研究成果来调整和改善其控制措施，从而使《蒙特利尔议定书》能够在全球环境保护方面发挥持久和有效的作用。

《蒙特利尔议定书》的《基加利修正案》要求削减未来在冰箱、空调和相关产品中强效温室气体的使用，预计将使因氢氟碳化物导致的全球变暖效应减少约50%。通过实施《基加利修正案》，世界可以在本世纪末避免全球升温0.5℃，这将对全球实现2℃的温控目标起到关键作用。

《蒙特利尔议定书》的成功实施展示了国际社会在共同应对全球性环境问题时的团结和合作精神。它的多边性质和广泛的国际参与，证明了各国通过国际合作可以有效解决跨越国界的复杂环境问题。

三、二十国集团（G20）和气候变化

二十国集团（G20）是一个国际经济合作论坛，由世界上最大的经济体组成，包括19个国家和欧盟。G20成立于1999年，旨在促进国际金融稳定和经济增长。随着气候变化对全球经济和社会的影响日益显著，G20逐渐将气候变化问题纳入其议程，成为讨论气候变化和采取相应行动的重要平台。

气候变化对全球经济产生了深远影响，包括农业生产、水资源管理、人类健康、基础设施和能源供应等方面。气候变化导致的极端天气事件、海平面上升和生物多样性丧失等问题，对各国经济和社会稳定构成了严重威胁。因此，G20作为全球经济合作的主要平台，有责任推动国际社会共同应对气候变化挑战。

G20在应对气候变化方面的行动体现了其作为全球经济合作平台的重要作用。G20成员国通过发表声明和行动计划，做出了对于应对气候变化的共同政治承诺，这些声明和计划强调了气候变化对全球经济和社会的威胁，以及采取减排措施的重要性。G20国家认识到，应对气候变化不仅是一项环境挑战，也是经济转型和绿色增长的机会，通过推动清洁能源、能效提升、低碳交通和可持续基础设施等领域的发展，G20国家可以促进本国经济增长，创造就业机会，并减少温室气体排放。G20国家承诺将提供资金和技术支持，帮助发展中国家应对气候变化挑战。这包括通过多边金融机构和气候变化基金等方式，提供资金援助和技术转移，支持发展中国家实现低碳和可持续发展。同时，G20国家还通过与其他国际组织和论坛的合作，如联合国气候变化大会（COP），共同推动全球气候协议的达成和实施。

尽管G20在气候变化方面取得了一些进展，但仍面临挑战。G20国家在减排目标和行动上存在分歧，一些国家对于采取更加积极的减排措施持保留态度。另外，G20国家需要加强国内政策的协调和执行力度，确保其在国际上的承诺能够在国内得到有效落实。

G20在气候变化方面的行动措施旨在促进全球气候治理，实现《巴黎协定》的目标，并推动全球向低碳、可持续的未来发展。

思考题

- 《联合国气候变化框架公约》中的"共同但有区别的责任"原则是如何体现国际合作与国家责任之间的平衡的？
- 《京都议定书》有哪些优点和缺点？
- 相较于之前的协定，"巴厘岛路线图"补充了哪些内容？
- 为什么说《巴黎协定》是"一项具有历史性意义的国际气候变化协议"？
- 《蒙特利尔议定书》中为应对气候变化采取的措施有哪些？
- G20集团是如何推动应对气候变化的？

第三节 碳达峰、碳中和

- 掌握碳达峰、碳中和的定义
- 了解中国为碳减排所做出的努力及制定的相关政策文件
- 了解世界部分国家为碳减排制定的政策目标

一、碳达峰和碳中和的定义

碳达峰（peak carbon dioxide emissions）指的是某个国家或地区的二氧化碳排放量在达到峰值之后不再继续增长，而是进入逐渐下降的过程。碳达峰标志着碳排放量与经济发展实现脱钩，达峰目标包括达峰年份和峰值。碳达峰是实现碳中和的关键步骤，它要求各国家和地区的碳排放量在达到峰值后，需要采取更加积极的减排措施。

碳中和（carbon neutrality）则是指某个国家或地区的温室气体排放量与其从大气中移除的温室气体量达到平衡，即净零排放。这意味着该国家或地区的排放量与其吸收量相等，从而不会对全球气候系统造成额外的负担。碳中和的实现需要采取一系列措施，包括减少排放、增加碳汇（如植树造林）和发展碳捕捉与储存技术等。

二、中国双碳目标的提出与发展

1992年，中国签署了《联合国气候变化框架公约》，成为《联合国气候变化框架公约》的原始缔约国之一，开始着手应对碳排放问题。为了更好地协调气候变化的对策，中国成立了国家气候变化对策协调机构，并根据国家可持续发展战略的要求，实施了一系列相关政策和措施。这些措施旨在减缓气候变化的影响，并适应新的环境条件，为全球环境保护做出了积极贡献。在应对气候变化的进程中，中国一直坚持共同但有区别的责任原则、公平原则和各自能力原则。共同但有区别的责任原则强调气候变化是全人类的共同挑战，因此各国都有责任参与应对，但同时，由于历史排放量和当前发展阶段的不同，发达国家和发展中国家在应对气候变化方面应承担不同的责任，中国作为发展中国家，在应对气候变化方面享有发展的权利，同时也在积极履行自己的国际责任。公平原则强调气候治理应公平对待所有国家，尤其是要考虑到发展中国家的特殊情况和需要，这包括确保发展中国家有足够的空间和资源来实现可持续发展，同时也要尊重其发展权和生存权。各自能力原则要求各国根据自身的经济能力和技术水平，承担相应的气候变化应对责任，中国根据自己的能力，积极参与全球气候治理，同时也在国内推动绿色低碳发展，努力实现碳达峰和碳中和目标。

2002年，中国政府正式核准了《京都议定书》，进一步表明了中国在应对气候变化问题上的决心和责任感。2007年，中国政府发布了《中国应对气候变化国家方案》，这是中国第一部全面应对气候变化的政策文件，明确了应对气候变化的指导思想、基本原则、主要目标、重点领域和政策措施。2009年，中国在哥本哈根气候变化大会上提出碳强度减排目标，承诺到2020年单位国内生产总值二氧化碳排放比2005年下降40%~45%。此外，科技部、国家发展改革委等14个部门共同制定和发布了《中国应对气候变化科技专项行动》，提出到2020年，中国应对气候变化领域科技发展和自主创新能力提升的目标、重点任务和保障措施。

自2013年起，中国在应对碳排放和气候变化方面的努力进一步深化。2013年11月，中国发布了《国家适应气候变化战略》，标志着中国首次将适应气候变化提升到国家战略的高度，推动了重点领域和区域积极探索适应气候变化的行动。2015年6月，中国向《联合国气候变化框架公约》秘书处提交了《强化应对气候变化行动——中国国家自主贡献》文件，明确了中国到2030年的自主行动目标。这些目标包括：二氧化碳排放量在2030年左右达到峰值并争取尽早达峰；单位国内生产总值二氧化碳排放比2005年下降60%~65%，非化石能源占一次能源消费比重达到20%左右，森林蓄积量比2005年增加45亿立方米左右。

2015年，在全球气候治理的关键时刻，中国积极推动各国达成了具有里程碑意义的《巴黎协定》。中国力主采取根据各自国情做出减排承诺的"国家自主决定贡献"模式，避免了京都机制下强制减排义务分配带来的尖锐矛盾，促成了各方都能接受的减排方案，为《巴黎协定》的顺利通过和签署奠定了基础。2016年，中国率先签署了《巴黎协定》，并开始积极推动协定的落实，为发展中国家提供资金和技术支持，展现了作为一个负责任大国的担当。例如，中国已与40个发展中国家签署了48份气候变化南南合作谅解备忘录，通过合作建设低碳示范区、开展减缓和适应气候变化项目、组织能力建设培训等方式，为其他发展中国家提供支持。

2020年9月，习近平主席在第七十五届联合国大会一般性辩论上阐明，应对气候变化的《巴黎协定》代表了全球绿色低碳转型的大方向，是保护地球家园需要采取的最低限度行动，各国必须迈出决定性步伐。同时宣布，中国将提高国家自主贡献力度，采取更加有力的政策和措施，中国二氧化碳排放量力争于2030年前达到峰值，努力争取2060年前实现碳中和。在此后的多个重大国际场合，习近平主席反复重申了中国的"双碳"目标，并强调要坚决落实。同年12月，中央经济工作会议在北京举行，习近平主席在中央经济工作会议上发表重要讲话，首次将"碳达峰碳中和"列入重点任务。

三、中国双碳的相关政策文件

中国作为全球最大的碳排放国，近年来在应对气候变化方面展现了巨大的决心和行动力。为实现碳达峰和碳中和的目标，中国制定了一系列的政策文件，这些文件不仅提出了具体的减排目标，还涵盖了经济社会发展的各个领域，旨在推动全面绿色转型。

《中共中央国务院关于完整准确全面贯彻新发展理念做好碳达峰碳中和工作的意见》是中国双碳政策体系的基础文件，它于2021年10月24日发布。这份文件提出了实现碳达峰和碳中和的总体要求、工作原则和主要目标，强调了全国统筹、节约优先、双轮驱动、内外畅通、防范风险等原则，并设定了到2025年、2030年和2060年的具体目标。这些原则和目标为中国双碳工作的推进提供了明确的方向和指导。

《2030年前碳达峰行动方案》于2021年10月26日由国务院印发。这份方案聚焦于2030年前的碳达峰目标，提出了非化石能源消费比重、能源利用效率提升、二氧化碳排放强度降低等主要目标，并详细阐述了将碳达峰贯穿于经济社会发展全过程的议题。这表明中国在实现碳达峰的过程中，将充分考虑经济社会的全面发展，确保减排措施的实施不会影响到经济社会的稳定和人民的福祉。

中国还构建了"1+N"政策体系，这是中国双碳政策的核心。其中，"1"指的是《意见》，作为总体指导和长远规划；而"N"包括了能源、工业、交通运输等多个领域的碳达峰实施方案和保障措施。这一政策体系的构建，体现了中国双碳政策的全面性和系统性，确保了碳达峰和碳中和目标能够在各个领域得到有效落实。

在具体政策措施方面，包括《关于完善能源绿色低碳转型体制机制和政策措施的意见》《"十四五"节能减排综合工作方案》《减污降碳协同增效实施方案》等。这些文件涵盖了能源、工业、城乡建设、交通、循环经济、科技创新等多个方面，旨在推动各领域的碳减排工作。例如，通过优化能源结构、提升能源利用效率、发展循环经济、推动科技创新等手段，降低二氧化碳排放强度，实现经济社会发展与环境保护的双赢。

这些政策文件和措施体现了中国在实现碳达峰和碳中和方面的决心和行动，强调了经济社会发展全面绿色转型的必要性，并制定了具体的目标和路径。通过这些政策的实施，中国旨在构建一个绿色低碳循环发展的经济体系和清洁低碳安全高效的能源体系，为实现可持续发展、促进人与自然和谐共生奠定坚实基础。同时，中国也在积极参与全球气候治理，与国际社会共同应对气候变化挑战，展现了负责任大国的担当。

四、各国宣布净零碳或碳中和目标

（一）欧盟——《欧洲绿色协议》

《欧洲绿色协议》是欧盟在2019年提出的一项重要战略，旨在实现欧洲的气候中立和经济转型。这一协议的核心目标是在2050年之前，将欧盟的温室气体排放减少到净零，同时促进经济增长和创造就业机会。

欧盟制定了具体的气候目标，包括减少温室气体排放、提高能效、发展可再生能源、减少污染和促进循环经济等。这些目标将指导欧盟的政策制定和投资决策，以实现可持续的绿色转型。为了实现这些目标，欧盟将实施绿色税收和补贴政策，比如提高碳税、减少化石燃料补贴和提供可再生能源补贴，以此激励企业和个人采取减排措施，推动经济向低碳、可持续的方向发展。同时，欧盟将加大对绿色领域的投资，包括清洁能源、可持续交通、绿色建筑和生态农业等，并推动绿色金融的发展，鼓励金融机构和投资者将资金投向低碳和可持续的项目和产业。欧盟将加强与其他国家和国际组织的合作，共同应对气候变化挑战，积极参与全球碳市场和碳排放权交易机制，推动全球气候治理和国际合作。欧盟还将支持绿色技术的研发和应用，推动产业升级和转型，包括发展清洁能源技术、碳捕捉和封存技术、绿色建筑材料和可持续交通系统等。

为了支持这些目标的实现，欧盟计划每年增加2600亿欧元的资金投入，约占欧盟GDP的1.5%。还将制定和实施一系列绿色政策和法规，包括环境法规、能效标准和碳排放限制等，以规范企业和个人的行为，促进绿色转型。通过这些综合性的措施，欧盟旨在实现其气候目标，为全球环境保护和可持续发展做出贡献。

（二）美国——清洁能源革命和环境计划

美国清洁能源革命和环境计划旨在推动美国向清洁能源转型，减少温室气体排放，并应对气候变化带来的挑战。该计划涵盖了多个关键领域，包括化石能源、投资创新、公司披露、创造工作机会等。

该计划的目标是到2035年，通过加快清洁能源技术在美国经济中的应用，将美国建筑库存中的碳足迹减少50%，同时到2030年底部署超过50万个新的公共充电站，在2050年前实现全美经济范围内的净零排放。这意味着所有行业都必须减少碳排放，并承担他们排放的全部成本。

美国政府计划采取行动要求新的和现有的石油和天然气业务严格限制甲烷污染，从而向低碳能源转型。计划在10年内投资4000亿美元用于清洁能源和创新领域，这将支持可再生能源、电动汽车、电池存储和其他清洁技术的发展。同时，为了提高能源效率和减少碳排放，美国政府计划制定更严格的新燃油经济性标准，将有助于降低车辆的油耗和排放。美国政府禁止在公共土地和水域上进行新的石油和天然气租赁，进而永久性保护北极国家野生动物保护区。

美国政府还将确保美国农业部成为世界上第一个实现净零排放的农业部门，这将通过推广可持续农业实践和科技创新来实现。要求上市公司披露与气候有关的金融风险，以及其运营和供应链中的温室气体排放量，这将促使企业更加关注气候变化的影响，并采取相应的措施。

（三）英国——《绿色工业革命10项计划》

2020年11月，英国政府发布了《绿色工业革命10项计划》，旨在推动该国向低碳、脱碳经济转型。该计划涵盖了海上风电、氢能、核能、电动汽车、公共交通、骑行和步行、喷气式飞机零排放、理事会和绿色航运、住宅和公共建筑、碳捕获、自然、创新和金融等多个领域。

英国计划大力发展海上风电，目标是到2030年将装机容量翻一番，达到1万亿瓦时。同时，通过投资先进的风力涡轮机技术提高效率、降低成本，使海上风电成为更具竞争力的能源来源。在氢能方面，英国计划建设世界上最大的氢能供应链，包括生产、储存和运输等环节。到2030年，英国计划实现氢能产量翻三倍，达到每年500万吨。此外，英国还将支持氢能在交通领域的应用，如燃料电池汽车和火车。英国计划在核能领域进行重大投资，包括建造新的核反应堆和升级现有设施。目标是到2030年，将核能发电量占全国总发电量的比例提高到25%。在电动汽车方面，英国计划加快充电基础设施的建设，鼓励消费者购买电动汽车。到2030年，英国计划实现新车销售中电动汽车的比例达到60%以上。英国还计划加强公共交通系统建设，推广自行车和步行作为日常出行方式，减少对私家车的依赖。同时，加大对清洁能源和绿色技术的研发投入，推动技术创新和产业升级。

为了实现这些目标，英国政府计划动用超过120亿英镑的资金，其中三分之二来自私营部门。这些资金将主要用于支持可再生能源项目、氢能生产和电动汽车充电基础设施建设等领域。

（四）德国——气候行动规划

德国作为全球气候行动的领导者之一，其气候行动规划具有全面性和前瞻性。德国于2019年12月18日通过了《联邦气候变化法》，为气候行动提供了坚实的法律基础，确立了在2050年前实现碳中和的目标，并制定了相应的政策措施。此外，德国还制定了《气候行动计划2050》和《气候行动计划2030》作为关键规划文件，详细阐述了在能源、交通、工业等领域的减排目标和措施。德国计划从2025年开始，确定2030年后的排放上限，以确保继续走在应对气候变化的前列，并为全球气候治理做出贡献。

德国要求企业在每年3月15日前公布上一年的碳排放数据，包括行业碳排放信息，以提高信息透明度，并促进企业自我改进。对于不遵守排放限制的企业和个人，德国政府可能对其处以最高5万欧元的罚款，以强调遵守法规的重要性，并迫使企业采取更环保的措施。如果企业未能实现排放上限，德国政府将采取相关措施，如提高排放标准或限制生产活动，以确保减排目标的实现。德国政府还将进行定期的排放预测，以便及时调整政策和措施，确保减排计划的顺利进行。

德国还设立了一个独立的气候变化专家委员会，负责评估政府的气候政策并提出建议，以保证政策的科学性和有效性。德国在投资和政府采购过程中优先选择有利于减排的项目和产品，鼓励市场导向的绿色转型。德国计划在2030年前实现联邦层面的气候中和，这意味着联邦政府运营的所有部门都将减少碳排放至零。

此外，德国还参与了欧盟排放交易体系（ETS），通过市场机制促进企业减排。德国积极推动能源行业和其他重点行业的转型，支持清洁能源和高效技术的研发与应用，以实现更可持续的经济发展。

（五）日本——绿色增长战略

日本政府推出绿色增长战略，旨在通过一系列措施推动该国在2050年实现碳中和的目标。这一战略涵盖了海上风力发电、电动汽车、氢能、航运业、航空业以及住宅建筑等14个重点领域，旨在促进减排和清洁能源的使用。

日本计划到2040年使海上风电能力达到4500万千瓦，成为全球最大的海上风电市场之一。为实现这一目标，日本政府将通过财政补贴政策支持海上风电项目的建设和运营，同时提高电网接纳能力，确保可再生能源的高效利用。

在交通领域，日本计划在2030年代中期停止销售纯燃油乘用车，加速下一代蓄电池技术的实用化和普及。这将有助于减少汽车的碳排放，降低对化石燃料的依赖，推动交通领域的可持续发展。

日本积极发展太阳能、地热能等多种清洁能源。政府将通过财政补贴、税收减免等措施鼓励企业和个人投资可再生能源项目，同时加强智能电网建设，提高能源效率。日本还致力于提高氢能源的使用量，目标是到2050年将氢能源使用量提高到2000万吨。为此，政府将支持氢能生产、储存和运输设施的建设，推广氢能汽车和燃料电池的应用，同时积极发展氢能产业，培育相关技术和人才。

思考题

● 什么是碳达峰、碳中和？

● 请梳理中国应对气候变化事件的时间脉络。

● 中国首次将适应气候变化提升到国家战略高度的标志性事件是什么？

● 中国的"双碳"目标具体指什么？

● 什么是"1+N"政策体系？

● 欧盟、美国、英国、德国、日本制定了哪些政策目标以应对气候变化？

章节小结

在本章中，我们探讨了碳排放现状及其影响和国际减排应对的整个历史进程，了解了绿色低碳的基本经济手段。碳元素是地球生物体和大气中的重要组成部分，它的循环过程影响着气候变化和地球的生态平衡。随着工业化和能源消耗的增加，二氧化碳等温室气体的排放量不断上升。这导致了全球气候变化的加速，已经成为全球面临的重大问题之一。为了应对气候变化，国际社会需要加强合作，共同采取行动，实现低碳发展。

一、气候变化的基本概念

气候变化是指由于自然过程或人类活动导致的地球气候系统（包括大气、水体和陆地表面）的统计特性（主要是温度、降水和风）在几十年或更长时间尺度上的持续变化。

二、国际应对气候变化

1990年开始，国际社会在联合国框架下开始关于应对气候变化国际制度安排的谈判，1992年达成了《联合国气候变化框架公约》，1997年达成了《京都议定书》，2007年达成了"巴厘岛路线图"，2015年达成了《巴黎协定》，奠定了各国携手应对气候变化的政治和法律基础。蒙特利尔议定书作为早期针对臭氧层破坏问题的国际协议，也证明了国际社会通过合作解决全球环境问题的能力。此外，作为成员国经济总量占全球的85%的重要国际论坛，G20也逐渐将气候变化问题纳入其议程，推动国际社会共同应对气候变化挑战。

三、碳达峰、碳中和的基本概念

碳达峰指的是某个地区或国家的二氧化碳排放量达到峰值，之后不再继续增长，而是逐渐下降。碳中和是指某个地区或国家的温室气体排放量与其从大气中移除的量达到平衡，即净零排放。

四、各国的低碳发展政策

中国政府提出"双碳"目标；欧盟委员会发布《欧洲绿色协议》；美国政府提出"清洁能源革命和环境计划"；英国政府公布"绿色工业革命10项计划"；德国政府通过《联邦气候变化法》，提出《气候行动规划2030》和《气候行动规划2050：德国政府气候政策的原则和目标》；日本政府推出绿色增长战略。

拓展阅读

1.Hou A，Liu A，Chai L.Does reducing income inequality promote the decoupling of economic growth from carbon footprint？［J］.World Development，2024，173：106423.

为了实现经济社会和环境的可持续发展，联合国于2015年提出了17项可持续发展目标（SDGs）。经济增长（SDG8）、减少不平等（SDG10）和气候行动（SDG13）是其中的三个重要目标。如今，全球正处于气候灾难的边缘，平均气温不断上升，极端天气也日益增多。加之受疫情与地缘冲突的影响，几乎所有国家都出现了不同程度的经济衰退。因此，能否实现经济增长、减少不平等和碳减排之间的协同发展是当下急需讨论的重要议题。该研究讨论了经济增长与碳足迹之间的脱钩关系，以及收入不平等对这种关系的调节作用。研究采用多区域投入产出模型核算了全球43个主要经济体1995~2019年的国家碳足迹，随后基于计量模型实证分析了收入不平等对经济增长与碳排放脱钩的调节作用，以及这种调节作用在各国之间的异质性。研究发现，较低的基尼系数（即更公平的收入分配）可以显著促进经济增长与碳足迹的脱钩。与此同时，对于不同收入水平的国家来说，收入不平等的调节作用具有显著的异质性。相比发展中国家，减少发达国家的收入不平等更能促进经济增长与碳足迹的脱钩。

2.Huang Y，Wang Y，Peng J，et al.Can China achieve its 2030 and 2060 CO_2 commitments？Scenario analysis based on the integration of LEAP model with LMDI decomposition［J］.Science of The Total Environment，2023，888：164151.

中国作为世界上最大的二氧化碳排放国之一，其能源消费和相关的碳排放对全球气候变化有着重要影响。中国政府制定了雄伟的减排目标，即在2030年前实现碳达峰，在2060年前实现碳中和。为了兑现这些承诺，中国政府实施了多项举措来提高能源利用效率。目前来看，这些举措在降低二氧化碳排放强度方面取得了一定进展，但快速的经济增长仍对实现减排目标发起了挑战。该研究旨在评估当前政策和发展路径在实现减排目标方面的有效性和重要性。通过分析中国在不同发展路径下何时碳达峰，以及哪些驱动因素将影响碳排放等问题，政策制定者可以做出更加明智的减排决策，加速中国向低碳经济的转型并减缓气候变化。研究综合运用 LMDI 分解方法和长期能源替代规划（LEAP）模型，通过分析2000年至2020年中国碳排放的历史趋势和关键影响因素，设计了基于共享社会经济路径（SSPs）框架的五种发展情景，预测并评估了中国在不同发展路径下未来至2060年的能源消费和相关碳排放变化。研究结果表明，在可持续发展和低气候变化挑战情景（SSP1）下，中国的碳排放有望在2023年达到峰值，并在2060年前实现碳中和。然而，在其他情景下，尤其是不均衡发展情景（SSP4）下，中国需要额外减少约20亿吨的碳排放才能实现2060年的碳中和目标。研究还强调，为实现这些目标中国必须采取有效措施，包括提高非化石能源的使用比例、降低能源强度、调整工业结构以及优化能源消费模式。政策制定者需要在经济发展、能源政策和环境保护之间找到平衡点，以确保中国能够按照既定的时间表实现碳达峰和碳中和。

3.Macreadie P I, Robertson A I, Spinks B, et al.Operationalizing marketable blue carbon［J］.One Earth，2022，5（5）：485-492.

蓝碳是指由沿岸和海洋生态系统捕获和储存的碳。虽然海洋和沿岸生态系统储存了大量的碳，但对于是否将某些生态系统纳入蓝碳框架仍存在争议。与陆地森林生态系统相比，红树林、盐沼和海草等具有较高的储碳和固碳能力，是地球上最有效的长期碳汇之一。这些沿海植被能保护海岸免受侵蚀和极端天气（包括洪水）的影响，促进渔业发展，保护生物多样性。然而，由于土地利用变化和过度开发，它们的面积正在全球范围内缩减，储存的蓝碳也被释放到大气中，对地球气候产生了深远影响。蓝碳的潜在供应量较大，对红树林、潮汐沼泽和海草的大规模保护能够消除全球每年3%的温室气体排放。但其具体实施却受到了社会、治理、金融和技术等方面不确定性的限制。作者组建了一个跨学科专家团队，旨在进一步明确这些挑战并确定未来的发展方向。作者认为，加强蓝碳作为气候解决方案的关键行动包括：改进政策和法律安排，确保公平性原则；纳入本土知识和价值观，改进管理；明确产权；改进财务方法和会计工具；开发低成本测量蓝碳的技术解决方案；缩小蓝碳循环方面的知识差距。作者坚信，实施这些行动将使大气中的温室气体浓度发生可测量的变化并带来多重收益。

4.Feng C，Ye G，Zeng J，et al.Sustainably developing global blue carbon for climate change mitigation and economic benefits through international cooperation［J］.Nature Communications，2023，14（1）：6144.

蓝碳是指红树林、盐沼和海草等沿海生态系统中的碳储存。由于在减缓气候变化和地方福利增长方面的作用，蓝碳受到了社会各界的关注。现有研究主要集中在蓝碳储存和碳汇等方面，探索了蓝碳的社会经济和治理，如损失最小化的管理战略以及通过碳的社会成本来评估蓝碳经济价值。然而，蓝碳可持续发展水平的现状仍不明确。此外，全球范围内蓝碳生态系统减缓气候变化的驱动力和社会经济干预之间的关系仍不清楚。这些信息对于促进全球蓝碳生态系统的保护和恢复以及沿海地区的可持续发展是迫切需要的。基于此，作者构建了一个蓝碳发展指数（BCDI），包括驱动力、资源禀赋和发展能力三个子系统，用以评估136个沿海国家连续24年的蓝碳可持续发展水平，并探讨各子系统之间的关系。随后，作者又进一步提出了一种合作模式，以探索全球蓝碳合作的可行性并量化对特定国家的利益分配。研究结果显示，在过去的二十年中，随着地区表现的变化，BCDI得分呈现出较为明显的上升趋势，发展能力与蓝碳资源禀赋之间存在正相关关系。与此同时，在全球深度合作的情景下，沿海国家在2030年可以提高全球平均BCDI得分，增加296万吨年固碳量，并产生1.3634亿美元的收入。

5.Mathis M，Lacroix F，Hagemann S，et al.Enhanced CO_2 uptake of the coastal ocean is dominated by biological carbon fixation［J］.Nature Climate Change，2024：1–7.

观测表明，当代沿岸海洋对二氧化碳的吸收有所增加。然而，驱动这种吸收增强的关键机制及其重要性仍不明确。基于此，研究团队利用了一个全球海洋生物地球化学模型ICON–Coast，该模型能够通过细化区域网格和增强过程表示来整合沿海地区的碳动态。研究发现，沿岸海洋 CO_2 吸收增加主要是由气候引起的环流变化（占36%）和河流营养负荷增加（占23%）所驱动的，这些因素的共同作用超过了海洋 CO_2 溶解泵的贡献（占41%）。河流的影响通过增强有机碳输出从而增加开阔海域的碳富集。随着气候变化和海洋酸化的持续，海水中 CO_2 的留存能力会降低，生物碳固定在 CO_2 吸收中的作用将变得更加显著。研究强调了需要进一步发展全球建模方法，以更好地理解沿海地区在地球碳循环中的作用。研究结果对于预测未来沿岸海洋的 CO_2 吸收能力至关重要。

第三章
海洋生态系统

生态系统的概念由英国生态学家亚瑟·乔治·坦斯利爵士（Sir Arthur George Tansley）于1935年首次明确提出。坦斯利爵士认为，生态系统的根本概念是物理学上使用的系统整体。这个系统不仅包括有机复合体，而且包括形成环境的整个物理因子复合体。任何生物体都无法独立于其环境存在，生物体和环境相互依存，共同构成了自然界的一个系统，地球表面上自然界的基本单位就是这些大小和类型各异的系统。坦斯利爵士对生态系统的定义为生态学奠定了坚实的基础。生态系统的概念不仅涵盖了有机体，还包括了形成环境的各种物理因素，强调了生物与环境之间密切相互作用的关系。今天，随着时间的推移和生态学研究的不断深入，人们对生态系统的理解也不断发展。生态系统是在特定空间和时间、在各种生物之间以及生物群落与其无机环境之间，通过能量流动和物质循环而相互作用的一个统一整体。生态系统是生物与环境之间进行能量转换和物质循环的基本功能单位。

覆盖地球表面71%的海洋，是地球各类生态系统中综合生产力最为强大的存在。海洋对人类具有极其重要且深远的影响，能够为人类带来巨大的经济、社会和环境效益。作为生命的摇篮，广袤的海洋构成了全球生命支持系统的基石，为各类生物提供了广阔的生存空间。海洋也是氧气的来源之一，其中的海藻和海洋植物通过光合作用产生的氧气，是地球不可或缺的氧气来源。海洋承载着丰富的生物多样性，孕育了大量的生物。事实上，地球上约80%的动物栖息在海洋中，海洋不仅为人类提供工业原料和丰富的矿产资源，还是人类重要的能量来源。海洋中的海浪、潮汐、海流以及海水温差蕴含着巨大的能量，为人类提供了宝贵的可再生能源。

对海洋生态系统及其功能有更深入、全面的认识，同时积极保护这一生态系统，使其得以可持续发展，才能充分利用海洋为人类创造更多的价值。

第一节　海洋起源与生态系统演化

★ 认识海洋的组成

★ 学习海洋洋盆的形成机制

★ 了解海水来源的几个假说

★ 了解海洋生态系统演化进程

★ 了解海洋生物多样性

　　海洋是地球表面广阔而连续的含盐水体，覆盖了地球表面的71%，约占地球总水量的97%，包括各种海洋盆地和海域，以及与之相连的海岸线和海底地形。所有的海盆和海洋实际上都是一个巨大水体的一部分，连接着世界各地，海洋学家和世界各国将其划分为四个区域：太平洋、大西洋、印度洋、北冰洋。

　　现代海洋学界为海洋下了一个比较严密的定义：海洋是指由作为主体的海水水体、溶解和悬浮于其中的物质、生活于其中的海洋生物、邻近海面上空的大气、围绕周缘的海岸与海底等部分组成的统一体。即海洋由四部分组成：海水水体——海洋的主体、海岸——海洋的边缘、海底托起海水的固体层、海空——海面以上的大气。可见，海洋是一个包括海水、水下、水上的立体概念，是具有固态、液态、气态三态物质组成的，无机物和有生命的海洋生物并存的复杂的统一体。

　　许多人倾向于把海和洋这两个词混用，然而，从地理学的角度来看，这两个术语有不同的含义。海是大洋的附属部分，通常位于洋与陆地的交汇处，并由陆地、岛屿或洋底隆起与大洋分隔开，再通过狭窄的通道或海峡与大洋相连，比如地中海、红海和加勒比海。洋代表着比海大得多的开放水域，是海洋的中心主体部分，犹如地球上水域的心腹。四大洋浩瀚而深邃，平均深度达数千米。洋是各大陆之间海运的公共水域，是人类走向海洋最广阔的空间。与海相比，洋往往拥有更多样化的生态系统和更丰富的海洋生物。

一、海洋的起源

海洋的起源与地球的形成息息相关。约公元前2000年的一块中东泥板上描绘了世界的生成过程："最初没有芦苇，没有树木，没有建筑，没有城市，到处都是海洋。"这一记载表明，当人类开始有记忆时，他们所认知的世界就是"海洋"。随后，陆地逐渐显现，为人类提供了生存之地。实际上，这可能是人类文明开端后，通过语言记录下的最早记忆。人类最初的生存环境主要是海洋，其主要特征是：到处都是广袤的海水。对海洋起源的探讨通常从两个方面展开：一是洋盆的形成机制；二是海水的来源。

（一）洋盆的形成机制

大洋盆地是海水聚集的地方，它的形成是海洋起源与发展理论的重要组成部分。历史上关于洋盆起源的学说有很多种，包括板块构造说、海底扩张学、对流圈说、火山喷发说等，其中海底扩张说和板块构造说是地球科学领域两个重要的理论，它们为洋盆的起源与演化问题提供了比较合理的解释。

1. 海底扩张理论

海底扩张理论认为海洋地壳是由海底脊不断向两侧扩张而形成的。在海洋脊系统中，地幔岩浆从地幔上涌出，形成新的海洋地壳并不断向两侧扩展，这一过程称为海底扩张。

海底扩张理论解释了海洋地壳的年龄分布、地磁异常带的形成、地震带分布等地质现象。根据这一理论，年轻的海洋地壳位于海洋脊附近，而年龄较老的海洋地壳则远离海洋脊。海底扩张理论为我们理解洋盆的形成提供了理论基础，即海洋地壳的新生和扩展。

海底扩张理论得到了大量地质学、地磁学和地震学等方面的证据支持。其中最重要的证据之一是海洋地壳的磁性条带，这些条带的形成与地球的磁极翻转有关，提供了海洋地壳的不断生成和扩张的证据。

此外，海洋地壳的年龄分布也与海底扩张理论相符合。海洋地壳年轻的部分位于海底脊附近，而年龄较老的部分则远离海底脊，这与理论预测相一致。

2. 板块构造理论

板块构造理论认为地球上的岩石板块不断地在地幔上移动，形成地球表面的构造。这些板块由海洋地壳和大陆地壳组成，它们的移动由地球内部的热对流所驱动。

板块构造理论解释了地震、火山活动、山脉形成等地质现象，并且可以解释地球上大多数的地质现象。根据板块构造理论，海洋地壳不断地从海洋脊系统上形成，然后沿着板块边界向两侧移动。板块构造理论为我们理解地球表面构造提供了理论基础，解释了板块之间的相对运动如何导致地质现象的发生。

综合海底扩张理论和板块构造理论，可以解释洋盆的起源与演化问题。海底扩张理论阐述了洋盆形成的机制，即海底地壳的不断生成和扩展；而板块构造理论解释了海洋地壳在板块边界处被推动、拉伸，从而影响了洋盆形成和演化的过程。这两个理论的结合为我们理解洋盆的形成和演化提供了一个相对完整的框架。

（二）海水的来源

海水的形成是地球形成和演化过程中的一个复杂而关键的问题。海水的来源涉及地球内部和外部多个因素的作用，包括地球形成初期的原始水输入以及地球演化过程对海水的影响等。这些因素共同作用，形成了地球上丰富多样的海洋水体。关于地球上的水是如何来的有很多理论，主要分为两类：一些理论认为地球诞生时就已经存在水的分子前体，一些则认为小行星和彗星等富含水的太空岩石将水带到了地球上。实际上，现有理论并不能确定地球上的水到底来自地球自身还是源于外来陨石的撞击。不管怎样，水都是经历了一个混沌的宇宙漫长过程才达到地球。这些理论的许多观点都是相互兼容的，这意味着地球上的水可能存在多个来源。这使事情变得更加复杂，但科学家们正在不断完善早期太阳系的演化以及地球海水形成的模型。

1. 水源自地球说

地球这颗行星是由宇宙尘埃堆积而成，并通过放射性和压缩性加热缓慢升温。这种加热导致物质逐渐分离和迁移，形成地核、地幔和地壳。早期的大气层被认为是富含气体，特别是氢气，并包括水蒸气。随着时间的推移，行星内部持续变暖，从地球内部逃逸的气体成分逐渐改变了大气层的性质。在地球内部的高压下，气体仍然溶解在岩浆中。当这些岩浆通过火山活动上升到地表时，压力降低，气体通过一个叫做脱气的过程被释放出来。火山活动释放出许多不同的气体，包括水蒸气、二氧化碳（CO_2）、二氧化硫（SO_2）、一氧化碳（CO）、硫化氢（H_2S）、氢气、氮气和甲烷（CH_4）。氢和氦等较轻的气体消散到太空中，但较重的气体留下并形成了地球的早期大气，并可能形成地表水。

2. 小行星碰撞说

氢是在宇宙大爆炸中产生的，氧是在质量比太阳大的恒星的核心中产生的。水分子是由一个氧原子和两个氢原子组成，大量的水以气态的形式存在于我们银河系巨大的恒星中。哈勃太空望远镜观察螺旋星云，发现了在恒星周围形成的行星系统中水分子非常丰富。人们在有 2000 万年历史的绘架座 β 周围发现了水分子，那里有一个巨大的尘埃和气体盘，暗示着彗星、小行星和年轻行星之间的碰撞。

最近的观测表明，冰甚至可能是液态水，存在于小行星和彗星的内部。小行星和彗星是太阳系形成时留下的碎片，富含水分。大多数小行星在火星和木星之间绕太阳运行，但也有许多小行星离地球更近，甚至穿过地球的轨道，数十亿年来，无数彗星和小行星与地球相撞。海洋水中的化学标记表明，大部分的水来自小行星。

科学家们长期以来一直推测，地球上大部分水是来自带冰的彗星，或者更可能是来自数十亿年间不断撞击地球的小行星，这一推测得到了一定的证实，科学家们通过对太阳系诞生后就形成的碳质球粒陨石的检测，发现这些陨石不仅含水，而且它们的矿物化学成分与地球岩石以及与地球同时期形成的小行星样品一致，这个发现表明地球在早期就累积了大量的可以保留的水。

地球已经存在了大约45亿年，但在最初的几亿年，海洋还没有诞生。这在一定程度上是因为这颗行星太热，水无法以液体形式存在。地球最终开始冷却到水的沸点以下，水开始在大气中凝结，并在地球地貌的盆地中降雨。随着早期地球的冷却，大气中的水蒸气凝结成雨，地球上出现了第一批液态水，继而形成了海洋和其他水体。此时大气中的高二氧化碳含量会使二氧化碳在水中溶解积聚，从而使早期海洋呈酸性，能够溶解地表岩石，从而增加水的含盐量。随着细菌的光合作用和光解作用继续提供氧气，大气中氧气的分压逐渐升高。涉及藻类的生物过程增加了，它们逐渐降低了二氧化碳含量，增加了大气中的氧气含量，直到生物过程产生的氧气超过了光解产生的氧气，这反过来又加速了地表水的形成和海洋的发展。水通过水循环在这些不同的地域、空间流动，水从海洋、湖泊、溪流、陆地表面和植物中蒸发，被风吹过大气层，并凝结成水滴或冰晶云，再以雨或雪的形式返回地球表面，然后流经小溪和江河，进入湖泊，并最终回到海洋。地表、溪流和湖泊中的水渗入地下成为地下水。

在这个循环中，海洋占地球水资源体积的97%，剩下的3%是淡水。三分之二的淡水以雪、冰川和极地冰盖的形式封存，三分之一以地下水的形式储存，剩下的可以为人类利用的淡水——约占全球水资源总量的0.03%——储存在湖泊、溪流和大气中。

二、海洋生态系统的演化

海洋生态系统的演化是一个复杂而丰富的过程，涉及到海洋生物、环境和生态因素之间多种因素的相互作用和影响。从地球形成初期的原始海洋到如今多样化的生态系统，以及未来的发展趋势，这一演变过程展现了地球上生命的奇妙之处。通过探讨海洋生态系统演化历程，我们不仅可以了解海洋生物的多样性和生态平衡的形成，还可以认识到人类活动对海洋环境的影响。通过加强科学研究和环境保护，我们可以更好地保护和管理海洋生态系统，实现人与自然的和谐共生。

最早的生命形式出现在至少35亿年前，是简单的单细胞微生物，可能生活在热液喷口附近，热液喷口是地壳下喷出热水并从地下携带矿物质的豁口。微生物就是从这种富含矿物质的水中获取能量。此时的大气中没有氧气，是由甲烷、二氧化碳和硫化氢组成，通过火山喷发从地壳里面释放出来。没有氧气，微生物最有可能利用硫化物产生能量。在今天的海洋中，热液喷口附近的微生物仍在进行类似的化学反应，以获得能量。大约23亿年前，一种新的细菌出现了，它可以将阳光转化为能量，在这个过程中，形成了气态氧。这种被称为"蓝藻"的蓝绿色微生物很可能是地球上第一个产生光合作用的生物，它改变了地球上生命的历程。蓝藻的出现标志着地球上生命的起源和进化的开始。数亿年以来，由于蓝藻和其他生物的光合作用，氧气在大气中持续聚集，让复杂的生命在接下来的年代繁衍生息，并且为后续生物的演化和多样化提供了源泉。古老的海洋提供了丰富的化学元素和能量，为生命的起源和演化奠定了基础。蓝藻之所以如此重要，是因为它能够利用太阳能进行光合作用，将水和二氧化碳转化为有机物质和氧气。光合作用释放出的氧气，改变了地球的大气组成，使地球逐渐进入了氧气丰富的时代，这对地球上其他生物的生存和演化产生了深远影响。甚至可以说，蓝藻的出现间接地改变了地球的气候和生态环境。通过光合作用，蓝藻能够合成有机物质，包括蛋白质等生命所需的基本分子。这些有机物质不仅可以为蓝藻自身提供能量和营养，还可以成为其他生物的食物来源，构建起海洋生态系统中复杂的食物链。除了为其他生物提供食物外，蓝藻释放的氧气也是地球上绝大多数生物赖以生存的源泉，支持了陆地生态系统和陆地生物的生存。因此，可以说蓝藻的光合作用是地球生态系统中至关重要的生化过程之一。

大洋提供了生命形成所需的必要物质基础和生存环境。海水中含有丰富的无机化合物和微量元素，这些物质为生命的起源奠定了重要的基础，而海洋的温度、压力、光照等因素也为生命的演化提供了环境条件。从最早的原始有机分子到复杂的细胞结构，生命在海洋中逐渐形成并不断演化，创造出了地球上多样而丰富的生物界。可以说，海洋是地球上生命的摇篮，也是生命演化的舞台之一。生命孕育于海洋之中，生命的起源和早期演化依赖于大洋的诞生和演化。

海洋生态系统演化可以分为三个阶段：古生代、中生代和新生代。

（一）古生代

古生代距今约5.7亿~2.5亿年前。第一个有记录的复杂生命形式出现在大约5.6亿年前，尽管它们与我们今天所熟悉的生物大不相同，许多是软体动物，只有少数管状的动物有坚硬的外鞘。在一些地方，类似蕨类植物的叶子覆盖着海底，但由于它们生长在光线无法到达的深处，它们通过直接从水中吸收碳等营养物质而不是通过光合作用来获取能量。

在古生代，海洋生态系统呈现出原始形态，海洋中的主要物种为单细胞微型海藻和简单的浮游生物。距今4.1亿年前，海洋中最早的鱼类——海蛇鱼出现。这标志着海洋生态系统的第一个大事件的开始，生物多样化迅速增长。古生代跨越了数亿年的时间，见证了地球生命的起源、多样性的爆发和生态系统的演变。

1. 寒武纪：生命的多样性

寒武纪是生命多样性迅速爆发的时期，也是海洋生物演化的关键时期。一些研究人员认为，这是由于气候变暖、海洋中氧气增加以及浅水海洋栖息地的形成共同造成的。这种环境对于新型动物的繁殖是理想的，包括那些比它们的祖先体型更大、生态系统更复杂的动物。海洋中出现了大量的原始生物形态，包括最早的多细胞生物、硬壳化生物和软体动物等。寒武纪海洋中最大最可怕的掠食者是一种奇虾类动物，人类已经发现的奇虾类动物完整标本最大的长达3英尺（约91厘米）。另一种可怕的掠食者，因其相对较大的体型而被称为寒武纪的霸王龙，它的标本长度达到了50厘米，这在大多数动物只有指甲那么大的时候已经很大了，它的猎物是其他在海底爬行的小动物。在加拿大落基山脉的伯吉斯页岩中发现了很多寒武纪生物化石。

2. 奥陶纪：鱼类的兴起

在地球存在的整个过程中，生命的爆发和灭绝常常受到地球板块运动的影响。奥陶纪期间，大部分大陆都是冈瓦纳超大陆的一部分。通过板块构造运动，冈瓦纳逐渐向南移动，一直到达南极。当这一切发生的时候，洋流和大气环流变冷，形成了巨大的冰川；由于形成冰川的大部分水来自海洋，海平面因而下降。在奥陶纪，大多数海洋生物还没有脊椎；相反，生命依靠坚硬的结构，比如贝壳来保护它们免受捕食者的伤害。三叶虫，由于拥有坚硬的外骨骼盔甲，仍然是占优势地位的海底居民。

3. 志留纪：陆地植被扩张和节肢动物的成长

志留纪期间地球表面的环境条件发生了变化，包括气候的温暖湿润化和陆地的变化。这种环境变化促进了植物的生长和扩散，导致了陆地植被的迅速扩张。随着陆地植被的增加，陆地生态系统的复杂性和多样性也随之增加，为陆地生物提供了更多的生存空间和资源。

志留纪是节肢动物繁盛的时期。在志留纪期间，海洋中出现了昆虫、甲壳类动物等大量的节肢动物。海洋节肢动物的繁盛为海洋生态系统注入了新的活力，它们参与了海洋食物链的构建和能量流动，同时也影响着海洋生物群落的结构和演变。甲壳类动物的出现进一步丰富了海洋生物的种类，包括各种贝类、虾类等，它们在海洋生态系统中扮演着重要的角色，如清除底栖有机物、提供食物来源等。

4. 泥盆纪：鱼类的时代

泥盆纪的生物以陆生植物的扩展为特征，已出现了蕨类植物和种子植物等植物群。

海绵、棘皮动物、软体动物等无脊椎动物异常丰富，鱼类相当繁盛，各种类别的鱼都有出现，故泥盆纪被称为"鱼类的时代"。大规模的珊瑚礁出现，形成了丰富多样的海洋生态系统。

5. 石炭纪：陆地——海洋关联

石炭纪时期植物进化经历了重要的发展阶段。陆生植物逐渐从水生环境中演化出来，开始在陆地上繁衍生长。这些植物具有简单的组织结构和繁殖方式，适应了陆地环境的生存条件。这些植物在湿润的环境中茂密生长，为当时的陆地生态系统提供了重要的生态功能和资源。浮游植物如硅藻、甲藻等在海洋中大量繁衍生长，海洋中出现了许多新的浮游动物，包括放射虫、浮游水母等。这些浮游生物的出现丰富了海洋生物的多样性，同时也促进了海洋生态系统中食物链的建立和演化。

石炭纪是陆地植物演化的重要时期。陆地植被的生长和演化促进了陆地生态系统的形成和发展，同时也影响了海洋环境和生态系统的演变，地球生态系统呈现出了复杂而多样的特征。

6. 二叠纪：生物大灭绝

地球历史上最大的生物灭绝是二叠纪灭绝，发生在大约2.52亿年前。科学家估计，90%的海洋物种在大约6万年的时间里灭绝。大灭绝的原因可能包括地质活动、气候变化、海洋缺氧、海平面变化、火山喷发等多种因素的综合影响。大规模的火山爆发持续了数百万年，从地球内部喷出了二氧化碳和有毒气体。随着气体的积累，气温迅速波动，氧气含量急剧下降，海洋因酸雨而酸化。阻挡太阳的火山灰导致地球温度骤降，但熔岩岩浆很快燃烧了煤炭，温室气体二氧化碳排放到大气中，地球温度因而提高。二叠纪末期的生物大灭绝极大地减少了地球上生命的多样性。

大灭绝事件导致海洋生态系统严重破坏。随着时间的推移，一些新的生物群体逐渐开始出现，填补了生物灭绝留下的生态空缺。这些新的生物群体可能具有更强的适应能力，有助于海洋生态系统的恢复和重建。

（二）中生代

中生代从2.5亿年前到6500万年前，是海洋生态系统演化的一个重要时期。与今天的地球相比，中生代是一个既陌生又熟悉的世界。在这个时代，盘古大陆分裂了，特提斯洋将亚洲与其他陆地分开，大西洋开始形成。侏罗纪时期全球海平面升高，并一直持续到白垩纪。在大型哺乳动物出现之前，爬行动物统治着海洋。中生代是恐龙在陆地上漫游的时期，这些大型生物是海洋食物链中的顶级掠食者，以鱼类、头足类动物、双壳类动物为食。

在中生代漫长的时间跨度内，海洋生态系统经历了许多重要的变化和演化，塑造了今天我们所见到的丰富多样的海洋生物群落。

1. 三叠纪：新生物的复苏

三叠纪是继二叠纪大灭绝之后的一个复苏期。在灭绝事件之后，海洋生态系统经历了重建和恢复的过程，新的生物群体开始出现，填补了灭绝生物留下的生态空缺。这一时期，海洋生物多样性开始逐渐恢复和发展。许多新的生物群体和物种开始出现，丰富了海洋生物的多样性。例如，鱼类、软体动物、节肢动物等不断演化和繁衍，形成了丰富的海洋生物群落。这些新的生物群体与环境之间相互作用，推动了海洋生态系统的进化和发展。

2. 侏罗纪："恐龙时代"

中生代海洋的生态系统非常繁荣，结构与今天的生态系统非常相似，浮游植物构成了食物链的底部，大型食肉动物位于顶部，有齿的鱼类、爬行动物、鸟类和会飞的翼龙在这里追踪猎物。最早的硬骨鱼是一种下颚可移动的鱼类，它们可以灵活张口，能够有效地吞咽猎物。

侏罗纪时期，海洋生物群落进一步丰富和繁荣。各类生物如海洋脊椎动物、软体动物、节肢动物等都经历了进化和繁衍；爬行动物（包括恐龙、爬行类动物等）在地球上繁盛，侏罗纪被称为"恐龙时代"，是恐龙统治地球的时期。

在侏罗纪时期，珊瑚礁开始大规模衍生，成为海洋生态系统中的重要部分。珊瑚礁为许多海洋生物提供了栖息地和食物来源，同时也促进了海洋生物多样性的增加。

3. 白垩纪：石油起源的时代

在中生代，浮游生物得到了进化，微小浮游生物到了白垩纪尤为丰富多样。当球石藻死亡并积聚在海底时，它们形成石灰岩和白垩。石油源自于死去的浮游生物，它们积聚在海底，被埋了数百万年。世界上60%以上石油的形成源于侏罗纪和白垩纪微小海洋浮游生物的遗体。

4. 白垩纪末期：大灭绝事件

大约6600万年前，一颗直径10千米的小行星撞击了地球表面，造成了海啸、酸雨和全球变冷。由于这种灾难性的变化，世界上许多物种灭绝了。恐龙的消失是最著名的灭绝之一。

白垩纪末期发生的生物大灭绝事件，导致了大量的海洋生物灭绝，包括许多海洋爬行动物和海洋无脊椎动物等，对地球生态系统产生了重大影响。

（三）新生代

生物大灭绝标志着中生代的结束和新生代的开始，尽管白垩纪末期发生了一次重大的生物大灭绝事件，但是生命仍在继续，在小行星撞击地球多年后，一些生物开始卷土重来。这些哺乳动物体型小，它们利用恐龙灭绝的机会向新的方向进化，其中一些生命最终进化出了今天仍生活在海洋中的鲸鱼、海豹和海牛。新的生物群体开始出现，新的珊瑚礁和海洋动植物逐渐繁荣，海洋生物的多样性也逐渐恢复。

新生代从6500万年前至今，是海洋生态系统演化中最近的一个时期。本阶段海洋生物的多样化已经到达了一个新的阶段，海洋中的物种丰富多样。

1. 第三纪（约6500万年前至约250万年前）

在第三纪，地球经历了重大的气候变化和生物演化，这一时期标志着中生代的结束，同时也是新生代的早期阶段。第三纪初期，地球的气候相对温暖湿润，类似于现代的热带和亚热带气候；随着时间的推移，第三纪的气候变得更加季节化和干燥，陆地上的植被种类和分布发生了重大变化，陆地开始出现大草原，新型食草动物有了食物来源。同时，海洋生态系统也经历了巨大的演化，大型珊瑚礁开始形成。

2. 第四纪（约250万年前至今）

第四纪包括更新世和全新世。

更新世是距今约250万年至1.1万年前的一个时期，也被称为"冰川时期"或"冰河时代"，地球气候剧烈变化，包括冰期和间冰期的交替，以及全球性的冰川活动。冰期时，地球表面温度下降，冰川覆盖面积扩大，海平面下降；间冰期时，温度上升，冰川融化，海平面上升。这种全球气候变化对地球地貌、生态系统和生物演化都产生了重大影响，许多海洋生物通过适应和演化来应对气候变化带来的挑战，例如，一些生物如北极熊和企鹅等可能适应了低温环境和寒冷海水，而一些生物则迁徙到了更温暖的地区。

全新世是更新世之后的时期，开始于约1.1万年前至今。全新世是人类出现和活动的时期，人类开始狩猎、农业生产、城市建设等活动，对地球生态系统产生了巨大影响。全新世期间，地球气候和地表环境发生了多次变化。人类活动、自然灾害等因素导致了部分陆地植被的退化和物种灭绝，海洋生态系统也受到了污染和过度捕捞等问题的影响。

近几个世纪以来，人类对海洋生态系统的影响日益显著，包括过度捕捞、污染和气候变化等多个方面，这些举动已经对海洋生态系统造成了严重的损害，甚至导致了一些生态系统的崩溃。我们正处于一个极为关键的时刻，需要采取各种措施来保护海洋生态系统的稳定和繁荣。过度捕捞已经导致了一些渔业资源的枯竭和生态平衡的破坏；污染问题则包括海洋垃圾、化学物质和油污染等，对海洋生物和生态系统造成了长期的负面影响；气候变化引发的海洋温度升高、海平面上升以及海水酸化等问题，也进一步威胁着海洋生态系统的稳定。

因此，保护海洋环境、维护海洋生态平衡已经成为我们的重要任务，必须采取设立海洋保护区、加强监管和执法、推动可持续的渔业管理、减少海洋污染和减缓气候变化等有效的措施，以确保海洋生态系统的可持续发展，同时也保护我们赖以生存的地球家园。

思考题

- 描述构成海洋的四个主要部分（海水、海岸、海底、海空）各自的特点和功能。
- 解释海底扩张理论和板块构造理论是如何共同解释洋盆形成的。
- 从科学角度讨论海洋的起源，包括地球形成过程中水的来源以及早期海洋的形成。
- 分析从古生代到新生代，海洋生态系统如何响应地球气候和地质的变化，结合中国境内冰川遗迹谈谈海洋生态系统的变迁。
- 探讨人类活动如何影响海洋生态系统，并提出可能的解决方案来减少这些影响。

第二节　世界海洋资源

学习目标

★ 了解海洋资源开发的意义

★ 了解世界四大洋的地理概况

★ 了解海洋自然资源的种类和分布

★ 了解海洋资源开发的现状

★ 了解海洋资源保护的方法和措施

一、海洋资源开发的重要意义

海洋是地球上最大的生态系统之一，蕴藏着丰富的自然资源。海洋资源是指在海洋中发现的所有自然资源，包括动植物、矿物、能源和水。海洋生物资源包括各种鱼类、海藻、贝类等，具有极高的营养价值和药用价值；海洋中还蕴藏着丰富的矿产资源，如石油、天然气、金属矿物等，以及可再生能源资源，如海洋风能、潮汐能等。这些资源的开发利用可以为人类提供能源、原材料等基本需求，推动经济社会的发展。2015年，世界自然基金会的报告《重振海洋经济——2015年行动方案》指出，全球主要的海洋资源价值保守估计至少达24万亿美元，但由于我们对整个海洋的了解有限，我们尚无法确定它的真正价值。该方案将超过24万亿美元的海洋资源价值细分为：珊瑚礁9000亿美元，红树林1万亿美元，海草2.1万亿美元，渔业2.9万亿美元，碳吸收4.3万亿美元，航运业5.2万亿美元，生产性海岸线7.8万亿美元。与陆地资源相比，海洋资源的开发利用相对较晚，其开发利用存在着巨大的空间和机遇，对于人类社会的发展有着十分深远的现实意义。

（一）海洋调节陆地气候，提供新鲜的空气

海洋吸收了25%的碳排放，同时产生了我们生存所需的50%的氧气，从而缓解了

工业污染。它不仅是地球的肺，为我们提供新鲜的空气，而且是世界上最大的碳汇，有助于应对气候变化的负面影响。此外，海洋吸收了气候系统中90%以上的多余热量，有助于调节陆地温度。

（二）海洋是重要的食物来源

海洋已经被捕捞了数千年，渔业对经济发展和社会福祉极为重要。海洋及其生物多样性为全球提供了人类所消耗动物蛋白的15%，如果在部分最不发达国家，海产品是50%以上当地人口的主要蛋白质来源。2000年，全世界共捕获了8600万吨鱼，中国的渔业产量最高，占总量的三分之一。其他产鱼最多的国家主要是秘鲁、日本、美国、智利、印度尼西亚、俄罗斯、印度、泰国、挪威和冰岛。

（三）海洋提供就业机会和生计

海洋估计为30亿人提供生计，占全球人口近50%。其中，海洋渔业在全球提供了5700万个就业岗位，蓝色海洋经济逐渐成为许多国家的重要支柱产业。

（四）海洋资源的开发利用可以推动技术创新和产业升级

海洋经济是世界上增长最快的经济体之一。据联合国开发计划署估计，海洋资源的商品和服务贸易每年大约价值3万亿美元，约占全球国内生产总值的5%。海洋经济产业的发展可以带动相关产业链的发展，促进科技进步，推动技术创新和产业升级，实现经济可持续发展和社会进步。

（五）海洋是世界重要的运输通道

海洋航运是指在海港之间用船舶运输货物的活动。海运船舶主要包括集装箱船、油轮、化工船、散货船等，它们承担了国际贸易最主要的运输任务。

二、海洋的自然地理概况

海洋通常被分为四个部分，即四大洋：太平洋、大西洋、印度洋和北冰洋。每一个海洋都有自己独特的特性，也有其独特的海洋生物，它们是我们星球动态生态系统的重要组成部分，对自然世界和人类文明都具有重要意义。

（一）太平洋

太平洋是世界上最大的海洋盆地。太平洋占地球总面积的1/3，包括属海的面积为18134.4万平方千米。太平洋由葡萄牙探险家麦哲伦命名，他从麦哲伦海峡到菲律宾的大部分旅程中，发现太平洋非常平静（"pacique"在法语中是和平的意思）。与太平洋名字的字面意思相反，太平洋的岛屿经常受到台风和飓风的袭击，沿岸或环太平洋地区经常发生火山爆发和地震。

太平洋包含目前所知地球上最深的海沟，即马里亚纳海沟，该区域低于海平面

11034米。太平洋上有25000个太平洋岛屿，比其他任何海洋都多。这些岛屿大多位于赤道以南。太平洋最大的海包括：西里伯斯海、珊瑚海、东海、日本海、南中国海、苏禄海、塔斯曼海和黄海。太平洋和印度洋由西面的马六甲海峡连接，太平洋和大西洋由东面的麦哲伦海峡连接。

太平洋作为地球上最大的洋，拥有着极为丰富多样的海洋生物资源，对全球海洋生态系统和人类生活都具有重要意义。

1. 太平洋的植物

太平洋的浮游植物种类繁多，包括超过380种已知的浮游植物。这些浮游植物是海洋生态系统的重要组成部分，通过光合作用为海洋生物提供氧气和食物。其中硅藻、甲藻、金藻和蓝藻等是主要的浮游植物种类，它们在太平洋中起着重要的生态作用。

太平洋的底栖植物由各种大型藻类和显花植物组成，这些底栖植物提供了海洋生物的栖息地和食物来源，对维持海洋生态系统的稳定起着重要作用。

2. 太平洋的海洋动物

太平洋的海洋动物可以分为多个类别，包括：

（1）浮游动物：这些是漂浮在水中的微小动物，它们通常是海洋食物链的基础，为其他生物提供能量和营养。

（2）游泳动物：这些动物能够主动游泳，并且在太平洋的各个水层中活动，包括海豚、鲸类（如蓝鲸、座头鲸等）以及多数海洋鱼类。

（3）底栖动物：这些动物生活在海洋底部，包括底栖软体动物（如蛤蜊、扇贝）、底栖无脊椎动物（如海星、海胆）以及底栖鱼类（如海鳗、海葵鱼等）。

太平洋的海洋动物群落极为丰富多样，包含数以千计的物种。由于海洋环境的复杂性和广阔性，太平洋的海洋动物数量很难精确统计。科学家们利用各种调查和监测手段，例如水下摄像头、声纳技术、卫星监测等，来了解海洋生物的分布、数量和行为习性。

3. 太平洋的渔业资源

太平洋海域的丰富资源对全球渔业具有巨大的意义。这个地区的渔业资源包括各种鱼类（包括各种经济鱼类，如金枪鱼、鲑鱼、鳕鱼、鲷鱼、鳀鱼等，以及用于食品加工和饲料的小型鱼类）、贝类甲壳类动物（如扇贝、牡蛎、虾、螃蟹等）和部分海洋植物（包括多种海藻和微型浮游植物）。

太平洋地区的渔获量占全球海洋渔获总量的一半左右，为3500~4000万吨，主要来自于太平洋周围众多的国家和地区，包括东亚、南美、北美、大洋洲等地，捕获的种类主要包括金枪鱼、鲑鱼、鳕鱼、鲷鱼、鳀鱼、扇贝、虾、蟹等。这些种类对于当地渔业的发展和全球市场的供应都有着重要的影响，对于人类的食品安全、经济发展和社会稳定都至关重要。

4. 太平洋的矿产资源

太平洋有着丰富的矿产资源，其主要的矿产资源及其分布如下：

（1）石油和天然气。太平洋地区是世界上重要的石油和天然气生产地之一。沿着环太平洋地区，尤其是在东南亚、澳大利亚、中国、俄罗斯远东地区以及南美洲的海域，分布着丰富的油气资源。例如，中国的南海和东海、印度尼西亚的爪哇海、澳大利亚北部海域以及秘鲁和智利的海域都有大量的石油和天然气资源。

（2）金属矿产。太平洋海域也富含各种金属矿产，包括铜、铁、锌、锰、镍等，这些矿产主要分布在海底的矿床中。东南亚、澳大利亚、南美洲等地的海域是铜、镍、锌等金属矿的主要产区，而位于太平洋火山带附近的海域也有丰富的金属矿床。

（3）磷酸盐。太平洋地区的一些海域也富含磷酸盐矿床，这对于农业肥料生产至关重要。例如，位于太平洋岛国附近的一些海域就有丰富的磷酸盐资源。

（4）沉积物。太平洋海域也存在大量的沉积物，包括富含铁矿石、锰结核、钴结核等。这些沉积物主要分布在海底的深海平原和海山上，开采难度较高，但资源潜力仍然很大。

（二）大西洋

大西洋是世界上第二大海洋，位于欧洲、非洲与南、北美洲和南极洲之间，是世界上最繁忙的海上航线。大西洋面积为9165.5万平方千米。

大西洋的名字来源于希腊神话中的"阿特拉斯之海"，它最深的区域是波多黎各海沟，深度为9219米。大西洋的生物分布特征呈现出丰富多样的海洋生态系统，各种生物相互依存、相互作用，共同构成了大西洋海域独特的生物景观。

大西洋沿岸和海底生长着各种海藻和海草，包括褐藻、红藻、绿藻等，以及丰富的浮游植物，包括浮游藻类。这些植物为海洋生态系统提供了重要的生态服务，提供了氧气、栖息地和食物来源。大西洋是世界上最重要的渔业资源之一。在大西洋中，有着丰富的鱼类资源，包括鳕鱼、金枪鱼、鲑鱼、鲭鱼、鳀鱼、鳟鱼等。这些鱼类在不同的季节和地理区域内活动，形成了复杂的生态网络。大西洋中栖息着多种哺乳动物，其中包括鲸类、海豚、海豹等。鲸类是大西洋中的重要成员，常见的种类有座头鲸、蓝鲸、抹香鲸、虎鲸等，它们在大西洋的不同区域进行繁殖、迁徙和觅食。大西洋海域中有着丰富的软体动物和甲壳动物，这些动物多生活在海底的沙泥、岩石或珊瑚礁上，是海洋生态系统中的重要组成部分。

大西洋的渔获量居世界第二位，每年的渔获量为2500万吨左右。大西洋的渔场分布广泛，鱼类资源包括鳕鱼、鲑鱼、鳟鱼、鲭鱼、南极鱼类以及许多珍稀的深海鱼类资源。

大西洋地区拥有相当丰富的矿产资源，这些资源包括石油、天然气、金属矿产和沉积物等。北大西洋和南大西洋沿岸地区，包括北海、挪威海、墨西哥湾、巴西海域等，都蕴藏丰富的石油和天然气储量，英国、挪威、加拿大、巴西等国家已经在这些海域进行了石油和天然气的勘探和开发。大西洋海域也蕴藏一些金属矿产资源，例如铜、铁、铝、锌、铅、锰、镍等。这些矿产主要分布在海底的矿床中，如海山、海脊和海底盆地等地区。巴西地区有着丰富的矿产资源，包括铁矿、铜矿和锰矿等，加拿大、南非、葡萄牙、挪威等国都拥有铜、锰、铅、锌和镍等金属矿床。

（三）印度洋

印度洋面积约为7056万平方千米。印度洋是位于非洲、亚洲和澳大利亚之间的一大片水域，北与南亚接壤，西与阿拉伯半岛和非洲接壤，东与马来半岛和澳大利亚接壤，南与南大洋接壤。印度洋是亚洲和非洲之间的重要过境通道。

印度洋也有丰富的海洋生物资源。印度洋是浮游生物的重要栖息地，这些微小的生物包括浮游植物（如浮游藻类）和浮游动物。印度洋也是许多海洋哺乳动物的栖息地，包括鲸类、海豚和海豹等。这些哺乳动物在印度洋的不同区域进行繁殖、迁徙和觅食，其中一些地区还是它们的重要保护区。例如，斯里兰卡、马尔代夫和塞舌尔等国家的海域是蓝鲸等鲸类的迁徙路径和觅食地。印度洋拥有着壮丽的珊瑚礁生态系统，马尔代夫、科摩罗、毛里求斯和塞舌尔等地拥有着丰富多样的珊瑚礁，这些珊瑚礁为众多海洋生物提供了栖息地和食物来源。印度洋拥有丰富多样的鱼类资源，金枪鱼、鲭鱼、鳕鱼、鲶鱼、鲨鱼、梭鱼等都是印度洋中常见的鱼类。

印度洋地区蕴藏着大量的石油和天然气资源。沿岸地区的陆地和海域，如印度、阿拉伯半岛的沙特阿拉伯、也门和阿曼等地，以及东非的坦桑尼亚等地，都拥有丰富的石油和天然气储量。印度洋也存在一些金属矿产资源，如铁、铝、铜、锌、铅、锰、镍等。这些矿产可能分布在海底的矿床中，如海山、海脊和海底盆地等地区。澳大利亚和南非都是世界上矿产资源丰富的国家。

（四）北冰洋

北冰洋占据了北极周围的区域，是一个巨大的、冰冷的海洋，位于地球的北部，靠近北极。它是一个平均深度1200米的浅盆地，面积仅为1450万平方千米。这片大洋的南部被北美洲和欧亚大陆所包围。

冰川常年覆盖着大部分北冰洋（由于全球变暖，这种情况正在急剧变化），海洋生物在北冰洋寒冷的水域相对稀少，除了在开阔的南部水域。北冰洋上空的空中交通很繁忙，它是北美太平洋沿岸和欧洲之间最短的航线。

北冰洋是许多神奇动物的家园，如北极熊、海象、海豹和鲸鱼。这些动物有特殊的适应能力，可以在寒冷的环境中生存，它们拥有厚厚的皮毛或鲸脂来保暖。北冰洋有助于调节地球的温度，在地球的气候系统和洋流中起着至关重要的作用。

北冰洋地区可能蕴藏着丰富的石油资源，主要分布在海底的沉积岩层中，挪威的北海油田和俄罗斯的西伯利亚地区就是北冰洋油气资源的重要开发地区。由于其极端的环境条件，油气开发活动仍面临诸多困难，寒冷的气候、冰冻的海域和季节性的冰盖覆盖等因素都增加了油气开采的成本和风险。此外，对于环境保护和可持续性发展的要求也对油气开发提出了更高的要求。

三、海洋资源开发

海洋栖息地是各种各样生物的家园，根据生物学家的估算，海洋中约有20万种不同的生物。这些生物的种类和数量使海洋生态系统成为地球上最丰富和复杂的生物栖息地之一，也为人类提供了无尽的探索和研究对象。

海洋生物资源开发状况在全球范围内受到多种因素的影响，包括经济、社会、环境等方面的因素。渔业是海洋生物资源开发的主要形式之一，各国的渔业发展水平和规模各不相同。一些国家拥有发达的渔业产业，如中国、印度尼西亚和印度等，这些国家的渔业为国民经济发展做出了重要贡献。同时，一些发达国家也在进行高科技渔业的开发，如远洋渔业、水产养殖等。随着渔业资源的枯竭和渔业生产的不断增长，水产养殖作为一种替代性的渔业模式得到了发展。水产养殖包括海水养殖和淡水养殖两种类型，其发展范围涵盖了多种海洋生物，如鱼类、虾类、贝类等。中国、印度、挪威等国家在水产养殖领域拥有较为发达的产业。海洋生物资源中含有大量的生物活性物质，具有广泛的药物和生物技术应用价值。许多国家在开发海洋生物资源用于生物技术和生物医药方面投入了大量的研究力量和资金，例如从海洋生物中提取的化合物被发现具有抗癌、抗菌、抗病毒的作用。一些国家依托其丰富的海洋生物资源，发展了海洋生态旅游业，这些国家的海岸线和海洋生态环境吸引了大量的游客，为当地经济带来了可观的收入。例如，澳大利亚的大堡礁、马尔代夫的海岛等都是知名的海洋生态旅游目的地。

海洋石油天然气资源的储量和可采储量是由地质勘探、资源评估以及技术和经济因素等多种因素综合确定的。海底石油资源主要分布在大陆架、大陆坡和海底盆地等地质构造中，形成于数百万年前的地质运动过程中。海底石油资源的蕴藏量取决于地下岩石的类型、有机质的丰度、成岩作用的程度等因素，一些富油区域可能蕴藏着数十亿至数百亿桶的石油资源。海底天然气资源主要分布在大陆架、海底盆地和深海沉积层等地质环境中。深海天然气水合物是一种重要的深海天然气资源，主要分布在深海的冷泉和温度适宜的区域。天然气水合物是天然气和水在高压、低温条件下结合形成的固态结构，全球深海天然气水合物的蕴藏量据估计可能达到数十万亿至数百万亿立方米。海底油气资源的开发主要集中在一些拥有丰富资源、先进技术和较为成熟的油气产业的国家和地区，比如美国、俄罗斯、巴西和挪威等国。

海底地球物质中含有多种金属矿物，如铁、锰、铜、镍、铅、锌等。其中，海底锰结核是一种富含锰、铁、镍、铜等金属的矿物团块，分布于深海的海底表面。海底铜、铁矿床也被发现于大陆架和大洋中脊等地质构造中。非金属矿产包括海盐、海水中的矿物质、珊瑚礁石、硅藻土、磷酸盐等，这些矿产资源在海洋生态系统中发挥着重要的作用，也有一定的经济价值。海底也被发现含有稀土元素，这些元素在高科技产品和清洁能源技术中具有重要应用价值，因此引起了人们的关注。

四、海洋保护

自古以来，人类就与海洋共存，依靠海洋资源生存。随着全球人口压力的不断上升，海洋和海岸的可持续发展受到了质疑，海洋资源的过度开发已经成为一个严峻的全球性挑战。许多海洋鱼类、甲壳类和贝类等资源面临着过度捕捞的问题，一些渔业资源已经出现了严重的衰退，如大西洋蓝鳍金枪鱼和北大西洋鳕鱼等；沿海地区的生态系统常常受到过度开发的影响，如沿海湿地的填海造地，导致了生物多样性丧失、栖息地破坏。海洋污染是海洋生态系统面临的重要挑战之一，包括油污染、塑料污染、化学品污染等。过度的污染对海洋生物造成直接威胁，也影响人类健康和经济活动。随着技术的发展，人类对海底矿产资源（如矿物、油气等）的开采活动也在增加。然而，海底开采可能导致海底生态系统受到破坏，例如深海采矿可能破坏海底生物栖息地。从海洋生态系统中开采矿产资源充满风险，会造成海洋环境的恶化，一般来说，红树林、盐沼从石油污染中恢复至少需要2年，有时甚至超过20年。

海洋资源的开发利用面临诸多挑战，如开发技术、环境保护、资源管理和国际合作等。应当注意的是，海洋矿产资源的开发需谨慎进行，以确保资源的可持续利用和保护海洋生态环境。对海洋资源过度利用和过度开发，已经一定程度上导致海洋生态系统受到破坏和生态环境恶化。需要国际社会共同努力，通过科学合理的管理和政策措施，包括建立科学的资源管理体系、加强环境监测和保护、加强国际合作等，以实现对海洋生态系统的保护和可持续利用。

思考题

- 描述海洋资源包括哪些类型。
- 如何保护海洋生物资源，避免过度捕捞和生态破坏？
- 如何平衡开发利用和保护海洋矿产资源之间的关系，确保资源的可持续利用？
- 如何采取措施减少海洋污染，保护珊瑚礁和海洋生态系统的健康？
- 探讨科技创新如何促进海洋资源的可持续开发。

第三节　海洋生态系统

★ 了解海洋生态系统的组成、结构和功能

★ 掌握海洋生态系统的主要类型

★ 了解海洋生态系统面临的威胁和挑战

★ 了解人类活动对海洋生态系统的影响

★ 了解保护海洋生态系统的策略和方法

海洋生态系统是由海洋水体、海洋生物、生物之间的相互作用，以及非生物因素（如海底地形、水温、盐度、光照等）共同构成的复杂生态系统。海洋生态系统的这些组成部分相互作用、相互影响，共同维持着海洋生态系统的平衡和稳定，对维持整个地球生态平衡发挥着至关重要的作用。

一、海洋生态系统的组成

（一）生物成分

海洋生物包括各种生物群落，这些生物在海洋生态系统中扮演着各种角色，包括食物链中的生产者、消费者和分解者等。

1.浮游生物

浮游生物是海洋中漂浮在水中、无法自主移动的微小生物，包括浮游植物和浮游动物两大类。浮游植物主要是微小的浮游藻类，如硅藻、钙藻、硅藻等，它们通过光合作用从水中吸收二氧化碳并释放氧气。浮游动物则是以浮游植物为食的生物，如浮游水母、浮游虾等，它们构成了海洋食物链的底层，为其他生物提供了重要的食物来源。

2. 底栖生物

底栖生物生活在海洋底部的各种地质环境中，包括各种海洋植物和动物，如海藻、珊瑚、海绵、贝类、蟹类、海星等。底栖生物通常栖息在海底的岩石、沙泥或珊瑚礁上，它们在海洋生态系统中扮演着重要的角色，提供了栖息地和食物源，维持着海洋生态系统的平衡和稳定。

3. 深海生物

深海生物生活在海洋的深层水域，包括各种适应高压、低温、黑暗等极端环境的生物，如深海鱼类、深海无脊椎动物、深海微生物等，深海生物具有很强的生存能力和适应性。由于深海环境的特殊性，深海生物往往具有独特的形态和生理特征，对于科学研究和生物多样性的保护都具有重要意义。

4. 迁徙性生物

一些海洋生物具有迁徙性，它们会在不同的季节或生命周期中在海洋中进行长途迁徙。这些迁徙性生物包括鲸、海龟、部分鱼类等，它们的迁徙活动对于海洋生态系统的稳定和物种多样性的维持都具有重要影响。

（二）非生物成分

海洋生态系统的非生物成分包括海洋水体、海底地形、水文条件、化学物质和气候等多个因素，它们共同构成了海洋环境的基本特征，对海洋生物的生存、繁衍和分布都具有重要影响。

1. 海洋水体

海洋生态系统的主要组成部分是海水，海水的物理性质包括温度、盐度、密度、透明度等。这些物理性质会随着地理位置、季节和气候条件的变化而发生变化，直接影响海洋生物的生存、分布和繁衍。

2. 海底地形

海洋底部的地形包括海底山脉、海沟、海底平原、海底丘陵等地貌特征。海底地形对海水流动、营养物质携带、洋流形成等都有重要影响，进而影响海洋生物的栖息地和分布。

3. 水文条件

水文条件包括海洋的水流、海流、洋流等。这些水文条件会在海洋中形成不同的环境，影响海水的运动、混合和分层，从而影响海洋生态系统的生物多样性和物种分布。

4. 化学物质

海洋中存在着各种化学物质，包括溶解的盐分、氧气、二氧化碳等。这些化学物质对海洋生物的生长、代谢和繁殖都具有重要作用，是维持海洋生态系统健康的重要因素。

5. 气候

气候条件包括气温、降水、风力等气象要素，气候条件直接影响海水的温度、盐度、气体溶解度，进而影响海洋生态系统的生物群落结构和物种分布。

这些非生物成分相互作用，共同维持着海洋生态系统的平衡和稳定。

二、海洋生态系统的类型

海洋生态系统的划分相比陆地上生态系统难度要大得多。陆地生态系统主要是以生物群落为基础做出不同生态系统的划分，陆生动植物群落相对固定，特别群落的流动性相对有限而且有规律可寻。而海洋生物群落流动性很大，缺乏明显的分界线。

海洋生态系统可以根据多种不同的分类方法进行细分，这有助于更好地理解其多样性和复杂性。在科学研究和管理实践中，根据生物组成和地理位置进行分类的方法更常用。这是因为这两种分类方法能够更直接地描述海洋生态系统的生物组成、生态特征和地理位置，有助于深入了解海洋生态系统的结构、功能和演变。

（一）根据生物组成进行分类

这种分类方法主要侧重于描述海洋生态系统中的生物组成、种类和相互关系，它能够准确地反映不同生态系统的生物多样性、群落结构和生态功能，对于生态学研究和保护管理都具有重要意义。

1. 珊瑚礁生态系统

珊瑚礁是生物多样性最丰富的海洋生态系统之一，由珊瑚礁和相关生物组成；珊瑚礁以珊瑚虫为主体，礁栖动物、植物包括鱼类、海葵等围绕着珊瑚礁。珊瑚礁面积不足全球海洋面积的千分之一，但是养育着大量的海洋生物。珊瑚礁生态系统是海产品和工业原料的重要来源。

2. 海草床生态系统

海草床生态系统由海草植物组成，包括海藻、海草、藻类等，是许多海洋动物的栖息地和食物来源。海草植物常生长在浅海，通常沿着缓缓倾斜的海岸线形成海草床。虽然海草床只覆盖了0.2%的海底面积，却存储了全球每年10%的海洋碳，为全球有机碳的重要汇集地，是极其重要的"蓝色碳汇"。

3. 红树林生态系统

红树林是生长在热带或亚热带海岸线附近低氧土壤中的树木或灌木，它们是一个极其多产的复杂生态系统。由于靠近海岸，它们都具有发达的根系和耐盐能力，以适应在盐碱环境中生存。红树林浓密的树根可以减少风暴、波浪和潮汐等对海岸的侵蚀。红树林生态系统是一个完整的生态循环系统，也是许多物种的重要食物来源。红树林生态系统有着出色的碳汇能力，全球红树林碳每年的储存量估计为3400万吨。

4. 牡蛎礁生态系统

牡蛎被称为生态系统工程师，形成了三维的珊瑚礁结构。牡蛎礁广泛分布于温带和亚热带河口和滨海区，其结构支持着300多种生物，如鱼类、螃蟹和鸟类，它们直接或间接地依靠珊瑚礁作为栖息地、苗圃和食物来源。牡蛎礁是沿岸许多海洋生物的最佳避难所之一，它们为无数物种提供了保护，礁石为幼鱼提供了躲避捕食者和风暴的避难所。牡蛎礁为数百种海洋生物创造了栖息地；同时，牡蛎礁也是守护海岸带的重要屏障，能够有效减轻飓风、海浪对海岸带的冲击。

5. 海藻场生态系统

海藻场是指大型底栖藻类与其他海洋生物群落共同构成的一种近岸海洋生态系统。海藻是一种原始植物，巨大而密集的海藻形成了海藻森林，海藻森林与地表的森林同样重要。成千上万生活在水下的草食性物种以海藻为食，它们也是其他大型动物的食物来源。

6. 盐沼生态系统

盐沼，也被称为海岸盐沼，位于陆地和开阔的咸水之间的海岸潮间带，它主要是密集的耐盐植物，如草本植物和低矮的灌木，这些植物对盐沼的稳定性至关重要。盐沼具有净化海水、保护海岸线免受侵蚀以及为野生动植物提供生存环境的重要功能。

7. 泥质海岸生态系统

泥质海岸指的是由沉积泥土构成的海岸线，这种海岸由大量的泥土和有机物质沉积。泥质海岸往往生态丰富，是许多鸟类和海洋生物的栖息地，也是自然观察和研究的重要场所。

8. 砂质海岸生态系统

砂质海岸是由沙粒累积形成的海岸线，这些沙粒主要是岩石风化和海浪侵蚀的结果。砂质海岸的特点包括宽阔的沙滩和较缓的海滨坡度，这使这些海岸线成为游客喜爱的目的地。砂质海岸也是多种海洋生物的栖息地，比如各种贝类、螃蟹以及鸟类。

9. 河口生态系统

河口生态系统通常位于河流与海洋交汇的地方，是河流环境和海洋环境之间的过渡地带。河口既受潮汐、波浪和盐水流入等海洋影响，也受淡水和沉积物流动等河流影响。海水和淡水的混合在沉积物中提供了丰富的营养物质，许多物种栖息于此，使河口成为世界上最具生产力的自然栖息地之一。

10. 海湾生态系统

海湾是一个陆地、海洋和大气紧密结合的地方，人类活动和气候变化对这里产生了深远的影响。

（二）根据地理位置进行分类

这种分类方法主要侧重于描述海洋生态系统所处的地理位置和空间分布。不同地理位置的海洋生态系统受到环境条件、人类活动、生物迁徙等因素的影响会有所不同，因此具有独特的生态特征和生物组成。这种分类方法有助于理解海洋生态系统的地域差异性、生态演化过程以及地域管理和保护的需要。

1.沿岸生态系统

位于陆地边缘和大陆架上的海洋生态系统，包括河口、海湾、岛屿、岩礁等。

2.开阔海洋生态系统

位于大陆架之外的海洋生态系统，包括大洋深层水域、深海海底等。

三、海洋生态系统的功能

海洋生态系统发挥着诸多功能和效益，对地球生态系统、人类社会以及经济发展都具有重要作用。以下是海洋生态系统的一些重要功能：

（一）维护生态平衡和生物多样性

海洋生态系统通过控制生物种群数量、能量流动和物质循环等过程，通过各种生物和非生物因素的相互作用，维持着海洋生态系统的稳定和动态平衡。这种平衡不仅有利于海洋生物的生存和繁衍，维持着海洋生物的多样性和丰富性，也对地球生态系统的整体稳定性起着重要作用。

（二）调节气候和碳循环

海洋生态系统通过调节大气中的温度、湿度和气体成分等因素，对地球的气候起着重要调节作用。海洋吸收和储存大量的热量和二氧化碳，稳定了地球的气候系统，缓解了气候变化对人类社会的影响。海洋生态系统是全球碳循环的重要组成部分，海洋中的浮游植物通过光合作用吸收二氧化碳，将其转化为有机物质。同时，海洋中的生物和海底沉积物也起到了储存碳的作用，有助于减缓全球变暖的速度。

（三）提供食物资源

海洋生态系统提供了丰富的食物资源，这些资源包括各种海洋生物，从微小的浮游生物到大型鱼类和其他海洋动植物，包括各类鱼类、贝类、海藻等。这些资源为全球数十亿人口提供了重要的蛋白质来源，对人类的饮食营养和健康都具有重要意义。

（四）动力资源

海洋是一个潜力巨大的动力资源库，可以为人类提供多种形式的可再生能源。海洋风能、海洋潮汐能、海洋温差能等可再生能源资源具有丰富的潜力，可以为人类提供清洁、可持续的能源供应，有助于减少对传统化石能源的依赖，减缓气候变化，推动能源转型和可持续发展。随着技术的不断进步和海洋工程的发展，海洋能源将成为未来能源领域的重要组成部分。

（五）经济价值

海洋生态系统具有重要的经济价值，对于许多国家和地区的经济发展和人民生计都至关重要。渔业、海洋运输业、海洋旅游业和食品加工业等都依赖于海洋生态系统的健康发展。渔业是许多国家的重要经济支柱，能够为社会提供就业机会和经济收入，推动当地和全球的经济增长。

（六）文化和休闲价值

海洋生态系统为人类提供了丰富的文化和休闲资源。海洋景观、海滩、海洋生物等吸引着大量游客和居民，成为人们休闲娱乐的场所，也是许多文化活动和传统习俗的重要载体。许多沿海社区和岛屿国家的文化传统、宗教仪式和节庆活动都与海洋资源有关，这些资源对于维持和传承人类文化具有重要意义。

四、海洋生态环境保护

海洋是地球上最广阔、最神秘的生命之源，其庞大而复杂的生态系统孕育着无数珍贵的生物资源，为人类带来了无尽的惊喜与大自然的恩赐。然而，随着人类活动的不断扩张，海洋生态系统正面临着前所未有的挑战与威胁。海洋生态系统面临着许多环境保护方面的问题，这些问题对海洋生态系统的稳定性、生物多样性和人类福祉都造成了负面影响。

海洋污染是最严重的问题之一，这些污染物包括化学物质、重金属、塑料垃圾、油污等，对海洋生物和生态系统造成了严重危害。

全球变暖引起海洋温度升高，海洋温度升高会改变海洋环境，对海洋生物的生长、迁徙和繁殖产生影响。一些海洋生物可能无法适应快速变化的温度，导致生物种群的变化和生态系统的不稳定。

大气中的二氧化碳溶解在海水中形成碳酸，导致海水酸化。海水酸化对珊瑚礁、贝类、浮游生物等海洋生物的壳和骨骼形成造成不利影响，影响它们的生存和繁殖。

过度捕捞导致许多海洋物种的减少和生态系统的不稳定，破坏了海洋食物链，影响渔业资源的可持续利用，对海洋生态系统造成严重影响。沿海开发活动导致沿海生态系统的退化和土地污染的加剧。海岸线的填海造地、港口建设、城市化等活动破坏了沿海湿地和栖息地，对海洋生物和生态系统造成了不可逆转的损害。

海洋生态系统的破坏不仅危及着海洋生物的生存和繁衍，也直接影响着全球生态平衡与人类的健康与福祉。面对这一现实，保护海洋生态系统已成为当今世界亟待解决的重要议题之一。

（1）设立各类海洋保护区，包括海洋自然保护区和海洋公园等，以保护重要的海洋生物栖息地、繁殖地和迁徙通道。这些保护区应该覆盖重要的生态系统，如珊瑚礁、海草床、红树林等。

（2）控制污染物排放，制定严格的污染物排放标准和管控措施，限制工业、城市和农业活动对海洋的污染。加强监测和治理，减少油污染、化学物质污染和塑料污染等对海洋生态系统的影响。

（3）制定科学合理的渔业管理措施，包括限制捕捞量、设立捕捞季节和禁渔区、推广渔具技术改进等，以确保渔业资源的可持续利用和渔业生态系统的健康。

（4）开展海洋生态系统的生态恢复和修复工作，包括植树造林、修复珊瑚礁、恢复海草床等，以恢复受损的海洋生物栖息地和生态系统功能。

（5）国际社会加强合作，共同应对全球性的海洋环境问题，如气候变化、海洋污染和跨境捕捞等，通过国际组织、多边协议和区域合作机制，共同制定和实施海洋保护政策和措施。

（6）加强公众教育和宣传，提高公众对海洋生态系统保护的认识和重视程度。鼓励公众积极参与海洋环保活动，倡导环保意识和行为，推动社会各界共同参与海洋生态系统的保护和管理。

保护海洋生态系统并非一蹴而就，而是需要全球范围内的共同努力和长期坚持。唯有通过跨国合作、科技创新和全社会的参与，才能真正实现海洋生态系统的有效保护。让我们携手努力，共同呵护海洋，守护我们共同的家园，为子孙后代留下一个更加美好的未来。

思考题

● 选择一个特定的海洋生态区域，如珊瑚礁，详细描述其食物链的结构。
● 讨论气候变化对海洋生态系统的影响。
● 研究一种常见的海洋污染源，如塑料垃圾、化学物质或油污染。
● 讨论应该如何平衡保护与可持续利用之间的关系。
● 讨论海洋保护区如何帮助保护海洋生物多样性。

章节小结

在本章节中，我们全面探讨了海洋的起源、海洋资源的开发，以及海洋生态系统的结构和功能，旨在提供一个综合性的视角来理解海洋及其对地球生态和人类社会的重要性。

首先，第一节深入探讨了海洋的组成和复杂性。通过研究海洋洋盆的形成机制，我们了解到地球板块构造的动态如何塑造了今天我们看到的海洋地貌。同时，几种关于海水来源的假说揭示了海洋可能由多种渠道形成，从地球内部到外太空小行星的撞击。此外，本节还详细讨论了海洋生态系统的演化，展示了从简单单细胞生物到复杂多细胞生物的演化历程。

其次，在第二节中，我们转向对海洋资源的探讨，强调了海洋资源开发的重要性和多样性。通过介绍世界四大洋的地理特征和资源状况，突出了海洋资源在全球经济中的作用，并讨论了海洋资源开发的现状与挑战。

最后，第三节聚焦于海洋生态系统的详细结构和功能。这一部分详细讨论了不同海洋生态系统的类型，如珊瑚礁、深海和沿海湿地，以及其在全球生态中的角色。我们还探讨了这些系统面临的威胁，如气候变化、污染和人类活动的影响，以及保护这些生态系统的策略和方法。

通过本章的学习，不仅能够获得关于海洋科学的基础知识，还能增强对海洋生态保护的认识和责任感。

拓展阅读

1.Morbidelli A，Chambers J E，Lunine J I，Petit J M，Robert F，Valsecchi G B，Cyr K E.Source regions and timescales for the delivery of water to the Earth［J］. Meteoritics & Planetary Science，2000：35.

在原始太阳系中，地球吸收的水最可能的来源是外层的小行星带、巨行星区和柯伊伯带。我们研究了太阳系天体原始演化动力学模型对地球水起源的影响，并根据化学约束对其进行了检验。来自木星——土星区域的小行星和彗星是第一批送水者。目前地球上的大部分水是由一些行星携带的，它们最初形成于外层小行星带，在地球形成的最后阶段被地球吸积。

2.Smallhorn-West P F，Garvin J B，Slayback D A，DeCarlo T M，Gordon S E，Fitzgerald S H，Bridge T C L.Coral reef annihilation，persistence and recovery at Earth's youngest volcanic island［J］.Coral Reefs，2020，39（3）：529–536.

即使在最偏远的地方，珊瑚礁生态系统的结构和功能也日益受到多种因素的损害。严重的干扰如火山爆发，代表了可以毁灭整个珊瑚礁生态系统的极端事件，但也提供了独特的机会来检查生态系统的恢复能力。在这里，我们研究了有关珊瑚礁的破坏、持续和初步恢复，这些火山喷发形成了地球上最新的大陆——Hunga Tonga–Hunga Ha 'apai火山岛。即使是受到严重影响的珊瑚礁也显示出了快速恢复的迹象。

3.Solan M，Aspden R J，Paterson D M.Marine Biodiversity and Ecosystem Functioning：Frameworks，methodologies，and integration［M］.2012，Oxford Academic.

地球上大多数主要生态系统的生物组成和丰富程度正因人类活动而发生巨大且不可逆转的变化。迄今为止，在生物多样性——生态系统功能领域的研究主要侧重于陆地植物和土壤系统的生态观察和实验。这本书将这些概念扩展到各种海洋系统，包括海洋生物多样性和生态系统功能，对当今社会面临的一些最紧迫的环境问题进行了深入的评估。

4.Toropova C，Meliane I，Laffoley D，Matthews E，Spalding M D.Global ocean protection： present status and future possibilities［R］.2010.

为了应对海洋环境的挑战，同时考虑到经济发展的需要，必须加强对海洋保护区的规划和管理。建成全面、管理有效、具有生态代表性的国家和区域自然保护区体系，任重而道远。鉴于国际社会正在制定减少生物多样性丧失、实现发展目标和绿色经济的新路线，我们将海洋保护区和保护目标纳入生态、经济和社会需求的多目标综合规划，提出了加强海洋保护区的建设的具体建议。

第四章
碳汇与碳循环

温室效应是指地球大气中的某些气体，如二氧化碳、甲烷等，能够吸收和反射地表辐射的一部分，使地球表面的温度升高。人类活动，如燃烧化石燃料、森林砍伐和工业生产等，排放了大量的二氧化碳到大气中，导致大气中二氧化碳浓度的增加，从而加剧了温室效应，加速了全球气候变化的进程。

碳源（Carbon Source）是指产生二氧化碳之源；碳汇（Carbon Sink），一般是指从空气中清除二氧化碳的过程、活动和机制。碳汇可以减少大气中的二氧化碳浓度，缓解全球气候变化的进程。

碳循环是指地球上碳元素在不同环境之间不断循环的过程。碳是地球上最重要的元素之一，它存在于大气中的二氧化碳、生物体内的有机物、土壤中的有机质以及地球深层的矿物中。碳循环涉及到这些不同形式的碳在大气、陆地和海洋之间的交换和转化，是地球上生命活动与环境之间密切相互作用的核心过程之一，对维持地球生态系统的平衡和稳定起着至关重要的作用。

碳循环影响着地球上的气候、生态系统和生物多样性，是我们理解地球生态系统功能和气候变化机制的基础。了解碳循环的过程和影响可以帮助我们更好地应对气候变化、保护生物多样性，以及制定可持续发展的战略和政策。

第一节　全球碳汇

学习目标

★ 掌握碳源和碳汇的概念，以及它们如何在全球气候系统中发挥作用

★ 了解碳源和碳汇在减少大气中二氧化碳浓度中的重要性

★ 区分自然与人工碳汇的类型和作用

★ 了解不同类型的碳汇以及它们如何帮助吸收大气中的 CO_2

★ 认识碳汇经济及其组成要素

★ 分析碳汇交易的影响和挑战：评估碳汇交易在全球温室气体减排中的作用，及其面临的法律、经济和环境挑战

一、碳源与碳汇

1992年5月9日通过的《联合国气候变化框架公约》将温室气体定义为：大气中那些吸收和重新放出红外辐射的自然的和人为的气态成分。因为二氧化碳是最主要的温室气体，相对于臭氧、氧化亚氮、甲烷、氢氟氯碳化物类、全氟碳化物、六氟化硫等温室气体，二氧化碳在大气中的含量要大得多，所以习惯于将二氧化碳作为温室气体的代表。在应对气候变化的斗争中，不仅人类要通过采取减少二氧化碳排放等措施来减缓全球变暖的影响，大自然本身也有自己的有利武器来减小温室气体的浓度，减缓地球平均温度的升高。

碳源与碳汇是两个相对的概念，《联合国气候变化框架公约》将碳排放源（Carbon Source）定义为"向大气中释放二氧化碳的过程、活动或机制"，主要指人为的碳排放源，包括能源活动、工业过程、农业活动、土地利用变化及林业、废弃物处理过程中的二氧化碳排放；将碳汇（Carbon Sink）定义为：任何清除大气中产生的温室气体、气溶

胶或温室气体前体的任何过程、活动或机制。森林、草原、湿地、农田、荒漠、水域、河口以及海洋等生态系统都有固碳的功能。

碳源可以分为自然源和人为活动源。

自然源：自然界中的碳源包括生物呼吸作用、植物和动物的腐烂、森林火灾、火山喷发等过程。例如，我们每次呼吸都会向大气中释放二氧化碳，当植被和微生物分解时，它们也会释放二氧化碳，火山即使在不喷发的时候也会不断地排出二氧化碳——到处都是天然的碳源。这些过程释放二氧化碳到大气中，但通常自然界也会有相应的碳汇来平衡这些释放。

人为活动源：人类活动产生的碳源主要包括燃烧化石燃料、森林砍伐、土地利用变化等。工业生产、交通运输燃烧化石燃料排放大量的二氧化碳，森林砍伐和土地利用变化导致了生态系统碳储量的减少，释放了之前储存在植被和土壤中的碳。

碳汇可以包括自然的生态系统，如森林、草原、湿地和海洋，以及人为建造的结构，如人工林、人工湿地、碳捕捉和储存技术等，通过吸收二氧化碳并将其储存在生物体内或地下。

二、碳汇的种类

碳汇是指能够吸收和储存大气中的二氧化碳等温室气体的自然或人工系统。这些系统可以通过各种方式将二氧化碳从大气中移除并储存起来，有助于减少全球温室气体排放量，对抑制气候变化起到积极的作用。根据碳汇形成的方式和来源，一般可以将碳汇分为以下几类：

（一）森林碳汇

森林是地球上最重要的生态系统之一，不仅为人类提供氧气、水源、生物多样性等生态服务，还承担着调节气候、吸收二氧化碳等温室气体的重要任务。在当前全球气候变化日益严峻的背景下，森林碳汇作为一种重要的气候变化缓解措施备受瞩目。

森林碳汇指的是森林生态系统通过植物的光合作用过程吸收大气中的二氧化碳，并将其转化为有机物质，最终储存在树木、植被和土壤中的过程。这种碳储存形式不仅有助于减少大气中的温室气体含量，还可以维持森林生态系统的健康和稳定。森林生物体中的生物质是一种重要的碳储存形式。树木的树干、树枝、叶子等部分都含有大量的碳元素，随着树木生长，生物质的积累也在不断增加。森林土壤中也储存着大量的有机碳，森林植被的凋落物和根系分泌物在土壤中分解形成有机质，其中也包含了大量的碳元素。土壤中的碳贮存量通常比生物质储存量更大，对于全球碳循环具有重要影响。气候变化对森林碳汇也有一定影响，气候变化可以改变森林生态系统的生长条件，促进树木生长，增加碳储存量。

森林在生长、腐烂和更新的动态过程中储存和释放碳这一基本元素。森林既可以作为碳源，也可以作为碳汇，树木在燃烧或者腐烂时释放出碳，如果森林释放的碳多于吸收的碳，称为碳源。如果森林从大气中吸收的碳多于释放的碳，称为碳汇。所有这些碳交换的净平衡决定了森林是碳源还是碳汇。在全球范围内，森林有助于维持地球的碳平衡。在过去四十年中，森林吸收了化石燃料燃烧和土地利用变化等人类活动排放的约四分之一的碳，减缓了气候变化。森林对碳的吸收降低了碳在大气中积累的速度，从而降低了气候变化发生的速度。森林在多大程度上继续清除由人类活动排放的碳，将影响未来大气中碳的增长速度。

（二）土地利用碳汇

土地利用变化（如森林覆盖变化、农业土地利用变化等）可以影响土壤中碳的储存量，土地利用碳汇是指通过改变土地的使用方式，例如森林再造、湿地保护、农田管理等措施，以增加土地上的碳储存量，从而吸收和储存大气中的二氧化碳的过程。例如，土地退耕还林、湿地恢复等活动可以增加土壤中的有机碳储量，从而形成土地利用碳汇。这种碳汇形成方式在全球碳循环中发挥着重要的作用。土地利用碳汇的形成涉及各种不同的生态系统，包括森林、湿地、草原、农田等。通过合理的土地管理措施，可以增加这些生态系统的碳储存量，从而达到减缓气候变化的目的。

土壤固碳是指二氧化碳从大气中被去除并储存在土壤碳库中的过程。这一过程主要由植物通过光合作用，碳以有机碳的形式储存。在干旱和半干旱气候下，土壤固碳也可以通过将土壤和空气中的二氧化碳转化为无机物的形式来实现。土壤中储存的碳量是可变的，土壤能吸收多少碳取决于许多因素，如地质、土壤类型和植被。

通过优化土地利用方式，保护和恢复生态系统，不仅可以增加碳汇容量，还可以提升生物多样性、改善生态环境，并为人类提供可持续发展的机会。实现有效的土地利用碳汇需要综合考虑生态、经济、社会等多方面因素，制定科学合理的政策和措施。

（三）湿地碳汇

湿地碳汇是指湿地环境中的各种自然过程和生物作用，可以吸收和储存大量的碳，并将其长期保留在湿地系统中。湿地包括沼泽、溪流、湖泊、泥炭地、河口和潮汐区等不同类型的生态系统，它们在地球的碳循环过程中发挥着重要作用。在湿地环境中，复杂的生物过程和化学反应使这些生态系统能够长期吸收大气中的碳，并将其转化为有机物质，然后储存在土壤、植被和水体中。湿地的土壤包含大量的有机质，主要来自死去的植物和其他有机物的分解。这些有机物质会在湿地中被部分氧化，但由于湿地缺乏氧气，部分有机物质会被保留下来，并转化成长期储存在土壤中的有机碳。湿地中的植被通过光合作用吸收大气中的二氧化碳，并将其转化为有机物质，其中的碳元素会被储存在植物的组织中，如树木、芦苇和其他湿地植被。湿地中的水体也可以起到碳储存的作用，沉积在湖泊、河流和沼泽底部的有机物质会在缺氧环境中逐渐降解，形成沉积物，将碳长期封存在水体底部。

湿地是地球上的有效碳汇，它们覆盖了地球上大约3%的土地，却储存了大约30%的陆地碳。湿地通过捕获和储存碳以减少大气温室气体，在减缓气候变化方面发挥重要作用。

（四）海洋碳汇

海洋包含了大量的溶解态和生物组织中的碳，以及沉积在海底的有机碳。海洋碳汇是指海洋环境中吸收和储存大量的碳，并将其长期保留在海洋系统中的各种过程，联合国将海洋描述为"不仅是'地球之肺'，也是最大的碳汇"，为抵御气候变化的影响提供了至关重要的缓冲。除了产生世界上一半的氧气外，海洋还吸收了全球25%的碳排放。随着气温上升，海洋也吸收了大气中90%的多余热量。

海洋碳汇是全球碳循环中的重要组成部分，对调节大气中的二氧化碳浓度和气候变化具有重要影响。海水中的二氧化碳溶解度受温度、盐度和大气中二氧化碳浓度等因素的影响，海水中的溶解态碳可以长期储存在海洋中，并在化学平衡过程中影响大气中的二氧化碳浓度。海洋中的浮游植物通过光合作用吸收二氧化碳，并将其转化为有机碳，其中一部分被转化为有机物质并沉积到海底形成沉积物；另一部分被海洋动物摄食并通过食物链传递到更高层次。这些生物过程也是海洋碳汇的重要组成部分，有助于将大气中的二氧化碳转化为有机碳，并将其储存在海洋生物体内或沉积物中。海洋中有大量的有机碳沉积物，这些沉积物主要由海洋生物的残骸和有机物质组成。这些有机碳沉积物会在海底长期储存，并与海水中的溶解态碳共同构成海洋碳汇。海洋中的物理化学过程，如海水对大气中二氧化碳的吸收和释放、碳酸盐的沉淀和溶解等，也影响着海洋碳汇的形成和稳定性。

海洋是抵御气候变化影响的重要缓冲，对于减少全球温室气体排放和稳定地球气候至关重要。然而，越来越多的温室气体排放影响了海洋的健康——海水变暖和酸化——对水下和陆地上的生命造成损害，并降低了海洋吸收二氧化碳和保护地球生命的能力。

（五）人工碳汇

人工碳汇是指通过人为干预或采用技术手段将大气中的碳永久地储存起来，以减少大气中温室气体的浓度，从而减缓气候变化的影响。人工碳汇可以采取多种形式，包括人工造林、碳捕获和储存技术、海洋生态工程等。

1. 人工造林和植树

通过人为种植树木和森林，可以将大量的二氧化碳从大气中吸收并储存在植物体内和土壤中。树木通过光合作用吸收二氧化碳，并将其转化为有机物质，同时释放氧气。人工造林项目可以增加森林覆盖率，提高碳储存能力。

2. 碳捕获和储存技术

碳捕获和储存技术是一种吸收工业排放的二氧化碳并将其储存在地下岩层或海底等地下储存设施中的技术。这种技术可以应用于发电厂、钢铁厂等工业领域，将二氧化碳从排放源中分离出来，并在地下或海底长期储存，防止其释放到大气中。

3. 海洋生态工程

海洋生态工程是利用海洋生态系统来吸收和储存碳的技术手段，例如，通过种植海藻、修复珊瑚礁、建立人工鱼礁等方式可以增加海洋生物对二氧化碳的吸收和固化，从而形成海洋碳汇。

4. 碳定价和碳交易

碳定价和碳交易是一种市场机制，通过向排放大量温室气体的企业收取碳排放权的费用，然后将这些费用用于支持碳汇项目的建设和发展。这种机制可以鼓励企业采取减排措施，并同时推动人工碳汇项目的发展。

三、碳汇经济

碳汇经济指由碳源、碳汇相互关系及其变化所形成的对社会经济及生态环境产生影响的经济，即碳资源的节约与经济、社会、生态效益的提高，人们常称为"低碳经济"。

在气候变化和全球变暖的背景下，实施碳汇经济已成为人类社会共同关注的问题。碳汇经济的主要目标是遏制人类活动引发的温室气体排放，减缓气候变暖。全世界都在努力向低碳经济转型，一方面，各国政府和世界组织出台了一系列政策来监督低碳经济的实施，例如1992年制定的《联合国气候变化框架公约》旨在加速减少碳排放，并在《公约》框架下制定了许多相关规章和政策；另一方面，许多签约国都在努力寻找减少温室气体排放的最佳途径，并正式承诺将国内碳排放量控制在一定水平。此外，许多发达国家已经采取了多种低碳经济行动，这些行动主要集中在可再生能源、清洁能源技术、碳交易和低碳城市等方面。例如，欧盟碳排放交易体系（EU-ETS）是世界上第一个多国参与的排放权交易体系，于2005年1月生效，此后一直主导着世界碳排放交易市场。清洁发展机制（CDM）是欧盟成功发展起来的机制，已成为欧盟碳排放交易体系最重要的机制之一。为发展低碳经济，中国于2006年首次在"十一五"规划中提出了节能减排目标，并推出了一系列行动和政策。这些行动和政策主要集中在能源结构调整、产业优化、低碳城市、循环经济和低碳技术、碳排放交易市场、植树造林和碳汇工程等方面，为中国的低碳经济发展做出了巨大贡献。

碳汇经济不仅涉及到气候变化问题，还融合了环境保护、经济发展和市场机制的诸多因素。它将碳汇视为一种宝贵的资源，能够有效吸收和储存大气中的碳，从而减少温室气体的排放，并为经济活动创造价值。

（一）碳汇经济的组成要素

碳汇经济主要由以下要素构成：

1. 碳交易市场

《京都议定书》的缔约方接受限制或减少排放的目标，如果一个国家的排放量低于其分配的排放配额，那么这个拥有超额排放单位的国家可以将这些多余的排放配额出售给其他超标的国家。由于二氧化碳是主要的温室气体，因此这种交易被称为碳交易。

世界各地的排放交易系统发展很快，除欧盟碳排放交易体系（EU-ETS）外，中国、加拿大、日本、新西兰、韩国、瑞士和美国等国的排放交易体系已经在运行或正在开发中。碳交易市场是碳汇经济中最主要的形式之一，通过建立碳排放交易体系，国家或企业能够在碳市场上买卖碳排放配额或碳信用。

中国碳排放权交易市场（CCER）是中国国家发改委于2017年12月挂牌成立的国家级碳排放权交易市场。它是中国政府推动碳市场建设的重要举措之一，旨在通过市场化手段降低碳排放、促进低碳经济转型。CCER主要包括两类交易对象：

> 碳排放权：指向企业发放的碳排放权，每单位排放量对应一个碳排放权。企业需要根据自己的排放量购买相应数量的碳排放权，如果排放超过配额，则需要购买额外的排放权，如果排放低于配额，则可以出售多余的排放权。
>
> 碳汇：指通过森林、湿地、草原等生态系统的恢复和保护活动所固定的碳量，也称为"碳减排量"。企业可以通过参与碳汇项目获得碳减排量，并将其用于弥补自身的碳排放量。

CCER的建立有助于促进碳市场的健康发展和碳减排工作的实施。企业可以通过交易市场灵活地管理碳排放，降低碳排放成本，提高资源利用效率，从而推动经济转型向低碳发展。

2. 碳抵消项目

碳抵消项目是企业或个人通过投资碳汇项目来抵消其自身的碳排放量。这些项目通常包括森林保护、植树造林、生态恢复、可再生能源开发等活动，通过吸收和储存大气中的碳来抵消碳排放。

3. 碳税和碳定价

碳税是对排放二氧化碳的能源征收的税，是一种污染税，也是碳定价的一种形式。碳税的目标是减少二氧化碳排放水平，从而减缓气候变化及其对环境的负面影响。一般来说，碳税是由碳税率和公司在制造过程中产生的碳排放量决定的，它以每吨排放到大气中的温室气体所支付的金额来表示。

碳定价是一种将温室气体排放的外部成本内部化的机制，通过为每吨二氧化碳排放设定价格，以此来反映碳排放对环境和社会的真实影响。碳定价的主要目的是通过提高碳排放的成本来激励减排，改变行为模式，从而降低温室气体排放。

4. 碳金融产品

碳金融产品是以碳汇资源为基础的金融产品，例如碳汇基金、碳汇债券、碳汇股票等。这些金融产品通过投资碳汇项目来获取碳收益或资本增值，为投资者提供了一种投资多样化和社会责任投资的选择。

5. 碳汇生态服务市场

碳汇生态服务市场是企业或个人通过购买生态服务来补偿其碳排放。这些生态服务包括森林保护、水资源管理、土壤保护、生物多样性保护等，通过提供这些生态服务来实现碳汇和减排目标。

这些碳汇经济组成要素在实践中相互支持，共同推动着碳汇经济的发展和气候变化应对的进程。选择合适的碳汇经济形式取决于各个国家或地区的具体情况、政策环境和市场需求。

（二）碳汇交易

碳汇交易旨在通过建立和运作碳市场，促进温室气体减排和碳汇的利用，从而为减缓气候变化做出贡献。随着对气候变化的担忧不断增加，各国政府和国际组织纷纷采取措施，以推动碳汇交易的发展。碳汇交易市场的建立使碳排放权成为一种可交易的商品，企业和国家可以在市场上买卖碳排放配额，从而在经济上激励减排行为。同时，碳汇交易也为碳汇项目提供了一种经济动力，使保护和管理碳汇资源成为一种可持续的商业模式。碳汇交易作为一种关键的市场机制，正逐渐成为焦点。

碳交易促进了全球范围内的碳排放保持在允许的水平，企业在全球市场上提出生态可持续的方式来开展业务，并通过出售碳信用额来增加收入。这促使企业寻求减少排放的方法，并采用更清洁的经营方式。因此，整个制度有利于激励企业和政府推动减少温室气体排放的进程。

然而，碳汇交易也面临着一系列挑战和难题，包括市场规则的建立、监管机制的完善、碳价格的波动、碳市场的透明度和可信度等方面的问题。解决这些问题需要各方共同努力，建立起健全的碳市场机制，以实现碳汇交易的有效运作。一个典型的碳汇交易可以通过碳排放配额的买卖来实现。假设有两个实体，一个是发电厂，另一个是森林管理公司。发电厂需要在生产过程中排放大量的二氧化碳。根据政府的规定，发电厂被分配了一定数量的碳排放配额，即允许它在一定时间内排放的二氧化碳的最大量，如果超出了这个配额，发电厂将面临罚款或其他惩罚。森林管理公司负责管理一片大型森林，该森林吸收了大量的二氧化碳，并将其储存在树木和土壤中。这些树木可以被视为碳汇，因为它们吸收了二氧化碳并将其转化为有机物。在碳交易市场上，发电厂可以购买额外的碳排放配额，以弥补其超出配额的排放量。而森林管理公司可以将其森林的碳汇转化为碳信用，然后出售给发电厂。发电厂购买这些碳信用，相当于为自己的排放行为进行了补偿，从而避免了罚款并符合了环境法规的要求。这样的交易有利于推动发电厂减少碳排放，并为森林管理公司提供了一种经济激励来保护和管理森林。

总的来说，碳汇交易作为一种新兴的市场机制，为应对气候变化提供了一种全新的路径。通过促进碳市场的发展和碳交易的推动，我们可以更好地实现减排目标，推动绿色经济的发展，为构建低碳和可持续的未来奠定坚实基础。

（三）碳汇经济项目

碳汇经济涉及多种碳汇项目，这些项目利用不同的自然或人工碳汇资源来减缓气候变化的影响，并将碳汇的价值纳入经济活动中。

1. 森林碳汇项目

森林碳汇是最常见的碳汇项目，走在了碳汇行业的前端，对减少温室气体排放、减缓气候变化有很现实的意义。

森林碳汇项目包括森林保护、森林再造、森林管理等，旨在增加森林的碳储存量，通过吸收和固定大气中的碳来减缓气候变化的影响。这些项目通常通过森林保护、重新植树或改良林业管理实践来实现。

碳汇造林与普通的造林相比，其主要特点是突出了森林的碳汇功能，旨在最大限度地吸收和储存大气中的碳，并将其长期保留在森林生态系统中。以下是碳汇造林突出碳汇功能的说明：

> 树种选择：在碳汇造林中，通常会选择生长速度较快、适应性强、具有较高的碳密度的树种。这些树种能够快速吸收大量的二氧化碳，并将其转化为有机物质，从而有效增加森林的碳储存量。

密度和布局：碳汇造林通常采用更密集的种植密度和更合理的树木布局，以最大限度地提高森林的碳密度。通过增加树木的数量和减少树木之间的间隔，可以增加单位面积内的碳储存量。

生长管理：在碳汇造林过程中，会采取有效的生长管理措施，包括定期修剪、施肥、病虫害防治等，以促进树木的生长和碳固定过程。通过优化生长条件，可以提高树木的生长速度和碳吸收效率。

土壤管理：碳汇造林还注重土壤管理，包括保护土壤质量、增加土壤有机质含量和改善土壤通气性等措施。优质的土壤有助于促进树木生长，同时也有利于将碳长期储存在土壤中。

监测和验证：碳汇造林项目通常会进行定期的监测和验证，以评估碳储存量的增长情况，并确保项目的可持续性。这些监测数据对于项目的成功运行和参与碳市场的交易至关重要。

碳汇造林通过优化树种选择、种植密度、生长管理、土壤管理等方面的措施，最大限度地突出了森林的碳汇功能，使森林成为一个高效的碳储存库。

碳汇林业和传统林业在目标、方法和效果等方面存在明显的区别：

目标：传统林业的主要目标是经济利益和木材生产。传统林业项目通常侧重于种植商业价值高的树种，以获取木材、纸浆、木质能源等产品。碳汇林业的主要目标是通过增加森林的碳储存量来减缓气候变化的影响。碳汇林业注重森林的生态功能，通过选择适合的树种、种植密度和管理措施，以最大限度地吸收和储存大气中的碳。

方法：碳汇林业的方法主要包括选择碳密度高的树种、优化种植密度和布局、改善土壤质量、定期修剪和管理等措施。碳汇林业项目更注重森林的生态功能和长期碳储存效果。

效果：传统林业的主要效果是生产木材和其他木制品，以满足市场需求和经济利益，传统林业项目可能会导致森林砍伐和生态环境破坏的问题。

总的来说，传统林业侧重于经济利益和木材生产，而碳汇林业则更注重森林的生态功能和气候效益。在应对气候变化和推动可持续发展的过程中，碳汇林业扮演着越来越重要的角色，为构建低碳经济和绿色发展做出了重要贡献。

国家发展改革委和自然资源部于2020年联合印发了《全国重要生态系统保护和修复

重大工程总体规划（2021—2035年）》，这份规划的目标是在2035年实现我国森林覆盖率达到26%、森林蓄积量达到210亿立方米。随着森林覆盖率和蓄积量的提高，森林的吸收固定二氧化碳量也将逐步增加，从而凸显出林业碳汇效应。

以每生长1立方米的蓄积量能吸收1.83吨二氧化碳的比例计算，其所吸收的二氧化碳量可以纳入CCER市场进行交易，可得出相应的潜在交易价值。

假设CCER的价格为20元/吨，而不考虑交易次数的情况下，根据2025年、2030年和2035年森林蓄积量相较于2020年的增加量，可以得到对应的林业碳汇项目潜在价值。

2025年：增加8亿立方米，潜在价值为：

8亿立方米×1.83吨/立方米×20元/吨=293亿元。

2030年：增加9.6亿立方米，潜在价值为：

9.6亿立方米×1.83吨/立方米×20元/吨=351亿元。

2035年：增加35亿立方米，潜在价值为：

35亿立方米×1.83吨/立方米×20元/吨=1281亿元。

这些数字展示了随着森林蓄积量的增加，林业碳汇项目所具备的潜在经济价值。这也说明了通过森林保护和修复工程，不仅可以提高森林资源的质量和数量，还可以为经济发展提供新的增长点。

2. 海洋碳汇项目

相比于成熟的森林碳汇项目，海洋碳汇项目仍处于发展初期，但因其独特的减缓气候变暖作用受到越来越多的关注，相关的兴趣和投资也在持续增长。这些项目利用海洋生态系统的自然属性，吸收和储存大气中的二氧化碳来减缓全球气候变暖。海洋碳汇项目利用海洋生态系统的自然特性来吸收大气中的二氧化碳，其中包括海水碱化、浮游植物养殖等方法，达到促进海洋生物生长或改变海洋化学性质来增加碳的长期存储的目的。

3. 湿地碳汇项目

湿地碳汇项目侧重于恢复和保护具有高碳储存能力的湿地生态系统，如红树林、盐沼和沼泽地。通过植被的自然生长过程，这些湿地能够有效地从大气中吸收和固定二氧化碳，同时提供生物多样性保护、防洪和水质净化等额外生态服务。

海洋和湿地碳汇项目是应对气候变化的关键自然解决方案，它们不仅能够帮助减缓全球变暖，还能增强生态系统对未来气候变化的适应能力，为保护地球生态平衡提供重要支持。随着全球对气候变化应对措施的需求日益增加，海洋和湿地碳汇项目的发展潜力和战略意义显得尤为重要。这些自然基础的解决方案不仅能够帮助减少大气中的温室气体，还能增强生态系统的韧性，为应对未来的气候变化提供重要支持。因此，增加这些项目的投资和政策支持是实现可持续发展目标的关键步骤。

四、全球碳交易的发展及展望

基于全球对气候变化问题的日益重视以及碳减排的国际合作与政策支持，近年来全球碳交易发展迅猛。各国通过《联合国气候变化框架公约》（UNFCCC）等国际机制达成了减排目标和协议；为了履行这些国际承诺，许多国家和地区制定了碳定价政策和碳市场机制，如碳排放权交易系统、碳税等。政策支持是推动碳交易市场发展的重要驱动力，它为企业提供了明确的碳减排目标和经济激励，促使企业采取减排措施并参与碳交易。越来越多的企业认识到减排对于气候变化和企业可持续发展的重要性，主动采取减排措施，承担相应的社会责任，并通过参与碳交易市场来管理和降低碳排放成本，提升企业形象和竞争力。

作为"最大的 CDM 供应方"，中国在联合国清洁发展机制（CDM）项目中的贡献十分显著。在 CDM 机制下发达国家获得减排项目产生的碳信用，发展中国家也因发达国家的投资或者技术而获益。截至 2023 年 5 月 31 日，全球共有 7636 个 CDM 项目获得注册，预计每年可减排约 19 亿吨二氧化碳当量。中国是 CDM 最大的参与国和贡献国，共有 3870 个注册项目，占全球总数的 50.7%，预计每年可减排约 11 亿吨二氧化碳当量，占全球总量的 57.9%。中国在可再生能源领域的 CDM 项目数量和规模在全球处于领先地位，涵盖了风电、太阳能、水电等多种形式。这些 CDM 项目是中国对国际气候合作的重要贡献，为全球减排目标的实现提供了有力支持。

根据估算和数据统计，2022 年全球碳市场的减排量成交可能在数十亿吨至百亿吨的范围，2022 年全球碳交易市场的规模大约为数百亿至数千亿美元。根据一些国际机构和专家的预测，到 2030 年全球碳交易规模可能会进一步扩大，2030 年全球碳交易市场的规模有望达到数千亿至数万亿美元，这取决于全球碳减排目标的实现情况、碳定价政策的实施力度以及全球经济和能源结构的变化。

思考题

● 如何平衡碳源和碳汇以达到全球碳平衡？讨论人类活动对自然碳循环的影响及可能的调节措施。

● 比较自然碳汇与人工碳汇在减少全球温室气体中的作用和效率，并分析两者的优缺点及在气候变化应对策略中的角色。

● 碳交易市场如何激励企业和国家减少碳排放？讨论碳交易如何作为一种经济激励工具，促进低碳技术的发展和应用。

● 碳定价机制的设计应考虑哪些因素？探讨碳税和碳交易系统在不同国家的实施效果，及其如何影响经济和环境政策。

● 全球碳市场未来的发展方向会如何变化？基于当前的科技进展和国际政治经济情况，预测碳市场在未来十年的发展趋势和潜在挑战。

第二节 全球碳循环

学习目标

★ 理解碳循环的基本概念

★ 掌握碳在地球上的流动过程，包括其在大气、生物、海洋和地壳中的循环

★ 识别和描述地球上的主要碳库，如沉积岩、化石燃料、海洋、大气和生物体内的碳，以及它们在全球碳循环中的作用

★ 分析人类活动如燃烧化石燃料、森林砍伐等是如何影响碳循环的，特别是它们如何增加大气中的二氧化碳浓度

★ 理解大气中碳含量增加对地球气候的影响，包括温室效应和全球变暖

★ 认识维持碳循环平衡的全球重要性，并探讨目前的环境政策如何应对碳循环的改变

★ 预测人类行为和气候变化可能对碳循环带来的长远影响，以及这些变化对地球生态系统的潜在影响

一、碳循环的概念

碳是地球上所有生命的基础，是形成蛋白质和 DNA 等复杂分子所必需的重要元素，这种元素也以二氧化碳的形式存在于我们的大气中。

碳元素在自然界中以多种形式广泛存在，碳循环是指碳化合物在地球生物圈、地圈、土壤圈、水圈和大气中相互交换的过程，显示了地球上碳在单质和化合状态下的运动（图4–1）。当碳在环境中传播时，以下五个步骤形成了一个典型的碳循环：

（一）碳通过二氧化碳进入大气

通过呼吸和其他代谢过程，人类和动物将碳原子以二氧化碳的形式释放到大气中。

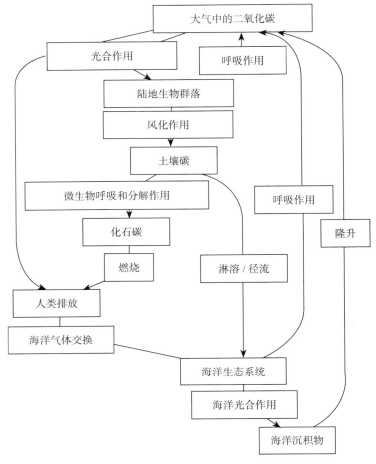

图 4-1 碳循环流程图

碳原子也可以通过其他人类活动释放出来，比如燃料燃烧。

（二）二氧化碳被吸收并作为能量使用

植物通过光合作用吸收空气中的碳原子，这些大气中的碳化合物产生了植物和其他生产植物成长所必需的能量。

（三）碳化合物进入食物链

当含碳植物被食用时，碳原子被人类和动物吸收。当这些原子在食物链中移动时，肉食性和杂食性动物从它们所消耗的生物身上获得碳。

（四）碳通过分解重新进入大气

既然碳原子又被动物吸收了，那么这些碳元素就可以再次通过空气进入植物体内，无限地循环下去。

（五）碳循环不断重复

当植物和动物死亡时，分解促使碳释放到空气中。碳原子也可以进入地球的水体、土壤储量和矿藏。

没有健康的碳平衡，地球上就不会有健康的生命。碳含量的任何不平衡都可能使地球变得不适宜居住，我们所知道的生命将不复存在。碳不断地在循环中，过多的碳会使地球及其居民处于危险之中。二氧化碳水平必须在循环的每个阶段保持稳定，大气中过多的二氧化碳起到气体绝缘的作用，将地球表面自然辐射出来的热量封存起来，产生温室效应。海洋中的碳循环是地球碳循环的一个重要组成部分，在海洋环境中，它涉及二氧化碳和其他碳化合物在大气、海洋表面、海洋生物和深海之间的交换。

二、碳库

碳库是地球中碳的各种自然和人工储存场所，这些储存库在全球碳循环中起着至关重要的作用。全球碳库储量指的是地球上存储碳的各种媒介或环境中的总碳量，根据碳储存的不同环境和形式，可以将全球碳库储量分为以下几类：

（一）沉积岩中的碳

碳主要以碳酸钙（$CaCO_3$）的形式储存在石灰岩和白云岩等沉积岩中。岩石圈是地球上最大的碳库，据估计，整个岩石圈碳总储量约为900兆亿吨。沉积岩是一个重要的长期碳汇，碳可以通过风化、侵蚀和沉积等过程被封存在这些岩石中。沉积岩中储存的碳的确切数量很难精确量化，但它是全球碳循环的重要组成部分。

（二）地壳中的碳

地壳中的碳主要以煤炭、石油和天然气形式存在，它是古代生物残骸在地下经过长时间压力和高温形成的。碳、煤、石油和天然气等化石燃料含有4万亿吨的碳。

（三）海洋中的碳

广阔的海洋孕育着巨大的固碳能力，海洋中的碳储量约为38万亿吨，地球上约93%的二氧化碳储存在海洋中。

（四）大气中的碳

大气中的碳库含量也达到了7300亿吨（受四季气候波动），主要是二氧化碳。

（五）植物体内的碳

植物通过光合作用吸收二氧化碳，并将其转化为有机物，是陆地生态系统中重要的碳储存形式之一。2020年联合国粮农组织《全球森林资源评估报告》指出，全球森林总碳储量达到6620亿吨碳，主要储存在森林生物质（约44%）、森林土壤（约45%）以及凋落物（约6%）和枯木（约4%）这些碳库中。

（六）土壤中的碳

土壤中含有大量的有机质，是陆地生态系统中的另一个重要碳储存形式。全球土壤中的碳含量为1.5万亿吨。

这些数字都是估算值，可能会随着时间的推移和科学研究的深入而发生变化。深入了解全球碳库储量的构成和特征，有助于我们更好地理解碳循环的机制和影响，以及应对气候变化的策略和措施。

三、自然界的碳循环

碳通过各种机制从一个储存库转移到另一个储存库。一个自然界典型的碳循环如下，也是我们最常见的碳循环：大气中的碳被植物吸收进行光合作用。然后这些植物被动物消耗，碳被生物积累到它们的体内。这些动物和植物最终死亡，在分解后，碳被释放回大气中。一些没有被释放回大气中的碳最终成为化石燃料，这些化石燃料随后被用于人为活动，将更多的碳排放至大气中。光合作用和呼吸作用是碳循环的两个主要组成部分，二者每年吸收和释放的二氧化碳含量相差无几，大约是1200亿吨。每年海洋所溶解的二氧化碳是900亿吨，而同样数量的二氧化碳最终又从海洋回到了空气中。

海洋在碳储存中起着至关重要的作用，因为它的碳含量是大气的50倍。双向碳交换可以在海洋表层水和大气之间迅速发生，但碳可以在海洋最深处储存几个世纪。

石灰岩和煤、石油等化石燃料都是储存碳的储存库，这些碳来自数百万年前的动植物。当这些生物死亡时，缓慢的地质变化捕获了它们的碳，并将其转化为地质中的自然资源。侵蚀等过程非常缓慢地将地质中的碳释放回大气中，燃烧化石燃料是另一种将碳快速释放到大气中的方式。

人类活动对碳循环有着巨大的影响。燃烧化石燃料，改变土地使用方式，使用石灰石制造混凝土，这些都将大量的碳转移到大气中。大气中的二氧化碳含量正在迅速上升；它已经比过去数百万年中的任何时候都要高。海洋吸收了燃烧化石燃料释放的大部分二氧化碳。这些二氧化碳通过海洋酸化的过程降低了海洋的pH值，海洋酸化会干扰海洋生物（包括珊瑚和海蟹）形成外壳和骨骼的能力。

（一）慢速碳循环

通过一系列的化学反应和构造活动，碳在缓慢的碳循环中在岩石、土壤、海洋和大气之间移动需要1亿~2亿年的时间。平均每年有10^{13}~10^{14}克（1000万~1亿吨）的碳在缓慢的碳循环中移动。相比之下，人类向大气排放的碳约为10^{15}克，而快速碳循环每年排放10^{16}~10^{17}克碳。

碳从大气到岩石圈（岩石）的运动始于雨。大气中的碳与水结合形成一种弱酸——碳酸，以雨的形式落到地面。这种酸溶解岩石——这一过程被称为化学风化——并释放钙、镁、钾或钠离子，河流将离子带入海洋。

在海洋中，钙离子与碳酸氢盐离子结合形成碳酸钙，碳酸钙是抗酸剂的有效成分。在现代海洋中，大部分碳酸钙是由造壳（钙化）生物（如珊瑚）和浮游生物（如颗石藻和有孔虫）产生的。生物死后，会沉到海底。随着时间的推移，贝壳和沉积物层黏合在一起，变成岩石，将碳储存在石灰岩及其衍生物中。

目前只有80%的含碳岩石是这样形成的，其他的20%含有生物的碳（有机碳）被埋在泥层中。数百万年来，在热量和压力的作用下泥浆和碳形成了页岩之类的沉积岩。在特殊情况下，当死去的植物物质积累的速度超过其腐烂的速度时，有机碳层就会变成石油、煤炭或天然气，而不是像页岩这样的沉积岩。

这个缓慢的循环通过火山将碳释放到大气中。地球的陆地和海洋表面坐落在几个移动的地壳板块上。当板块碰撞时，一个板块下沉到另一个板块的下面，它所携带的岩石在极端的高温和高压下融化。加热后的岩石重新组合成硅酸盐矿物，释放出二氧化碳。

当火山爆发时，它们将气体排放到大气中，用新的硅酸盐岩石覆盖陆地，重新开始这个循环。目前，火山每年排放1.3亿~3.8亿吨二氧化碳。相比之下，人类每年通过燃烧化石燃料排放约300亿吨二氧化碳，是火山排放的100~300倍。

如果大气中的二氧化碳因为火山活动的增加而上升，温度就会上升，导致更多的降雨，降雨会溶解更多的岩石，产生更多的离子，最终将更多的碳沉积在海底。通过化学风化，缓慢的碳循环需要几十万年的时间来重新平衡。

然而，缓慢的碳循环也包含一个稍快的成分：海洋。在海洋表面，空气与水相遇，二氧化碳气体在与大气的稳定交换中溶解并排出海洋。一旦进入海洋，二氧化碳气体与水分子发生反应，释放出氢，使海洋变得更酸。氢与岩石风化产生的碳酸盐反应产生碳酸氢盐离子。

在工业时代之前，海洋向大气中排放的二氧化碳与海洋在岩石风化过程中吸收的碳相平衡。然而，由于大气中的碳浓度增加，海洋现在从大气中吸收的碳比释放的碳多。几千年来，海洋将吸收人类通过燃烧化石燃料排放到大气中85%的额外碳，但这个过程是缓慢的，因为它与海水从海洋表面到海洋深处的运动有关。

与此同时，风、洋流和温度控制着海洋从大气中吸收二氧化碳的速度。在冰河时代开始和结束的几千年里，海洋温度和洋流的变化很可能帮助从大气中去除碳，然后将碳恢复到大气中。

（二）快速碳循环

碳通过快速碳循环所需的时间是用生命周期来衡量的。快速碳循环主要是碳通过地球上的生命形式或生物圈的运动，每年有10^{15}~10^{17}克（10亿~1000亿吨）的碳在快速的碳循环中移动。

植物和浮游植物是快速碳循环的主要组成部分。浮游植物（海洋中的微生物）和植物通过将大气中的二氧化碳吸收到自己的细胞中来。植物和浮游生物利用来自太阳的能量，将二氧化碳（CO_2）和水结合，形成糖和氧气。

将碳从植物中移出并释放到大气中可能发生四种情况，但它们都涉及相同的化学反应。植物分解糖以获得生长所需的能量；动物（包括人）以植物或浮游生物为食，分解植物中的糖来获取能量；植物和浮游生物在生长季节结束时死亡和腐烂（被细菌吃掉）；或者火吞噬植物。在每种情况下，氧气与糖结合释放出水、二氧化碳和能量。

在这四个过程中，释放的二氧化碳通常最终进入大气。快速碳循环与植物生命紧密相连，从大气中二氧化碳波动的方式可以看出植物的生长季节。在冬季，很少有陆地植物生长，很多都在腐烂，大气中的二氧化碳浓度会上升。在春天，当植物重新开始生长时，浓度下降，就好像地球在呼吸。

（三）碳循环的变化

在不受干扰的情况下，快速和缓慢的碳循环维持了大气、陆地、植物和海洋中相对稳定的碳浓度。但是，当一个储存库中的碳含量发生变化时，影响就会波及其他储存库。

在地球的过去，碳循环随着气候变化而改变。地球轨道的变化改变了地球从太阳接收的能量，导致了冰河期和温暖期的循环，就像地球目前的气候一样。当北半球的夏季变冷，陆地上的冰积聚起来时，冰河时代就开始了，这反过来又减缓了碳循环。与此同时，包括温度降低和浮游植物生长增加在内的许多因素可能增加了海洋从大气中吸收的碳量。大气中碳含量的下降导致了额外的降温。同样，在1万年前的最后一个冰河时代末期，随着气温的升高，大气中的二氧化碳含量急剧上升。

今天，碳循环的变化是因为人类而发生的，我们通过燃烧化石燃料和开垦土地扰乱了碳循环。当我们砍伐森林时，我们消灭了那些在生长过程中会从大气中吸收碳的植物。我们倾向于用储存较少碳的作物或牧场取代密集的森林，我们还让土壤暴露，将腐烂植物的碳排放到大气中。目前，人类每年通过土地利用变化向大气中排放近10亿吨碳。

如果没有人类的干预，化石燃料中的碳会在数百万年的缓慢碳循环中通过火山活动缓慢地泄漏到大气中。通过燃烧煤、石油和天然气，我们加速了这一过程，每年向大气中释放大量的碳（碳需要数百万年的时间才能积累）。这样，我们将碳从慢循环转移到了快循环。2009年，人类通过燃烧化石燃料向大气中释放了大约84亿吨碳。

四、碳循环变化的影响

陆地植物和海洋吸收了人类排放到大气中55%的碳，而大约45%的碳留在了大气中。碳循环的变化影响着每一个碳库，大气中过量的碳使地球变暖，并让陆地上的植物更加茂盛。海洋中过量的碳使水变得更酸，使海洋生物处于危险之中。

（一）大气

适量的二氧化碳留在大气中至关重要，因为二氧化碳是控制地球温度的最重要的气体。二氧化碳吸收大量的能量，包括地球释放的红外能量（热），然后再释放出来。如果没有温室气体，地球将处于零下18℃的冰冻状态。如果温室气体太多，地球也许会像金星一样，大气的温度保持在400℃左右。

不断上升的二氧化碳浓度已经导致地球变暖，联合国政府间气候变化专门委员会（IPCC）第六次气候变化评估报告显示，与工业化前的气温记录相比，2021年全球平均升温估计为1.1℃。在未来20年内，全球升温或会超过1.5℃。

（二）海洋

人类活动排放到大气中的二氧化碳大约有30%通过直接的化学交换扩散到海洋中。在海洋中溶解二氧化碳会产生碳酸，从而增加海水的酸度。自1750年以来，海洋表面的pH值下降了0.1。

海洋酸化以两种方式影响海洋生物。首先，碳酸与水中的碳酸盐离子反应生成碳酸氢盐。然而，这些碳酸盐离子正是珊瑚等造壳动物制造碳酸钙壳所需要的。由于可用的碳酸盐较少，动物需要消耗更多的能量来生成外壳，外壳变得更薄更脆弱。其次，酸性越强的水，对碳酸钙的溶解效果越好。从长远来看，这种反应将使海洋吸收更多的二氧化碳，因为酸性越强的水会溶解更多的岩石，释放更多的碳酸盐离子，并增强海洋吸收二氧化碳的能力。与此同时，更多的酸性水会溶解海洋生物的碳酸盐外壳，使它们变得坑坑洼洼，变得脆弱。

温暖的海洋——温室效应的产物——也会减少浮游植物的生存，因为浮游植物在凉爽、营养丰富的水域生长得更好。这可能会限制海洋从大气中吸收碳的能力。

（三）陆地

陆地上的植物吸收了人类排放到大气中大约25%的二氧化碳，有了更多的大气二氧化碳可以在光合作用中转化为植物生物质，植物就能长得更茂盛。这种增长称为"碳施肥"。模型预测，如果大气中的二氧化碳增加一倍，只要没有其他因素（如水资源短缺）限制植物的生长，它们的生长速度可能会增加12%~76%。然而，科学家们并不知道在现实世界中有多少二氧化碳促进了植物的生长，因为植物生长需要的不仅仅是二氧化碳。

碳吸收的一些变化是土地利用决策的结果。农业已经变得更加集约化，我们可以在更少的土地上种植更多的食物。在高纬度和中纬度地区，被废弃的农田正在恢复为森林，这些森林在木材和土壤中储存的碳比农作物多得多。在许多地方，我们通过扑灭野火来防止植物碳进入大气，这使木质物质（储存碳）得以积累。

土地碳循环的最大变化可能是由气候变化引起的。二氧化碳增加了地表温度，延长了生长季节，增加了湿度。这两个因素都促进了植物的生长。然而，温度升高也会给植物带来压力。随着生长季节变长、变暖，植物需要更多的水来生存。有证据表明，北半球的植物在夏季由于气温升高和缺水而生长缓慢。

温室气体增加引起的气候变暖也可能"烘烤"土壤，加速碳在某些地方渗出的速度。这在遥远的北方尤其令人担忧，那里的冻土——永久冻土——正在融化。永久冻土中含有丰富的碳沉积物，当土壤变暖时，有机物腐烂，碳以甲烷和二氧化碳的形式渗透到大气中。

五、碳循环与人类生活

关于碳循环，科学家们仍然需要就它是如何变化的来回答许多问题。随着气温升高和气候变化，植物会发生什么？它们从大气中去除的碳会比排放的多吗？它们的生产力会下降吗？永久冻土融化会向大气中排放多少额外的碳，又会在多大程度上加剧气候变暖？海洋环流变暖会改变海洋吸收碳的速度吗？海洋生物的生产力会下降吗？海洋酸化的程度会有多大，会产生什么影响？

陆地卫星提供了海洋珊瑚礁的详细视图，可以清楚地看到陆地植物生长以及陆地覆盖的变化，可以看到城市的发展，也可以看到从森林到农场的转变。这些信息至关重要，因为土地利用占人类碳排放总量的三分之一。

所有这些测量将帮助我们了解全球碳循环是如何随时间变化的，它们将帮助我们评估我们向大气排放碳或在某些地方储存碳对碳循环的影响，它们可以向我们展示气候变化如何改变碳循环，以及碳循环变化如何改变我们的气候。

然而，我们大多数人会以更个人的方式关注到碳循环的变化。对我们来说，碳循环一定程度上就是我们吃的食物、家里的电、汽车里的汽油以及天气。我们是碳循环的一部分，所以我们的生活方式会在这个循环中产生影响。同样，碳循环的变化将影响我们的生活方式。

人类对碳循环有什么影响？人类活动对碳循环起着至关重要的作用。由于人类活动，碳排放量达到了历史最高水平，大气中碳含量的升高打破了地球上碳的平衡。排放量的增加主要原因是使用化石燃料作为能源，以及大型森林的砍伐。碳中和是环保主义者的共同目标，实现一个碳中和的世界意味着恢复碳储量和碳排放之间的健康平衡。每个人都可以做几件事来尽量减少对碳循环的影响，企业和消费者可以重新考虑他们的日常活动，做出环保的选择：步行、骑自行车、使用太阳能，尽可能使用公共交通工具，尽量减少航空旅行，减少家庭能源消耗，提倡低碳生活。

思考题

- 碳循环中的哪些部分对维持地球生态平衡最为关键？
- 分析人类活动特别是工业活动如何增加大气中的二氧化碳，以及这对全球气候的具体影响。
- 海洋酸化对全球碳循环有何影响？
- 全球碳循环对气候变化有何反馈作用？
- 分析在全球温室效应和气候变化的背景下，碳循环如何加剧或减缓这些环境变化。
- 如何通过政策或技术手段改善碳循环，减少碳排放？
- 个人如何参与到减少碳排放和改善碳循环中？

章节小结

　　本章学习内容包括两方面：碳汇部分涉及碳汇的基本概念到国际气候治理的历史，再到自然与人工碳汇的不同类型及其作用，以及碳汇经济和碳汇交易的影响和挑战；碳循环部分内容涉及关于全球碳循环的深入理解，其中包括碳循环的基础知识、碳库的种类及功能、人类活动对碳循环的影响以及碳循环与气候变化的相互关系。这些知识点共同构成了对全球碳循环和碳汇管理的全面了解。

一、碳汇的基本概念与重要性

　　碳汇指的是可以吸收并储存大气中二氧化碳的自然或人造系统，对于平衡全球的碳循环和缓解气候变化至关重要。

　　国际气候变化治理的历史：《联合国气候变化框架公约》和《京都议定书》是国际社会应对气候变化的重要里程碑，这些协议旨在减少全球碳排放并推动全球向低碳经济的转型。

　　自然碳汇如森林、湿地和海洋通过生物过程吸收二氧化碳。

　　人工碳汇则涉及技术干预，如碳捕获和储存（CCS）以及人工造林等。

　　碳汇经济及其组成要素：碳交易市场、碳抵消项目、碳税和碳金融产品都是碳汇经济的重要组成部分，通过市场机制激励减排行为并促进低碳技术的发展和应用。

　　碳汇交易的影响和挑战：碳汇交易旨在通过市场机制促进碳减排，但也面临法律、经济和环境等方面的挑战，需要国际合作和有效政策支持来克服。

　　未来全球碳市场的发展趋势：随着科技进步和国际政策的进一步发展，全球碳市场预计将继续扩大，碳定价和碳交易将更加普及，对全球气候政策和经济结构将产生深远影响。

　　通过学习全球碳汇，我们可以更好地理解和应对气候变化，推动全球环境保护与可持续发展的努力。这不仅涉及科学和技术层面的挑战，也涉及到政治、经济和社会层面的广泛合作。

二、全球碳循环的深入理解

碳循环基础：碳循环描述了碳在地球的不同部分（包括大气、生物、海洋和地壳）之间的流动。碳通过不同形式存在，如二氧化碳、生物质和化石燃料等，这些形式在不同的碳库中相互转换。

人类活动对碳循环的影响：人类活动，尤其是燃烧化石燃料和森林砍伐，增加了大气中的二氧化碳浓度，影响了全球碳循环的自然平衡。这些活动加速了温室效应，引起全球气候变暖。

碳循环与气候变化的关系：大气中碳含量增加导致地球温度升高，影响全球气候系统。碳循环的变化也反过来影响气候变化的速度和程度，例如通过增强或减弱温室效应。

全球意义和环境政策：理解和维护碳循环的平衡对于减缓气候变化至关重要。国际政策和协议，如巴黎气候协议，旨在通过限制碳排放和增强碳汇功能来管理和优化碳循环。

未来碳循环的变化预测：未来碳循环可能会因为持续的人类活动和气候变化的复杂反馈机制而发生变化，这需要持续的科学研究和有效的政策干预来管理。

结合全球碳汇和全球碳循环的内容，我们可以更全面地理解人类活动如何在全球尺度上影响碳的分布和流动，以及这些变化如何回馈到气候系统中，从而影响地球的生态平衡和人类社会的可持续发展。

拓展阅读

1.Schmitz O J，Raymond P A，Estes J A，Kurz W A，Holtgrieve G W，Ritchie M E，Wilmers C C.Animating the carbon cycle［J］.Ecosystems，2014，17：344—359.

理解调节碳循环的生物地球化学过程对于减缓大气中二氧化碳（CO_2）排放至关重要。虽然已经考虑到生物体的作用，但传统上侧重于植物和微生物的贡献。我们提出，充分"激活"碳循环需要更广泛地考虑动物在介导生物地球化学过程中的功能作用，并量化其对碳储存及其在陆地、水体储库和大气之间交换的影响。我们讨论了动物可能影响生态系统和大气之间及内部碳交换和储存的机制，说明了这些机制如何导致放大效应，其规模可能与目前碳预算中使用的传统碳储存和交换率估计相当。

2.Van der Gaast W，Sikkema R，Vohrer M.The contribution of forest carbon credit projects to addressing the climate change challenge［J］. Climate Policy，2018，18（1）：42—48.

本文探讨了在碳封存核算标准最近改进的情况下，林业项目如何从现有和新兴的全球碳市场中受益。长期以来，林业项目的设立旨在生成碳信用。通过有限的联合履行（JI）和清洁发展机制（CDM）林业项目的经验，以及自愿碳市场中的林业项目，改进的碳核算方法也可以增强林业在各国根据《巴黎协定》而做出的国家自主贡献（NDCs）中的作用。

3.Shakun J，Clark P，He F，et al.Global warming preceded by increasing carbon dioxide concentrations during the last deglaciation［J］.Nature，2012，484（1）：49—54.

南极冰芯记录中二氧化碳（CO_2）浓度和温度的协变表明，在更新世冰期期间，CO_2与气候之间存在紧密联系。然而，CO_2在产生这些气候变化中的作用和相对重要性仍不清楚，部分原因是冰芯中的氘记录反映的是局部而非全球温度。在这里，我们通过80个代理记录构建了全球表面温度记录，发现温度与 CO_2 相关，并且在上一次（即最近一次）冰消期通常滞后于 CO_2。北半球和南半球各自温度变化之间的差异与海洋沉积物记录的北大西洋经向翻转环流强度变化相平行。这些观察结果以及瞬态全球气候模型模拟支持以下结论：与全球同步变暖（由 CO_2 浓度增加驱动）叠加在一起的是，对海洋环流变化的反相半球温度响应，这解释了最近一次冰期结束时的大部分温度变化。

4.Bruhwiler L，Parmentier FJ W，Crill P，et al.The Arctic Carbon Cycle and Its Response to Changing Climate［J］. Curr Clim Change Rep 2021，7：14—34.

北极地区经历了地球上最迅速的气候变化，这些变化必然会驱动北极碳预算的变化，因为植被变化、土壤变暖、火灾频发以及随着永久冻土融化湿地的演变。在这项研究中，我们回顾了有关北极气候变化及其对碳循环影响的大量证据。观测结果表明，高北纬地区的生态系统中二氧化碳循环更加活跃。证据表明，针叶林和北极生态系统的碳吸收增加，尤其是在秋季，呼吸作用也在增加。

5.Allen S K，Plattner G–K，Nauels A，Xia Y，Stocker T F.Climate Change 2013：The Physical Science Basis.An overview of the Working Group1contribution to the Fifth Assessment Report of the Intergovernmental Panel on Climate Change（IPCC）［J］. NASA ADS，2014：3544.

人类对气候系统的影响现已在全球和大多数地区被更加确凿地检测到。自20世纪中期以来，温室气体浓度的增加导致全球地表变暖，基于卫星的观测更精确地显示，北极夏季海冰范围正在迅速减少，全球冰川正在退缩，全球平均海平面继续上升。随着大气中二氧化碳浓度的持续增加，海洋吸收二氧化碳导致海水 pH 值下降。对21世纪末气候系统未来变化的预测基于一系列新的气候模型和新情景，但总体上与先前的评估结果一致，确认了气候系统中广泛且显著的变化。预计陆地上的变暖幅度将大于海洋，北极地区的变暖速度最快。2014年，随着第二工作组（影响、适应和脆弱性）和第三工作组（气候变化缓解）报告的发布，以及基于所有三个工作组评估报告的综合产品——综合报告的发布，IPCC 第五次评估周期将完成。

第五章
海洋碳汇概述

　　在应对全球气候变化的诸多策略中，海洋碳汇作为一种自然而有效的方法，扮演着至关重要的角色。海洋覆盖了地球表面的大部分，其独特的生物地球化学过程使其成为吸收和储存大量二氧化碳的关键区域。自工业革命以来，海洋已吸收了人类排放的约三分之一的二氧化碳，极大地减缓了温室效应的加剧。然而，随着全球温室气体排放的不断增加，海洋的碳吸收能力也面临极限。探索海洋碳汇不仅有助于我们更好地管理和保护这一宝贵的自然资源，还关乎全球生态系统的健康和人类的未来福祉。本章我们将深入理解海洋碳汇的概念、组成、机制、潜力、计量以及其对气候系统的长期影响，并广泛联系全球碳循环与全球生态系统，探讨海洋碳汇的重要作用。

第一节　海洋碳汇与蓝碳生态系统

★ 了解海洋碳汇的概念

★ 掌握蓝碳生态系统的构成与分布

★ 了解蓝碳生态系统的固碳储碳能力

★ 了解红树林、海草床、盐沼的定义、概况、形成过程、地理分布、生物种类、植被特征、固碳储碳能力、生态价值与面临的挑战

★ 了解中国蓝碳生态系统的分布

一、海洋碳汇的基本概念

海洋覆盖了地球表面超过70%的面积，储存了地球上约93%的二氧化碳，总计约为40万亿吨，是地球上最大的活跃碳库。利用海洋活动及海洋生物吸收大气中的二氧化碳，并将其固定、储存在海洋的过程、活动和机制则被称为海洋碳汇（Marine Carbon Sink）。据联合国统计，世界每年捕获绿碳（即通过光合作用活动捕获的碳）中，约55%被海洋生物捕获。海洋储碳量约达到陆地的20倍、大气的50倍。有研究表明，海洋每年可清除30%以上排放到大气中的二氧化碳，对缓解全球气候变暖、支持生物多样性等起到了至关重要的作用。

二、海洋碳汇的代表——蓝碳生态系统

海洋中的植物生物量仅为陆地生物量的0.05%，却贡献了超过一半的碳储存量。那么，海洋是通过什么捕获大量二氧化碳的呢？这主要归功于红树林、海草床和盐沼生态系统。尽管它们面积覆盖了不超过0.5%的海床，却形成了占海洋沉积物中50%以上的

碳储存量，有时甚至能够达到70%。正因为这三大生态系统在海洋碳汇上的重大贡献，科学家将储存在红树林、潮汐盐沼和海草床的土壤、地上活体生物质（叶、枝、干）、地下活体生物质（根）和非活体生物质（如凋落物和枯死木）中的碳定义为蓝碳（Blue Carbon），并将以上三种生态系统定义为蓝碳生态系统。在这里，蓝碳生态系统代表整个生态系统，而不是某个生物。因此，单纯对比红树林和其他某个植物，如浮游植物是没有意义的。另外，尽管其他蓝碳生态系统对于全球碳循环也具有重要作用，但它们的碳存储方式相对短暂和动态，例如在较短时间内（几天到几个月）将碳通过呼吸作用、捕食和分解过程重新释放回大气或海水中。相对而言，生态系统则具有显著固碳优势（图5-1）。

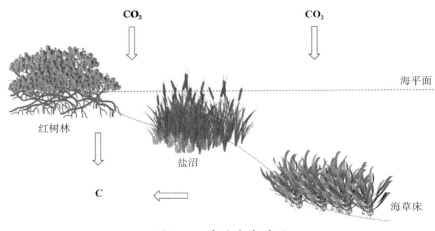

图5-1　蓝碳生态系统

稳定性：主要体现在适应和缓冲自然环境变化（如海平面上升、风暴冲击）的能力上。同时，海水中富含硫酸根离子，能够有效抑制甲烷等含碳气体的排放。例如，红树林的根系能够减少波浪和潮流的冲击，保护海岸线免受侵蚀，同时还能适应盐水环境。在气候变化和环境压力下，生态系统的稳定性有助于维持碳存储功能。

长期性：由于特殊的水生环境，生态系统的土壤水环境保持厌氧或无氧状态，如缺氧的滩涂和泥沼等。相比于陆地的富氧土壤，枯枝败叶会被海水潮汐淹没，死去的有机物的分解速率更为缓慢。另外，随着海平面上升，生态系统中沉积物不断增加，碳能够在垂直方向长期（数百年到数千年）存储。

高效性：生态系统往往具有较高的生物多样性，因此，生态系统往往能在较短时间内（几年到几十年）固定大量的碳。

生态系统分布在全球的许多国家和地区，Posidonia oceanica 是地中海特有的海草种类，其生长在西班牙沿海的海床上，每年固定近1000万吨的 CO_2。巴西的红树林生态系统分布广泛，特别是在亚马孙河口区域。这些具有6000年历史、几十米厚的红树林，是巨大的海洋碳库。新英格兰北部的盐沼平均厚度超过3米，有机碳含量超40%。澳大利亚大堡礁的海草床作为全球最大、海草种类最丰富的海草床，占总海草床面积的31%，拥有全球52%的海草种类，支撑了世界最大的碳库，碳储量占全球海草的11%，具有举足轻重的储碳地位。与澳大利亚相似，印度尼西亚红树林面积占全球红树林总面积的23%，储存了约31亿吨碳。在我国南部，如广东、广西、福建、海南等省份的沿海地带和河口区域也含有丰富的红树林资源，对全球碳储碳汇具有重要贡献。

不同生态系统的分布、固碳储碳能力等都不相同。在前文我们已经阐述了生态系统的重要性，接下来，我们将深入了解各个生态系统的特点、功能与潜在的威胁。

（一）红树林

红树林，指天然生长在海岸环境和海湾边缘的平均海平面以上潮间带的树木、灌木、棕榈或地被蕨类植物，也指生长树木和灌木的潮汐生态环境。红树林偏好温暖、湿润的海岸环境，高度一般超过1.5米，是地球上最富生产力和生物多样性的生态系统之一。地质地貌、底质、温度以及海水和潮汐的特点共同塑造了红树林的生长环境。细致的冲刷土、适中的盐度和温暖的气候条件是红树林繁盛的关键。这种生态系统能够适应高盐度、缺氧以及不稳定的基质条件，展示了生命适应环境的惊人能力。

地理分布：全球红树林主要分布在赤道附近的热带和亚热带地区，包括亚洲、非洲、澳大利亚、美洲和太平洋岛国。这些地区的气候条件——高温、高湿和盐碱环境——为红树林的生长提供了理想的条件。

生物多样性：红树林的生物种类极为丰富，主要包含各种红树植物，如桐花树、海榄雌、红海榄等，还有众多依赖于红树林生态系统的动物种类，包括鱼类、甲壳动物、鸟类和一些哺乳动物。同时，红树林区的底栖动物种类也很丰富，包括软体动物、多毛类、甲壳类以及特有的鱼类和虾蟹。它们的存在有助于红树林生态系统的物质循环和能量流动。丰富的生物多样性使红树林生态系统具有强大的抗干扰能力，维持着生态系统的平衡稳定。

植被特征：红树林植物具有显著的生态适应性特征，包括能够排除盐分的盐腺和特殊的呼吸根结构。这些植物通常具有密集的根系，不仅可以防止海水侵蚀，还能有效地固定沉积物，促进土壤形成。此外，胎生（即果实成熟后仍留在母树上，待幼苗成熟后下落进入泥滩生根固定）以及旱生结构与抗盐适应

（树皮含有抗腐蚀性的丹宁）等。

生态价值：红树林是海洋生物的重要育苗场，是防风、防浪、防止海水入侵的自然屏障，能够保护内陆地区免受飓风和海啸的破坏。此外，红树林还有净化水质、维持海岸线稳定和生物多样性保护等多重生态功能。

固碳储碳能力：相对陆地森林，红树林的固碳能力要高出3~4倍。研究表明，每平方米红树林每年固碳量超过1千克，每英亩（约4000平方米）的红树林在其生长周期能够储存50~220吨二氧化碳，世界上的红树林每年能够储存超过2400万吨二氧化碳。据统计，目前世界上红树林共存储约62亿吨碳，约等于230吨二氧化碳。

在中国，红树林主要分布于南部沿海省份，如广东的珠江口、福建的闽江口和海南岛的部分海岸。这些红树林不仅是中国海岸线的重要组成部分，还具有重要的生态功能和保护价值。例如，广东的湛江红树林是中国最大的红树林保护区之一，根据专业测算，湛江红树林保护区约种植了380公顷红树林，在40年内预计能减少约16万吨二氧化碳，对于保护生物多样性、防风固沙以及提供渔业资源具有极其重要的意义。海南陵水共种植了2800亩红树林，根据专业评估，预计在未来30年共减少74000吨二氧化碳排放量。

然而，由于红树林生长于沿海，相对受到陆地与海洋影响较大，同时面临着来自城市化、污染和气候变化的威胁。过度的人工活动，如沿海经济开发、海底挖掘、过度养殖等也在威胁着红树林的生长。据专业测算，每1%的红树林被破坏将导致约2.3亿吨温室气体排放到大气，因此，加强红树林保护和恢复工作对于维持生物多样性、保护海岸线和应对气候变化具有重要意义。通过国家级自然保护区的设立和红树林恢复项目的实施，中国正努力保护这一珍贵的自然遗产。2020年，我国发布《红树林保护修复专项行动计划（2020—2025年）》，计划到2025年，共计营造和修复红树林面积18800公顷。截至2023年，我国共计恢复0.5万公顷红树林，红树林面积已恢复到2.7万公顷，其中55%以上的红树林被纳入自然保护地，作为世界上少数红树林面积净增加的国家，我国正在为实现2060年"双碳"目标而不断努力。

（二）海草床

与陆地上的草类相比，海草能在盐水环境中生长，形成广泛的海底植被区域，即海草床。海草经常与海藻混淆，但实际上它与在陆地上看到的开花植物关系更密切。海草有根、茎和叶，并产生花朵和种子。海草与陆地上的绿色开花植物最大的区别在于缺乏气孔（即叶子上控制水和气体交换的微小孔隙）。相反，它们有一层薄薄的角质层，允许气体和营养物质从水中直接扩散到叶子中。

地理分布：除南极洲外，海草床遍布全球从热带到北极的沿海地区，尤其是在浅水区域，如温暖的热带和温带海域。它们通常分布在海湾和沿海浅滩，这些地方通常水质较为清澈，阳光能够到达海床，为海草的光合作用提供能量。

生物多样性：海草大约在一亿年前进化而来，已知最古老的植物是地中海海草，可以追溯到冰河时代。目前，全球约有72种不同的海草物种，其中最高的海草物种——Zostera caulescens 能够生长到7米左右。海草床作为重要的栖息地，为许多动物群落提供庇护所和食物，包括微小的无脊椎动物与大型鱼类、螃蟹、海龟、海洋哺乳动物和鸟类等。

植被特征：海草在垂直和水平方向上生长。海草的叶片通常很长，向上生长以获取阳光。海草根部同时向下和侧向生长，以从沉积物中捕获养分。海草可以进行无性生殖和有性生殖，在有性生殖中，一些两栖动物（如微小的虾状甲壳类动物）会以海草的花粉为食，帮助海草受精。

生态价值：一些学者认为，海草床是仅次于河口和湿地的第三大最具价值的生态系统。海草床能够通过其根系过滤和固定沉积物，维持水质清洁，减少海岸侵蚀，保护海岸线。同时，海草床也被用作肥料与隔热材料，在农业和工业加工上具有重要作用。据统计，1平方米的海草每天可以通过光合作用产生约10升氧气，1公顷海草每年产生的价值约120万元人民币。

固碳储碳能力：与树木从空气中吸收碳来构建树干的方式类似，海草从水中吸收碳来构建叶子和根部。当部分海草植物和相关生物死亡和腐烂时，它们会聚集在海底并被掩埋，被困在沉积物中。据估计，尽管海草床仅覆盖了全球海洋表面的0.1%~0.2%，但它们储存了海洋生物碳的10%以上，世界上的海草草甸每年可以捕获多达8300万吨的碳。这使海草床成为全球碳循环的关键部分。

在中国，海草床主要分布于北部的渤海、黄海以及南部的南海。我国目前共建立40953公顷海草床保护区，其中，山东省的海草床是东亚最大的海草床之一，为当地的渔业资源提供了重要的支持。然而，海草十分容易受到物理干扰，海上风暴、鱼类啃食等都会损坏海草的根茎，一些无脊椎动物在觅食时也会使海草破损。随着环境变化和人类活动的影响，海草床恢复速度缓慢，全球的海草床面临着严重的威胁。富营养水排海与工业沉积物入海导致许多沿海地区藻类大量繁殖，光照水平降低，造成海草大量死亡。渔船船锚和螺旋桨也会导致海草床碎片化，破坏生态系统平衡。据统计，每半小时就会损失约两个足球场面积的海草床。加强对海草床的保护和恢复工作具有极其重要的现实意义。

（三）盐沼

盐沼，也称为潮汐沼泽，是在陆地和开阔的咸水或经常被潮汐淹没的咸淡水（盐度介于淡水和海水之间）之间发现的湿地生态系统。盐沼通常由泥土和泥炭组成，沿着海岸线避风侧沉积。盐沼的形成通常开始于沉积物在潮间带的积聚，随着时间积累与植物种子发芽，形成了初期的植被覆盖，如灯芯草。这类耐盐植物的发达根系有助于泥土堆积。当堆积高度增加后，盐沼被潮汐覆盖的次数越来越少，盐度也随之降低，这意味着更多植物将有可能在盐沼生长，盐沼生态系统也随之形成。

地理分布：盐沼遍布温带与热带，集中在中高纬度，普遍存在于海岸线平坦、沉积物丰富的地区，如海湾、河口等地。盐沼可分为高沼泽与低沼泽区，高沼泽区位于海拔较高的地区，通常只在最高潮汐（称为春潮）时被淹没，低沼泽区靠近水边，每天约有一半时间被潮汐淹没。

生物多样性：盐沼是多种生物的家园，其中包括多种鸟类、鱼类、无脊椎动物以及特有的耐盐植物，如红海榄、海三棱和盐地碱蓬等植物。许多物种都依赖盐沼中独特的食物网和栖息地结构。

植被特征：盐沼的植被具有明显的垂直分带性，从水边的潮间带到高潮线以上的过渡带，植物种类和密度都随盐度梯度而变化。其中高沼泽区植被通常由适应干燥条件的更多陆生物种组成，低沼泽区往往以灯芯草、盐角草为主。这些植物通常具有耐盐、耐淹和耐干旱的生理适应性。

生态价值：盐沼也具有红树林、海草床的海水净化价值。除此之外，盐沼对养分循环有重大贡献。它们有助于回收氮和磷等营养物质，将它们转化为可以被各种生物体吸收的现成形式。盐沼也是部分候鸟迁徙的必经之地，是许多鸟类、贝类动物筑巢、繁殖和觅食之地。

固碳储碳能力：盐沼的固碳能力约为森林生态系统的40倍。据估计，盐沼湿地上层（约1米）土壤每公顷含有约917吨二氧化碳，其年固碳量约为每公顷8.0~8.5吨二氧化碳。

全球湿地面积约为2.03亿公里，其中中国湿地面积约占四分之一，盐沼湿地是中国最大的湿地形式。中国的盐沼主要分布在渤海、黄海和东海的沿海地带。据测算，我国盐沼总面积约为1274.77平方公里，具有很大的碳捕获和存储能力，被认为是缓解全球变暖的有效碳汇。江苏盐城的湿地是世界上最大的芦苇湿地之一，也是候鸟迁徙的重要停歇地。然而，由于日益增加的人口，填海造地损失了大量盐沼。自1980~2010年，盐沼总损失率为59%。目前，我国已针对填海造地制定了相关法律，盐沼损失速度放缓。尽管如此，盐沼仍面临海平面上升、环境污染等压力，加强对盐沼的恢复、保护和管理迫在眉睫。

总的来说，生态系统，包括红树林、海草床和盐沼，是地球上生物多样性的宝库，对气候调节、海岸线保护和生物种类繁荣具有不可替代的价值。作为高效的碳汇，生态系统能够吸收和储存大量的大气二氧化碳，帮助减缓全球变暖。同时，这些生态系统为海洋生物提供栖息地、繁殖地和食物来源，是维持海洋健康的关键因素。然而，这些珍贵的生态系统正面临重大威胁，如过度开发、环境污染、不合理的土地利用和气候变化。海平面上升、海水酸化和极端天气事件对它们的生存也构成了挑战。为了应对这些挑战，全球已经做出了积极的努力。保护和恢复项目正在进行，以促进这些生态系统的可持续管理。中国已经加强法律保护措施，限制破坏性活动，推广生态友好的开发模式，并在加大生态系统恢复力度、提高公众意识、强化国际合作和持续投资科学研究方面实行了一系列措施。

思考题

- 什么是海洋碳汇？
- 为什么蓝碳生态系统被认为是重要的碳汇？
- 相比于森林碳汇，海洋碳汇有哪些优势？
- 盐沼的植被有哪些显著的特点？
- 红树林分布在世界哪些地区？
- 威胁海草床生长的主要因素有哪些？
- 中国政府为保护红树林采取了哪些措施？
- 除了固碳储碳外，蓝碳生态系统还提供了哪些生态价值？
- 如何维护蓝碳生态系统可持续发展？
- 作为个人，我们应当如何保护蓝碳生态系统？

第二节　海洋固碳储碳机制与海洋碳循环

★ 理解海洋碳循环的基本原理和关键过程

★ 掌握海洋生态系统在碳固定和碳储存中的作用

★ 了解溶解泵、物理泵及生物泵的作用机制

★ 分析人类活动对海洋碳循环的影响

★ 探讨海洋碳储存的可持续利用途径和策略

★ 了解深海碳储存的潜在效益与风险

★ 培养对保护海洋生态系统的意识和责任感

　　海洋是地球上最大的碳汇之一，在全球碳循环中起着关键的作用。过去几十年来，随着人类活动的加剧，地球的气候和生态系统发生了巨大变化，了解海洋碳循环是积极应对全球气候变暖的关键所在。本节将深入探讨海洋固碳储碳机制以及海洋碳循环过程，旨在揭示海洋如何吸收和储存大量的碳。

　　海洋碳循环（Ocean Carbon Cycle）是指海洋中碳元素在不同形态之间转移和转化的过程。海洋具有独特的生物、地理和物理环境，这使其碳循环过程与陆地生态系统截然不同。海洋中的碳主要以溶解态和颗粒态存在，可以分为有机碳和无机碳。有机碳主要存在于海洋中的生物体和残骸中，包括溶解态有机碳（DOC）和颗粒态有机碳（POC）。DOC是指溶解在海水中的有机化合物，如溶解的有机酸、脂肪酸和蛋白质等。POC则是指悬浮在海水中的有机颗粒物，包括浮游生物的碎屑、细菌和其他有机颗粒。有机碳是海洋生态系统中的重要能量来源和营养物质，对海洋生物的生长和生态系统的稳定性至关重要。与之相对应，无机碳主要指溶解态无机碳（DIC）和颗粒态无机碳（PIC）。DIC主要是指溶解在海水中的无机碳酸盐，包括碳酸根离子、碳酸氢根离子和二氧化碳等。PIC则是指

海洋中的无机碳钙化合物，如碳酸钙（$CaCO_3$），主要存在于浮游生物的外壳、珊瑚礁和其他钙质生物体中。无机碳在海洋中起着维持海水酸碱平衡、调节海水 pH 值的作用，同时也是海洋碳汇的重要组成部分。这些碳汇通过海洋碳泵和生物地球化学过程与大气中的二氧化碳密切交换，对全球气候和生态环境产生重大影响。

上一节提到的生态系统，如盐沼湿地、海草床和红树林等，通过吸收大量的无机碳（二氧化碳），将其转化为有机碳，最终使碳储存在植被和土壤中。在本节中，我们将重点介绍海洋碳循环中的关键过程和机制，探讨海洋生态系统对海洋碳循环的重要性，以及人类活动对海洋碳循环的影响。

海洋可以看作一个巨大的碳泵，通过不同的形式将碳进行捕获和储存。其具体捕获方式如图 5–2 所示。

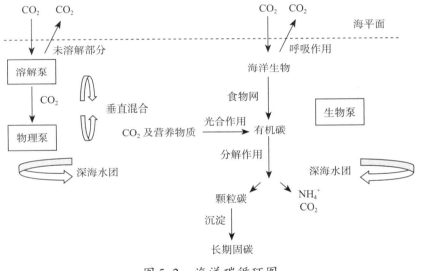

图 5–2　海洋碳循环图

一、溶解泵

溶解泵（Solubility Pump）主要是指通过气海界面的二氧化碳交换过程。这个过程中，大气中的二氧化碳溶解在海水中。海水直接吸收大气中的二氧化碳，将其转化为溶解态或者颗粒态碳酸盐。影响二氧化碳在海水中溶解的主要因素是水体温度与盐度。温度越低、盐度越高的海水能溶解更多的二氧化碳。因此，从时间尺度上看，冬季海洋固碳能力更强，是吸收二氧化碳的"碳汇期"；从纬度尺度上看，高纬度的海水固碳能力更强。

二、物理泵

海洋物理固碳，是指通过海洋的"物理泵（Physical Pump）"作用，通过垂直混合或深海水团将溶解在海洋表层水中的二氧化碳带入深海，最终沉积到海底的过程。物理泵效应涉及传输以及长期存储，关键在于海水的物理动力学过程。不同区域的海水温度不同，海水受温度影响的全球流动是热带大洋表面水体由赤道向两极流动，形成的全球性洋流系统。全球热盐环流（Global Thermohaline Circulation）是指海洋中深层水体的大规模环流系统，其驱动力主要来自于温度和盐度差异。深层水体通常在极地地区形成，由于冷却和高盐度等因素导致水体密度增加，下沉到深海中。这些沉降的深层水体随后在全球范围内形成了大规模的环流系统。因此，在探讨海洋固碳机制时，海水的运动也应被综合考量。

（一）垂直混合

垂直混合（Vertical Mixing）是指在海洋表层水体与深层水体之间因为风力、温度、盐度差异等引起的垂直方向上的物理混合过程。这种混合使表层富含氧气和碳的水体与深层营养物质丰富的水体进行交换，对于调节近海碳循环至关重要。由于风力作用、地球自转以及温度和盐度的变化，表层水体会下沉，而深层富含营养盐的冷水会上升到表层。这种上下交换过程能在短时间内将表层水中的二氧化碳带到较深的水层，通过海水中的生物化学过程被固定，如溶解成为碳酸、碳酸盐和碳酸氢盐。在垂直混合过程中，表层海水吸收的二氧化碳通过混合被带到深层水中，减少了表层水中的二氧化碳浓度，从而促进了大气中更多的二氧化碳溶解到海水中。这种混合作用在特定海域内尤为显著，比如海岸边缘或是海流碰撞处。垂直混合的一个典型例子是赤道太平洋地区，那里的赤道上升流带来深层富含二氧化碳的水体，通过垂直混合作用，将二氧化碳向上输送到表层海水。

垂直混合具有局部和短时效的特点，这意味着其影响范围相对较小，固碳过程也相对较快。它通常受到局部环境条件的强烈影响，比如局部风场的变化、海流碰撞或者地形引导的涡旋等。同时，其短周期可以在季节性变化中观察到，尤其是在冬季由于风力增强和表层水体冷却时最为明显。这种短期的碳转移能够迅速响应季节变化和气候模式的调整，对平衡局部海域的碳循环起到即时反应的作用，但储存的碳往往长期不稳定，因为被带入深层的碳可能会因为水体循环再次上升到表层水体。

（二）深海水团

与垂直混合相比，深海水团（Deep Water Masses）则是一个全球尺度的长期固碳途径。深水团块形成主要是在高纬度地区，如北大西洋和南极周边海域，海水因冷却和盐度增加变得更密，从而下沉到海洋深处，形成深水团块。这种水团在极地形成后，大量的二氧化碳从海洋表层传输到深海，表层水体中的热量、营养盐和二氧化碳长时间锁定在深海中，并随水团在全球范围内传播。

在深海的独特环境中，二氧化碳与水的混合会产生一种特殊状态的化合物——水合二氧化碳。二氧化碳分子被水分子包围，形成了一种稳定的水合物结构，表面进一步凝固成为坚硬的外壳，减缓了水合二氧化碳与周围海水的直接交互。特别是在海水深度超过3000米的情况下，由于巨大的压力和低温环境，液态二氧化碳的表面可以自然形成水化物外壳并维持结构稳定，即使在地质剧烈变动——如强烈的地震活动发生时，该结构也足以抵御激烈的地球运动。这意味着，深水团块一旦形成，可以在深海中存留数百年至上千年，携带的碳几乎与表层隔绝，直到水团在其他地区上升，其碳才可能被重新释放。这一过程对全球碳循环的调节作用尤为显著，因为深水团块的形成及其运动决定了全球海洋深层环流的趋势。长周期的环流使大量的二氧化碳可以被长期隔离在深海中，直接隔绝了碳向大气的交换，为地球提供了一个稳定长期的碳存储库。

三、生物泵

生物泵（Biological Pump）是海洋另一种固碳机制，指通过一系列的生物过程，将大气中的二氧化碳转化成海洋中的有机碳，并最终将其输送到深海沉积物中长期封存的过程。简单来说，海洋生物，如浮游植物、藻类和其他微生物通过光合作用吸收二氧化碳，并将其转化为有机碳。当这些生物死亡或被食用后，有机碳以碎片或排泄物的形式沉积到深海，形成海底沉积物，被埋藏在海床中。

具体来说，生物泵的开始是光合作用。通过光合作用，大气中的二氧化碳被转化为有机物质，是大气到海洋的初步转移，也是海洋生物链的基础食物来源。随后，固定在浮游植物体内的有机碳随后通过海洋食物网传递给其他生物，包括浮游动物、鱼类、海洋哺乳动物等。在这个过程中，海洋生物的新陈代谢产生了大量的废物，包括呼吸作用排出的二氧化碳，新陈代谢的排泄物和死亡后的遗体。这些废物随后被降解为有机或无机形态的颗粒碳，通过重力作用逐渐下沉至更深层的海水中，最终到达深海沉积物，形成碳的沉积物。实际上，深海沉积过程中，细菌对有机碳进行再矿化作用（Remineralization），即分解有机物质释放出营养物质和二氧化碳。然而，正如前文所述，深海环境特殊的高压、低温条件，使这一过程进行得十分缓慢，大量有机碳在深海底部长期储存。此外，细菌还通过氧化作用，参与到有机碳的分解过程中，转化成无机碳，进一步影响碳的循环。

除了上述依靠光合作用和捕食网形成的生物泵外，海洋中的一些生物，如珊瑚、贝类、藻类等，利用海水中溶解的二氧化碳和钙离子（Ca^{2+}），在生长和代谢的过程中形成硬质的碳酸钙结构。这些碳酸钙结构最终沉积到海底，也会成为长期的碳储存。同时，这些碳酸钙结构也作为生物群落的重要组成部分，为其他生物，如鱼类和贝类，提供了庇护场所，具有很高的生态价值。

四、海洋固碳储碳机制的启发

通过溶解泵、物理泵和生物泵，海洋为地球储存了大量的碳。部分科学家也受到海洋固碳的启发，尝试通过海洋固碳减少碳排放。例如，已有学者提出深海碳注入概念，尝试通过人工捕获与碳封存（CCS），将二氧化碳注入深海的沉积物或水体中，以实现长期储存。深海碳注入主要分为捕获、液化、注入三个步骤。首先，采用胺基溶剂、钙循环、膜分离技术等方法，从工业排放源（如电厂、钢铁厂）捕获二氧化碳。捕获后的二氧化碳被压缩和冷却至液态，以便于运输和注入。其次，通过专用设备将二氧化碳注入选定的深海沉积层或水体中。处理完的二氧化碳与海洋物理泵所产生的二氧化碳类似，具有较高的密度，能够在海床上稳定集聚。

一个知名的深海注入项目是挪威的 Sleipner 项目，该项目从1996年起就开始在北海进行二氧化碳的深海注入。Sleipner 天然气田的运营商——挪威国家石油公司将二氧化碳分离后注入海底约800米深的地质构造中。到目前为止，Sleipner 项目已成功将数百万吨二氧化碳安全地存储在海底。加拿大的 Quest 项目也是一个例子，它将二氧化碳注入地下约2000米深的岩层中，虽不是深海注入，但同样利用了地质构造来长期封存二氧化碳。

尽管深海碳注入可能成为未来解决碳排放的重要途径之一，目前该技术在全球范围内尚处于探索阶段，在技术、经济、法律和环境等多方面均面临挑战。为实现更安全的深海碳注入，科学家需要对于深海生态环境及其注入后的潜在影响展开进一步的研究和监测。未来，深海注入有可能成为全球减少大气中温室气体浓度的一个有效手段。

思考题

- 在全球碳循环中，海洋固碳机制的作用是如何与大气相互作用的？
- 物理泵对海洋碳循环的意义是什么？
- 深海水团为什么能够长期储碳？
- 垂直混合和深海水团的区别是什么？
- 生物泵在海洋碳循环中扮演的角色如何影响海洋生态系统的结构和功能？
- 海洋固碳方式在处理碳排放问题上给予了我们哪些启发？
- 通过深海碳注入解决碳排放的潜在问题是什么？
- 除了深海碳注入，还有哪些方法能够通过海洋固碳解决碳排放问题？
- 我们应该如何参与到保护海洋生态系统、维护碳平衡的行动中？

第三节 海洋碳汇与全球碳平衡

★ 掌握海洋碳汇以及其在全球碳循环中的作用和意义

★ 分析人类活动对海洋碳汇与全球碳平衡的影响

★ 分析海洋碳汇对全球气候变化的缓解效果

★ 探讨全球碳平衡对地球气候的影响

大量碳被储存在海洋中是一件好事还是坏事呢？上一节我们探讨了海洋的储碳机制，揭示了海洋如何通过物理泵、溶解泵和生物泵等机制吸收和固定大量的碳。在这一节，我们将把视野从海洋碳循环拓展到更宏观的全球范围，探讨海洋碳汇对全球碳平衡的影响和意义。

如今，化石燃料燃烧、森林砍伐、工业生产等人类活动的共同作用正在使大气中的二氧化碳浓度急剧上升。目前，化石燃料排放的二氧化碳总量比1990年国际气候谈判前高出62%，并且呈快速增加趋势。预计到21世纪末，大气中的二氧化碳浓度将达到535~983毫升/升。持续的化石燃料燃烧将加速全球气候变暖过程，如果不加以控制，全球气温将有可能超过2℃的阈值。然而，随着地球的一大碳汇——森林的不断砍伐，近20%的温室气体被排放入大气，海洋碳汇逐渐受到更多关注。

一、海洋碳汇对全球碳平衡的贡献

海洋不仅代表了最大的长期碳汇，同时还具有储存和重新分配二氧化碳的功能。地球上大约93%的CO_2被储存起来并在海洋中循环。蓝色碳汇和河口每年捕获和储存（235~450）$\times 10^{12}$克碳，相当于整个全球运输部门排放量的一半。

由于海洋碳汇具有高效、稳定等特性，蓝色碳汇有望在缓解气候变化方面发挥重要作用。在保护海洋生态系统的丧失和退化并促进其修复的情况下，预计可以在二十年内抵消当前化石燃料排放的3%~7%（总计每年7200×10^{12}克碳），其效果至少相当于将大气中二氧化碳浓度保持在450毫升/升以下。也就是说，保护海洋生态系统与维持海洋碳汇能力，是实现碳平衡的重要一环。

二、海洋碳汇与全球碳平衡的联系

海洋碳汇与其他碳汇系统，例如陆地生态系统、大气层以及地质碳库相互影响，构成了地球碳循环的复杂网络。

（一）海洋碳循环与陆地、大气的联系

海洋碳循环与陆地碳循环紧密相连，海洋内的碳主要来源于陆地和大气。陆地生态系统吸收大气中的二氧化碳，部分通过植被生长转化为有机碳。这些有机物质和无机碳（如溶解性碳酸盐）随着水流可被运输至海洋。河流是连接陆地与海洋的主要通道，它们将含碳物质输送到海洋中，形成了海洋碳循环的一个输入源。大气层作为连接陆地和海洋碳循环的另一个重要介质，二氧化碳直接溶解或随降雨进入海洋。同时，海洋和陆地生物，如鸟类和鱼类，在两个生态系统之间迁移，通过食物摄入和排泄物质的形式，将碳从一个系统转移到另一个系统。例如，海鸟可能在陆地上取食，但在海洋中排泄，这样陆地上的营养物质与碳就被带入海洋碳循环。

（二）海洋碳循环受气候模式与地质过程的影响

除了气候变化的直接影响外，气候模式与地质过程也在一定程度上塑造了海洋及全球碳平衡。气候变化导致的温度升高和降水模式变化会对陆地植被的碳吸收能力、海洋表层的二氧化碳溶解度以及生态系统的固碳储碳能力产生影响。举例来说，陆地植被的生长和活动往往受气候条件的影响，如果温度升高导致干旱或气候异常，将影响植被的生长和光合作用，从而影响其对二氧化碳的吸收量。此外，一些生物，如浮游植物或藻类，对温度异常敏感，不适宜的温度会导致该生物大量死亡，进而削弱海洋碳汇的能力。另外，随着海洋持续吸收热量和二氧化碳，其作为大气调节器的能力可能会下降。海洋碳汇的效率减弱，无法有效地吸收和储存大气中的二氧化碳，有可能加剧全球气候变暖的速度和程度。因此，大气和陆地生态系统将面临气候变化的全部后果，包括更频繁的极端天气事件、海平面上升和生物多样性丧失等。

在长时间尺度上，地质活动，如板块构造活动，会将陆地上形成的碳酸盐矿物通过板块俯冲运动带入深海，也会影响海洋碳汇的总量。短期而剧烈的地质活动，如火山喷发，也会将地质碳库中的碳释放到海洋和大气中，进而影响海洋碳汇的分布和量。另外，海洋碳汇中的某些过程，例如生物泵，可导致碳以沉积物的形式长期储存在海底，这部分碳可

能在地质时间尺度上转移到地质碳库中，如油、煤和天然气，成为未来的有效能源。尽管化石燃料的沉积与形成时间缓慢，但该过程对人类发展的意义不容忽视。

（三）全球气候变暖的综合影响

气候变暖对于碳平衡的影响是全球性的。气候变暖会降低高纬度地区低温稠密海水下沉过程，从而降低了二氧化碳的运输和储存效率。同时，森林在温度升高到一定程度后可能会从碳汇转变为碳源，因为极端温度和干旱条件会加速植物死亡和微生物分解有机物的速度。气候变暖还可能会释放在永久冻土和深海沉积物中储存的大量温室气体，如甲烷，这会导致更多的温室效应，形成正反馈循环。降水模式和陆地植被覆盖也会受到影响，如改变河流流量和河流携带的有机物和无机物质量，进而影响海洋和陆地生态系统之间的碳交换。同时，全球变暖可能会加快土壤中有机碳的分解速度，增加二氧化碳和其他温室气体的释放，特别是在富含有机碳的地区，如泥炭地。海平面上升会淹没沿海湿地等重要的碳汇生态系统，如红树林和盐沼，直接减少全球碳汇的面积。类似的，极地冰盖融化会暴露出大量之前被冰覆盖的地区，导致部分地区从碳汇转向碳源。

总的来说，全球变暖与全球碳平衡之间的相互作用是高度动态和复杂的，也就是说，全球气候变暖不仅会导致在当下的海洋固碳储碳能力降低，还会对陆地生态系统，如温度和降水模式的变化可能会改变森林和草地的生产力，使全球碳循环失衡。

（四）人类活动对海洋碳汇以及全球碳平衡的影响

人类通过燃烧化石燃料、砍伐森林和土地使用变化，大量释放二氧化碳进入大气。海洋碳循环作为一个重要的自然调节器，吸收了大量这些温室气体，但是其吸收能力是有限的。当超出一定阈值，海洋碳汇的减缓会导致大气中的二氧化碳浓度增加，加剧全球变暖。人类对碳平衡的影响主要体现在以下几个方面：

1. 海洋污染

随着全球人口增长和经济发展，对于便宜且方便的塑料产品的需求激增，塑料的生产和消费量急剧上升。然而，塑料垃圾的处理和回收系统不完善，大量塑料垃圾未能得到妥善处置或回收再利用，而是被丢弃到环境中。白色污染通常指的是塑料和其他人造材料对环境的污染，特别是由于塑料不易降解而在自然环境中积累所引发的问题。白色污染的物理影响主要是塑料的不易分解性造成的。大量的塑料垃圾漂浮在海洋表面或沉积在海底，干扰了海洋生物的栖息地。生物方面，塑料分解产生的微小颗粒（微塑料）被海洋生物吞食，导致肠道阻塞或内分泌系统紊乱。其中携带或释放的有毒化学物质，如增塑剂、双酚 A 等，会干扰海洋生物的生殖和生长过程并在食物链中累积，对海洋生物的健康造成长期影响。白色污染会使生物泵效应减弱，干扰海底微生物群落，影响碳的存储和循环。

富营养化是指水体中营养盐类物质（主要是氮、磷等）的含量超过自然水平，导致藻类和水生植物过度生长的现象。这种生态失衡通常会导致水质下降，生物多样性减少，甚至产生有害的藻华。农业排放（农业活动使用的肥料富含氮、磷，通过地表径流或地下水渗漏进入水体）、城市污水（未经充分处理的生活污水）、工业废水（工业过程产生含有高浓度的营养物质的废水）等都是富营养化的直接造成原因。富营养化会导致有害藻类（比如赤潮）的大量繁殖，产生对海洋生物有毒的物质。随着藻类死亡和分解，碳循环的速率会发生变化，碳的储存和释放平衡被打破。沉积到水底的死亡藻类在分解过程中会消耗大量溶解氧，形成缺氧或无氧区，影响其他海洋生物生存。缺氧条件下，一些微生物可能通过厌氧代谢产生甲烷等温室气体，加剧全球变暖。原有的海洋食物网结构也会因为藻类的死亡而改变，生物多样性进一步降低。

2. 过度捕捞

过度捕捞是指捕鱼活动的强度超过了鱼类种群自然生产和恢复的能力，导致海洋资源的长期减少和种群结构的改变。这通常意味着捕捞速度超过了鱼群的再生速度，使某些鱼类难以维持可持续的种群数量。其主要造成原因包括全球对鱼类和海产品的需求增加，特别是在高经济价值的鱼类上。现代捕捞技术的高效率使捕鱼活动可以覆盖更广泛的区域和更深的水域。部分地区缺乏有效的渔业管理措施或执法不力，导致过度捕捞行为难以控制。过度捕捞导致某些重要种群数量急剧下降，甚至濒临灭绝。捕捞活动通常选择性地移除某些物种，这会打乱原有的海洋食物网和生态平衡。某些捕捞方法，如底拖网捕捞，可能会破坏海底栖息地，影响多种海洋生物的生存环境。与富营养化类似，过度捕捞减少了海洋生物量，破坏了海洋内的食物网平衡。一些捕捞设施也会伤害鱼体，导致生物多样性损失严重。大型海洋生物如鲸鱼在其生命周期中储存大量的碳，并通过"鲸落"等过程将碳带入深海。过度捕捞减少了这些生物，降低了海洋的长期碳储存能力。

3. 土地使用变化

土地使用变化，如森林砍伐、农业扩张、城市化和沿海开发，对海洋环境有着直接和间接的影响。当森林转变为农田，森林储藏的碳被释放，未来的固碳储碳能力也大大降低。同时，富含的氮和磷等肥料的使用增加会随着径流进入河流和海洋，导致河口和近海区域富营养化。不仅如此，耕地和开发用地常常伴随着土壤扰动，原有土壤有机碳的分解加速，进一步增加了大气中的二氧化碳浓度。森林砍伐和不合理的土地管理会增加地表径流，更多的泥沙进入水体，淹没珊瑚礁和海草床，影响海洋生态系统的结构和功能。这种对水分再分配的干扰作用会改变水文循环，影响生态系统的碳循环。另外，沿海开发常常伴随着红树林、湿地等生态系统的破坏，这些生态系统不仅是重要的碳汇，也对维持海洋生物多样性和提供鱼类产卵场至关重要。

4. 化石燃料的燃烧

除了熟知的排放过量碳进入大气外，气候变化导致的冻土融化可能释放出其中储存的甲烷和二氧化碳，深海沉积物中的甲烷水合物也可能因为温度上升而不稳定，这都将形成正反馈效应进一步加剧温室效应。额外的二氧化碳被大气吸收后溶解到海水中，增加了海水中的碳酸根离子和水合氢离子的浓度，从而降低了海水的 pH 值，使其呈现出酸性，即海水酸化。海水酸化的直接影响是珊瑚礁、其他贝类生物结构遭到破坏，海洋生态系统中的食物链受到酸化的影响而中断或扭曲。海洋生物多样性受到威胁，出现生态系统崩溃和生态平衡失调等问题。渔业资源会进一步受到影响，影响到国家的经济脉络。

综上所述，海洋碳汇与全球碳平衡息息相关，受到气候、地质等多方面的综合影响。人类活动，包括化石燃料的燃烧、森林砍伐、工业生产、土地使用变化、过度捕捞和海洋污染，正在对海洋碳汇能力造成负面影响。化石燃料燃烧增加了大气中的二氧化碳浓度，导致全球气候变暖，进而影响海洋碳汇的效率。海洋酸化影响海洋生态系统的健康和碳储存能力。此外，土地使用变化和森林砍伐减少了陆地生态系统的碳汇功能，同时增加了进入海洋的营养盐和有害物质。海洋富营养化和白色污染对海洋生态链稳定产生威胁。

为了保护海洋碳汇和全球碳平衡，各国需要采取行动减少人为排放，保护和恢复海洋和陆地生态系统，提高公众对气候变化和海洋保护的意识。

思考题

- 海洋通过哪些机制吸收大气中的二氧化碳？
- 人类活动如何影响海洋碳汇的能力？
- 海洋酸化是如何发生的，它对海洋生态系统有何影响？
- 化石燃料燃烧对全球碳平衡有何影响？
- 土地使用变化如何影响海洋碳汇和全球碳平衡？
- 过度捕捞如何影响海洋碳循环？
- 白色污染对全球碳平衡有何影响？
- 如何提高海洋碳汇的效率，减缓全球气候变化？

第四节 蓝碳生态系统与全球生态系统

学习目标

★ 理解蓝碳生态系统在全球碳循环中的作用

★ 探究蓝碳生态系统的生态与经济效益

★ 学习如何保护蓝碳系统以维持全球生态系统平衡

★ 评估生态系统退化的综合原因及其对全球碳平衡的影响

★ 探索生态系统恢复的方法与挑战

★ 分析海藻水产养殖对碳封存的潜力及其对减缓气候变化的贡献

上一节中我们针对全球碳循环，探讨了海洋碳汇与海洋碳循环的影响因素和平衡作用。本节，我们将聚焦蓝碳生态系统与全球生态系统，深入学习生态系统提供的生态价值和经济效益。我们还将简单介绍如何保护蓝碳系统，以维持全球生态系统平衡。

一、蓝碳生态系统的生态与经济效益

保护蓝碳生态系统，维持蓝色碳汇对于沿海地区的经济发展至关重要。人类经济活动，如农业生产、水产养殖、矿物开采、旅游业等都依赖于蓝碳生态系统。保护海洋和沿海生态系统为世界各地的沿海社区，尤其是脆弱的小岛屿发展中国家（SIDS）提供重要的经济和发展机会。

据统计，世界沿海生态系统每年平均提供的服务价值超过25万亿美元，在促进经济发展上具有重要作用。这类服务包含直接服务与间接服务，直接服务如粮食供应、就业、旅游业等；间接服务包括过滤水、减少沿海水污染的影响、养分负荷、沉积、保护海岸免受侵蚀和缓冲极端天气事件的影响等。

（一）直接服务

1. 海产品生产

沿海水域仅占海洋总面积的7%。然而，珊瑚礁等生态系统的生产力和这些蓝色碳汇意味着这一小块区域构成了世界主要渔场的基础，估计占世界渔业的50%。它们为近30亿人提供重要的营养，为世界上最不发达国家的4亿人提供50%的动物蛋白和矿物质。2017年，美国海产品行业是重要的经济驱动力，为120万个工作岗位提供了支持，为GDP贡献了692亿美元。该行业涵盖商业收获、农业、加工和零售，为当地和区域经济提供了主要资产。2019年，水产食品为约33亿人提供了至少20%的动物蛋白平均摄入量。

2. 海洋贸易

据世界银行统计，海上贸易占据了数万亿美元，80%以上的国际货物贸易是通过海运进行的。在大多数发展中国家，这一比例甚至更高。新加坡的海上贸易占其GDP的7%左右，中国上海、荷兰鹿特丹、阿联酋迪拜、巴拿马、美国洛杉矶等地区都是世界海上物流运输的重要港口，是当地经济发展和国际交流的重要支柱。全球仅限于7.5%的海洋表面是主要的热点区域，但超过一半的鱼在这些地区捕获并被运送到各处。鱼产品是贸易最广泛的食品之一，全球产量的37%以上用于国际贸易，预计到2050年，所有海运需求将增加两倍。

3. 旅游业

旅游业是世界经济中最大的商业部门，占全球GDP的10%，占全球就业岗位的1/2，占世界出口服务的35%。自1985年以来，旅游业平均每年增长9%。在中国，十一个沿海省份的总产出占中国GDP的一半以上，具有极大的经济贡献。沿海旅游业每年为全球经济发展贡献了数万亿美元，随着未来更加便利的交通方式，沿海旅游业还将做出更大贡献。据统计，旅游业每年消耗的能源几乎与整个日本一样多，产生的固体废物数量与法国相同，每年消耗的水量与苏必利尔湖所含的水量一样多。目前沿海旅游最强劲的趋势之一是将沿海度假胜地与度假屋开发相结合，即所谓的"住宅旅游"。这种住宅旅游主要以短期房地产投资为目的，往往会造成资源的不充分利用。当地的土地被清理和退化，栖息地被清除，作为未来旅游基础设施或房地产开发的建筑环境。游客会消耗自然资源并污染水道，还会刺激对新鲜海鲜的需求。然而，这种住宅旅游游客往往仅在某个季节到目的地停留（通常是夏季），这就造成了当地自然资源被长期破坏，土地被长期闲置的局面。

4. 就业

据估计全球约有6亿人从事或部分从事渔业和水产养殖业，鱼类和海产品价值链上约有2亿个直接和间接就业机会。在加勒比海、地中海和东南亚部分地区，沿海旅游业提供了从酒店和餐馆员工到导游和自然资源保护主义者等广泛的就业机会。

（二）间接服务

间接服务主要以保护海岸线免受海水侵蚀和海岸污染为主。在佛罗里达州，发生了一件影响该州大部分海滩的重大污染事件，在测试的261个海滩中，有187个海滩的污染水平使游泳者面临生病的风险。测试主要关注的是水中的粪便指示细菌，主要是由于污水泄漏和径流引起的。这种情况凸显了投资修复老化的水处理系统的必要性，以改善水质并确保海滩游客的安全。

加纳的沿海地区面临着严重的环境威胁，约7%的国土是沿海地区，四分之一的人口居住于此。2005年至2017年间，该国约37%的沿海土地因侵蚀和洪水而消失，这一现象严重威胁到了沿海社区的稳定和发展。2021年，严重的风暴潮导致几个社区被淹没，迫使数千人撤离。特别是在凯塔区，近4000人因清晨风暴相关的海浪而流离失所，家园被水侵入，居民的物品和床铺被浸湿。许多人不得不流离失所，寻找临时住处，有的人在教堂和学校寻求庇护，有的人则睡在路边。海平面上升对全球造成的影响正在加剧，根据2019年在《自然通讯》上发表的研究，预计到本世纪中叶，全球约有3.4亿人将受到影响。加纳通过建设海堤来对抗海岸侵蚀，这一措施虽为当前主要的应对方法之一，但同时也受到了科学研究和政策讨论的关注。专家们警告，仅依靠海堤建设并不能根本解决问题，需要更全面的解决方案来保护加纳540公里的海岸线，同时也要考虑到环境保护和可持续发展的需要。

二、生态系统的快速退化

海洋系统正受到导致全球变暖和海洋酸化的人为活动的威胁。随着海水变暖和海洋化学成分的变化，维持海洋生物多样性的脆弱平衡正在受到干扰，对海洋生态和地球气候造成严重后果。已经有一些明确的证据表明，全球变暖趋势以及二氧化碳和其他温室气体排放量的增加正在影响全球范围内海洋的环境条件和生物群。自1970年以来，近三分之二的具有商业价值的鱼类在高纬度地区的分布大大增加。预计到2050年，气候变化会导致1000多种具有重要商业价值的鱼类重新分布，许多热带物种也将逐渐灭绝。不断的温度上升也会导致物种向两级海域入侵。实际上，约有60%以上的生物在全球分布上发生重大变化，这对海洋生态系统，甚至陆地生态系统的食物供应影响巨大。美国国家海洋和大气管理局渔业部门资助的一项研究表明，气候变化将导致美国许多鱼类物种，包括具有重要经济意义的鱼类向北迁移。由于它们目前的栖息地变暖，鱼类需要向北寻找适合它们生存的水温。该研究利用了美国国家海洋和大气管理局渔业部门的16个气候模型和种群评估数据，涵盖了鱼类和甲壳类等各种物种。这种向北移动扰乱了美国和加拿大的渔业，影响了海洋生态系统和依赖这些物种的经济。

另外，气候变化对水产养殖生产的影响既有直接的，也有间接的。直接影响包括影响生产系统中有鳍鱼类和贝类种群的物理条件和生理机能，而间接影响可能通过改变初级和次级生产力、生态系统结构、投入品供应，或影响产品价格、鱼粉和鱼油成本以及渔民和水产养殖生产者所需的其他商品和服务而发生。最近的估计显示，2007~2016年，农业、林业和其他土地利用贡献了约13%的人为活动产生的二氧化碳、44%的甲烷和82%的一氧化二氮排放，占温室气体人为净排放量的23%。水产养殖对全球温室气体的贡献，特别是二氧化碳，2010年的排放量估计为3.85亿吨，约占当年农业部门贡献的7%。高温可能会增加养殖种群的生理压力，同时可能增加疾病的传播。养殖鱼的逃逸也会对当地海洋生物多样性造成负面影响。据统计，气候会引起33个国家面临高程度渔业变化，其中19个国家是不发达国家。有些严重依赖海洋资源的国家，如菲律宾，从1985~2017年，海面温度以每十年0.2℃的速度显著上升。该研究预计，在温室气体浓度缓解的情况下，到2100年，菲律宾各地的海温可能会上升约0.36℃，渔业生产力将会受到重大影响。据世界粮农组织报道，在全球范围内，对鱼类和其他水产品的需求正在增加，海洋和内陆水域提供了巨大的利益，特别是对世界上最贫困的地区。约6.6亿~8.2亿人（约占世界人口的10%~12%）的收入和生计来自渔业和水产养殖部门。预计到2050年，全球人口将达到90亿~100亿，对鱼类和海鲜的需求预计将增长。综合测算变暖趋势、物种和生产力的变化、渔业对国民经济和饮食的相对重要性以及适应相关风险和机遇的能力等因素，柬埔寨和越南等亚洲国家以及哥伦比亚和秘鲁等南美国家特别容易受到气候变化对渔业的影响。然而，气候变化和环境退化对水产养殖发展构成挑战，包括海洋酸化和资源竞争。应对这些挑战对于确保该部门的可持续增长及其对粮食安全的贡献至关重要。

这些生态系统的退化是一个综合且长期的过程，不仅受到无法控制的自然资源使用的影响，还受到流域管理不善、沿海开发不善和废物管理不善等因素的影响。因此，解决这种退化问题需要全球协同且持续的努力。保护这些重要的蓝色碳汇栖息地是第一步，如对沿海开发、红树林砍伐、过度施肥、不可持续的捕捞所导致的土地森林砍伐等相应活动进行监管。第二步应该恢复大规模失去的区域。例如，一些国家已经失去了近90%的红树林，但已成功实施了大规模红树林恢复工程。盐沼恢复也是可能的，目前已在欧洲和美国广泛应用。恢复失去的海草床较为复杂，但可以催化自然恢复的巨大潜力。这些恢复能够提供最初的增长来源，并促进海草床根茎在海底呈指数级扩张。

中国正在积极采取行动，例如通过国家湿地保护行动计划，预计每年吸收 6.57×10^9

克碳。此外，一些研究表明，在英国将一些26平方公里的围垦土地恢复为潮间带环境后，可能每年可埋藏约800吨碳。欧盟成员国和美国也在栖息地上做出了一定努力。佐治亚理工学院和耶鲁大学的研究人员提出了一种新的途径，通过该途径，沿海生态系统恢复可以从大气中永久捕获二氧化碳。他们试图通过改变海洋的酸碱平衡来推动大气中的二氧化碳转化为海洋中的无机碳。研究人员建立了一个数值模型来专门跟踪恢复的红树林或海草生态系统的潜在好处及其对有机和无机碳循环的影响。他们还计算了在恢复红树林和海草生态系统的过程中产生的其他温室气体（如甲烷）的影响。研究结果表明，恢复可以持久地去除二氧化碳，为抵消海洋酸化的负面影响提供潜在的途径。这种方法不仅有助于重建生态系统及其相关的环境效益，而且还为旨在减少碳排放的公司提供了一种新的碳抵消形式。

除此之外，海藻水产养殖可以在一定情况下有助于封存碳。当海藻碎片流入深海栖息地时，可以帮助深海有效固碳。当海藻与某些类型的软体动物共同养殖时，海藻还可以减少贝类养殖过程中产生的碳排放。更令人感到意外的是，海藻在最终产品中的新用途，如作为减少奶牛排放甲烷的饲料补充剂、生物塑料和生物炭的原料，能够有效缓解全球变暖。研究人员还发现，海藻养殖可以减缓海洋酸化对当地的影响。海藻通过光合作用将水中的二氧化碳转化为生长和氧气，形成光环效应，降低周围水域的酸度水平，并有助于减少海洋酸化。因此，将海藻养殖场建在贝类、珊瑚礁等脆弱系统周围可能有助于减轻海洋环境条件变化的冲击。

各个海洋生态系统的固存能力差异很大。恢复工作必须侧重于恢复具有高固存能力的蓝色碳汇，考虑这些驱动因素并催化这些生态系统发挥高效碳汇的能力。研究表明，当前恢复海洋生态系统的最大挑战在于以下四个方面：开发有效、可扩展的恢复方法；应用促进气候适应的创新工具；作为整合社会和生态恢复优先考虑；促进公众对将海洋生态系统恢复作为一种可持续发展途径的观念。

恢复海洋生态系统，特别是高效的蓝色碳汇如红树林、盐沼和海草床，对抗全球变暖和海洋酸化至关重要。提高沿海和海洋社区（包括人类和水生群落）对气候变化影响的抵御能力，将是维持海洋作为粮食和生计安全提供者作用的关键。采用综合生态系统方法管理沿海、海洋和水生资源的利用可以为应对气候变化的适应和缓解气候变化战略奠定基础，因为它们解决了脆弱性背后的社会、经济、生态和治理问题。这样的综合方法有助于将依赖沿海和海洋资源的多个部门联合起来，评估灾害风险管理，协助制定针对气候变化的发展战略，并将渔业部门作为主要考虑因素。与陆地类似，沿海和海洋资源的减缓措施和总体发展目标之间存在着许多相互制约的协同作用，包括改善渔业和水产养殖生产系统，增加红树林种群来保护生物多样性，以及提高航运部门的能源效率。

为了避免在各部门内部和各部门之间在适应和减缓之间产生消极的权衡取舍，生态系统方法以及对减缓和适应战略的全系统评价和规划将需要综合考量对其他部门的下游影响。通过全球合作和持续努力，我们可以重建丧失的部分海洋生态系统，促进碳的长期去除，并为地球提供必要的生态服务。此外，海藻水产养殖的推广不仅有助于碳封存，还能提供可持续发展的新途径，减轻气候变化的影响。面对开发有效和可扩展的恢复方法、应用创新工具促进气候适应、整合社会和生态恢复等挑战，我们需要采取行动，确保海洋生态系统的健康和持续性。

思考题

- 蓝碳生态系统对沿海地区经济有何重要影响？
- 如何通过全球合作和持续努力恢复生态系统？
- 恢复生态系统时面临的最大挑战是什么？
- 生态系统退化的主要原因有哪些？
- 海藻水产养殖如何帮助封存碳并减轻气候变化的影响？
- 保护蓝碳生态系统的第一步应采取哪些措施？
- 生态系统提供的直接和间接服务有哪些？
- 为什么沿海旅游业是全球经济中的重要部分？
- 美国海产品行业对 GDP 的贡献有多大？
- 海洋贸易如何成为全球经济的重要组成部分？

第五节　海洋碳汇的计量与核算

学习目标

★ 学习海洋碳汇的数据收集方法并对比各类方法的特点

★ 掌握海洋碳汇的核算与计量方法

★ 评估海洋碳汇计量的主要应用

★ 探索海洋碳汇计量面临的主要挑战

★ 分析海洋碳汇计量未来的发展方向

随着全球气候变化问题的日益严重，海洋碳汇在缓解温室气体排放、维持地球碳循环平衡方面的重要性愈发显著。然而，海洋碳汇的复杂性和动态性使其计量与核算成为一项具有挑战性的任务。

精确计量和核算海洋碳汇对于制定科学合理的气候政策和环境保护措施至关重要。目前，已有多种技术和方法来测量和监测海洋中的碳汇活动，包括直接检测、卫星遥感、模型模拟等。这些技术在提高碳汇数据的准确性和可靠性方面发挥了重要作用。然而，由于海洋环境的复杂性和各区域间的差异，如何整合不同数据源、改进计算方法和提高核算精度仍然是亟待解决的问题。

本节将详细介绍海洋碳汇的计量方法和对全球碳平衡的贡献，以及当前面临的挑战和未来的研究方向，旨在通过梳理现有的海洋碳汇计量与核算方法，对比探讨各类方法的适用范围，更好地理解和利用海洋碳汇资源，为全球气候变化的应对做出贡献。

一、海洋碳汇的调查与核算方法

前述章节讲到，海洋碳汇指从空气或海水中吸收并储存大气中二氧化碳的过程、活动和机制，主要包括红树林、盐沼、海草床等。在探讨全球气候变化问题和应对策略时，了解并准确核算海洋碳汇的能力是至关重要的。海洋作为地球最大的碳库，每年吸收巨量的二氧化碳，从而在调节大气中温室气体浓度、缓解全球变暖方面发挥着关键作用。然而，海洋碳汇的估算与监测并非易事，它涉及复杂的物理、化学及生物过程，需要精确的科学方法和高级技术的支持。本节将详细介绍海洋碳汇的核算方法，这些方法各有特点，它们的综合运用能够为我们提供关于海洋碳汇规模与动态的更全面认识。

（一）海洋碳汇数据收集的主要方法

1. 直接观测法

直接观测法是通过实地测量来评估海洋中碳的含量及其变化。这些方法直接监测海水中的物理、化学和生物参数，从而获得海洋碳储存和流动的数据。主要包含以下几个方面：

（1）船载观测：通过海上科考船进行的观测是获取海洋碳数据的主要方法之一。科考船装备有各种传感器，能够测量海水的温度、盐度、溶解氧以及碳含量等参数。通过采集不同深度的水样，获取水体中的二氧化碳浓度和其他相关参数，进而分析海洋表层及深层水体中的碳浓度及其变化。巡航观测可以覆盖广泛的海域，并且能够灵活调整观测路线和时间，适用于大范围的海洋碳汇调查。然而，这类数据获取的连续性和稳定性较低，观测成本较高，且受到天气和海况的影响较大。

（2）固定站点和浮标系统：固定的观测站和自动浮标被广泛部署在全球的海洋中，用于连续监测海水的基本物理和化学性质。这些设备能够提供关于海洋碳循环的连续数据，对理解海洋对气候变化的响应尤为重要。这种方法能够提供高精度、连续的时间序列数据，且能够长期监测同一位置的变化，适用于研究海洋中不同层次的碳汇过程。然而，数据量相对较少，获取的连续性较差，且需要定期维护和更换。同时，布设和维护成本较高，覆盖范围有限，主要分布在特定的海域。

（3）深海探针和潜水器：深海探针和无人潜水器（如 ARGO 浮标）能够到达深海，进行长期的海洋监测。它们能够在极端的海洋环境中操作，收集深海中的碳数据，帮助科学家更好地理解深海碳汇的机制和规模。

2. 遥感技术

遥感技术能够从空中或卫星平台监测大范围的海洋环境，是理解全球尺度海洋碳循环的重要工具。卫星遥感技术利用搭载在卫星上的传感器对海洋表面的二氧化碳浓度和其他相关参数进行监测，具有覆盖范围广、数据获取频率高的优势，可以提供全球范围内的海洋碳汇信息。然而，卫星遥感的分辨率有限，难以捕捉到细节变化，需要与地面观测数据结合使用以提高精度，同时受天气和大气条件影响较大。

（1）卫星遥感：通过监测海洋表面的光谱反射率，卫星可以估算海洋表层的生物量（例如，通过叶绿素浓度），从而间接推测海洋生物固碳的能力。此外，卫星也能监测海面温度和海面碳酸盐离子浓度，这些都是评估海洋碳汇能力的重要指标。

（2）遥感数据的校正与解释：遥感数据需要通过地面站点或船载观测数据进行校正，以确保其准确性。数据解释通常需要结合气候模型和海洋学的知识，以正确理解遥感信号与海洋碳循环之间的联系。

3. 数值模型与模拟

数值模型和模拟是理解和预测海洋碳循环的重要工具，它们能够整合不同时间和空间尺度的数据，提供对海洋碳循环复杂动态的洞察。通过建立数学模型，对海洋中的碳循环过程进行模拟和预测，这些模型通常结合观测数据和理论分析，模拟海洋碳汇的时空分布和变化趋势。这种方法可以弥补观测数据的不足，提供全面的时空分布信息，同时能够进行未来情景预测，评估不同气候变化情景下的海洋碳汇变化。但是，模拟的结果依赖于模型的准确性和输入数据的质量，需要大量的计算资源和复杂的模型验证过程。

（1）气候模型中的碳循环组件：现代气候模型通常包括海洋碳循环模块，这些模块可以模拟海洋吸收和释放碳的物理、化学和生物过程。通过这些模型，可以探索不同气候情景下海洋碳汇的可能变化。

（2）海洋生态系统模型：这些模型专注于模拟海洋生物生产作用和食物网结构对碳循环的影响，它们可以帮助科学家理解生物泵和其他生物地球化学过程如何影响碳的储存和释放。

（3）数据同化技术：数据同化是一种将观测数据与数值模型结合的方法，用于提高模型预测的准确性。在海洋科学中，数据同化技术帮助科学家将遥感数据、直接观测数据和模型预测有效结合，从而更精确地描述和预测海洋碳汇。

4. 综合方法

（1）多种方法综合应用的案例研究：在实际研究中，科学家们通常会结合直接观测、遥感技术和数值模型等多种方法来全面评估特定海域的碳汇能力。这种综合方法可以提供更全面、更准确的碳汇数据。

（2）数据集成与不确定性分析：为了有效地利用各种数据源，数据集成工作对于提高核算的准确性至关重要。同时，通过不确定性分析，可以评估数据和模型的可靠性，指导未来的观测和模型改进方向。

通过这些核算方法，科学家们可以更准确地评估海洋作为全球碳汇的作用，为应对全球气候变化提供科学依据。

（二）海洋碳汇的核算方法

1.海洋碳汇总能力核算

海洋碳汇包括所有海洋碳汇类型的碳汇能力总和，计算公式为：

$$C_{\text{marine}} = \sum_{i=1}^{n} C_i$$

其中，C_{marine} 为海洋碳汇能力总值，C_i 为第 i 种海洋碳汇的碳汇能力，单位均为克每年。

2.红树林碳汇能力核算

红树林碳汇能力计算公式为：

$$C_{\text{mangroves}} = C_{\text{ms}} + C_{\text{mp}}$$

其中，C_{ms} 为红树林沉积物碳汇能力，单位为克每年（g/a）；C_{mp} 为红树林植物碳汇能力，单位为克每年（g/a）。

沉积物碳汇能力 $C_{\text{ms}} = P_{\text{mangroves}} \times S_{\text{mangroves}} \times R_{\text{mangroves}} \times A_{\text{mangroves}}$，$P_{\text{mangroves}}$ 为红树林沉积物容重，单位为克每立方厘米（g/cm³）；$S_{\text{mangroves}}$ 为红树林沉积物有机碳含量，单位为毫克每克（mg/g）；$R_{\text{mangroves}}$ 为红树林沉积物沉积速率，单位为毫米每年（mm/a）；$A_{\text{mangroves}}$ 为红树林面积，单位为平方米（m²）。

植物碳汇能力 $C_{\text{mp}} = \sum (A_i^{\text{mp}} \times P_i^{\text{mp}} \times CF_i^{\text{mp}})$，$A_i^{\text{mp}}$ 为第 i 个站位红树林面积，单位为平方米（m²）；P_i^{mp} 为第 i 个站位红树林植物年净初级生产力，单位为克每平方米每年［g/（m²·a）］；CF_i^{mp} 为第 i 个站位红树林植物平均含碳比率。

3.盐沼碳汇能力核算

盐沼碳汇能力计算公式为：

$$C_{\text{saltmarsh}} = C_{\text{ss}} + C_{\text{sp}}$$

其中，C_{ss} 为盐沼沉积物碳汇能力，单位为克每年（g/a）；C_{sp} 为盐沼植物碳汇能力，单位为克每年（g/a）。

沉积物碳汇能力 $C_{\text{ss}} = P_{\text{saltmarsh}} \times S_{\text{saltmarsh}} \times R_{\text{saltmarsh}} \times A_{\text{saltmarsh}}$，$P_{\text{saltmarsh}}$ 为盐沼沉积物容重，单位为克每立方厘米（g/cm³）；$S_{\text{saltmarsh}}$ 为盐沼沉积物有机碳含量，单位为毫克每克（mg/g）；$R_{\text{saltmarsh}}$ 为盐沼沉积物沉积速率，单位为毫米每年（mm/a）；$A_{\text{saltmarsh}}$ 为盐沼面积，单位为平方米（m²）。

植物碳汇能力 $C_{\text{sp}} = \sum (A_i^{\text{sp}} \times P_i^{\text{sp}} \times CF_i^{\text{sp}})$，$A_i^{\text{sp}}$ 为第 i 个站位盐沼面积，单位为平方米（m²）；P_i^{sp} 为第 i 个站位盐沼植物年净初级生产力，单位为克每平方米每年［g/（m²·a）］；CF_i^{sp} 为第 i 个站位盐沼植物平均含碳比率。

4. 海草床碳汇能力核算

海草床碳汇能力计算公式为：

$$C_{seagrass} = C_{sgs} + C_{sgp}$$

其中，C_{sgs} 为海草床沉积物碳汇能力，单位为克每年（g/a）；C_{sgp} 为海草床植物碳汇能力，单位为克每年（g/a）。

沉积物碳汇能力 $G_{sgs} = P_{seagrass} \times S_{seagrass} \times R_{seagrass} \times A_{seagrass}$，$P_{seagrass}$ 为海草床沉积物容重，单位为克每立方厘米（g/cm³）；$S_{seagrass}$ 为海草床沉积物有机碳含量，单位为毫克每克（mg/g）；$R_{seagrass}$ 为海草床沉积物沉积速率，单位为毫米每年（mm/a）；$A_{seagrass}$ 为海草床面积，单位为平方米（m²）。

植物碳汇能力 $C_{sgp} = \sum (A_i^{sgp} \times P_i^{sgp} \times CF_i^{sgp})$，$A_i^{sgp}$ 为第 i 个站位海草床面积，单位为平方米（m²）；P_i^{sgp} 为第 i 个站位海草床植物年净初级生产力，单位为克每平方米每年 [g/(m²·a)]；CF_i^{sgp} 为第 i 个站位海草床植物平均含碳比率。

二、海洋碳汇计量的主要应用、面临的挑战及未来研究方向

海洋碳汇核算方法在全球各地的应用是多种多样的，这些应用不仅有助于验证核算技术的准确性，也为全球碳循环研究提供了宝贵的数据。全球重要海洋碳汇区域的核算，如北大西洋等地区因其独特的海洋流动和生物活动，成为显著的碳汇。通过结合直接观测和遥感数据，能够评估这些区域的碳吸收能力及其对全球碳循环的贡献。例如，长期变化趋势的监测与分析可以追踪全球深层水体的 CO_2 含量变化。这些长期数据能够帮助我们理解海洋碳汇如何响应气候变化和人类活动。

海洋碳汇的核算过程中也面临诸多挑战，特别是技术和环境挑战，这些挑战可能影响核算的准确性和可靠性，主要包括技术限制与测量误差、环境因素的影响与调控、政策与管理上的应用等方面。例如，海洋观测设备受到技术限制，如传感器的精度、浮标的维护和数据传输的稳定性等，这些都可能导致测量误差。同时，海洋环境极端且多变，如风暴、海流和温度变化都会影响碳汇的测量。此外，海洋生物活动的季节性变化也会对碳汇测量结果造成影响。而如何将海洋碳汇的核算数据转化为有效的气候政策和海洋管理措施，也是一个复杂的问题，数据的解读、利用和政策制定需要跨学科合作和国际协调。

海洋碳汇核算领域的未来研究将集中在提高技术精度、扩展核算范围和深化对碳循环机制的理解。

① 技术进步与新工具的开发：新一代海洋观测技术，如更高精度的传感器和先进的遥感设备，将提高数据的准确性和覆盖范围。同时，人工智能和机器学习的应用可能会

在数据处理和模式识别方面带来革命性的改进。

② 国际合作与数据共享：鉴于海洋是全球共享的资源，国际合作在海洋碳汇研究中尤为重要。全球范围内的数据共享和合作研究将加快科学发现并促进有效的政策制定。

③ 对策略决策的支持作用：研究将进一步探索如何利用海洋碳汇核算结果支持气候变化对策和海洋资源管理，这包括开发基于证据的管理策略，以最大限度地利用海洋碳汇的潜力。

思考题

- 海洋碳汇数据收集的主要方法有哪些？
- 不同海洋碳汇数据收集方法的优缺点各是什么？
- 海洋碳汇是如何计量和核算的？
- 海洋碳汇计量、核算和调查面临的主要挑战有哪些？
- 海洋碳汇计量主要应用有哪些？
- 海洋碳汇计量和核算的未来研究方向是什么？

章节小结

在本章中，我们探讨了海洋碳循环的基础知识和关键过程，理解了海洋作为地球上最大的碳汇，如何通过其独特的生物、化学和物理过程，吸收和储存大量的大气二氧化碳。海洋碳汇的机制，如溶解泵、物理泵和生物泵，展示了海洋在全球碳循环中的核心作用。同时，我们也看到了人类活动如何对这些自然过程产生深远的影响。事实上，工业革命后的人类活动引起了海洋环境的巨大变化，海洋碳汇的效率和稳定性日益下降，保护海洋碳汇成为未来重要目标。

一、海洋碳汇的基本概念

海洋碳汇指的是海洋通过其生物化学过程吸收大气中二氧化碳，并将其储存在海洋生态系统中的能力。海洋是全球最大的碳库，对抵御全球气候变化起着至关重要的作用。

二、蓝碳生态系统的介绍

蓝碳生态系统主要包括红树林、海草床和盐沼，这些系统虽然覆盖面积小，但在全球碳循环中起着不成比例的重要角色，具有高效的碳固存能力。

（1）红树林。

定义与概况：生长在潮间带的木本植物群落，能适应咸水环境。

生物种类与植被特征：具有独特的生态适应性，如呼吸根和盐腺。

固碳储碳能力与生态价值：高效的碳汇，提供丰富的生物多样性，维护海岸线稳定。

面临的挑战：红树林正受到城市化、工业污染和气候变化等多重威胁。海平面上升和更加频繁的风暴事件特别危及红树林的存续，因为它们影响了红树林的生长环境和生物多样性。

保护措施：全球和国家级的保护措施正在实施，如设立保护区、执行严格的土地使用规划和进行生态恢复项目。这些努力旨在减少人类活动对红树林的影响，并促进其自然恢复。

（2）海草床。

定义与概况：在海底形成广泛植被区域的水生植物。

生物种类与植被特征：具有从水中直接吸收养分和气体的能力。

固碳储碳能力与生态价值：在海底沉积物中长期储存大量碳，是海洋生物多样性的重要基地。

面临的挑战：海草床受到的主要威胁包括水体污染、物理破坏（如拖网捕鱼）、气候变化导致的水温升高和海水酸化。

保护措施：在全球范围内，保护海草床的措施包括减少沿海地区的污染、限制可能导致物理破坏的活动，并通过科学研究来监测和评估海草床的健康状态和生物多样性。

（3）盐沼。

定义与概况：在海岸线和河口区域形成的盐水湿地。

生物种类与植被特征：耐盐植物，如灯芯草等，其根系有助于固定沉积物和净化水质。

固碳储碳能力与生态价值：极高的碳固定能力，为许多鸟类和水生生物提供栖息地。

面临的挑战：主要威胁包括填海造地、农业和城市扩张导致的栖息地丧失，以及气候变化带来的海平面上升和盐度变化。

保护措施：保护盐沼的措施包括设立和扩大保护区域，恢复退化的盐沼地，以及实施与当地社区合作的可持续管理计划，以维护这些生态系统的自然功能和服务。

三、中国蓝碳生态系统的分布

中国的红树林主要分布在南方沿海省份，如广东、福建和海南。海草床和盐沼也广泛分布于中国沿海地区，这些生态系统对于中国海岸线的生态安全和碳汇功能具有重要意义。

四、海洋碳循环与海洋碳汇机制

海洋中的碳主要以溶解态和颗粒态存在，分为有机碳和无机碳。有机碳是海洋生物体和残骸中的主要成分，而无机碳主要以海水中的碳酸盐形式存在。海洋碳汇机制分为溶解泵、物理泵和生物泵。溶解泵指二氧化碳通过气海界面交换，大气中的二氧化碳溶解于海水中，形成溶解态无机碳。物理泵包含海洋水体的垂直混合及深海水团的形成，表层水中的二氧化碳被带入深海，实现长期固碳。生物泵指海洋生物通过光合作用吸收二氧化碳，转化为有机碳，并通过食物链和物质沉积转移至深海。

五、海洋碳汇与全球碳平衡

随着工业化进程的加速，人类活动如化石燃料的燃烧、森林砍伐和各种工业排放，极大地增加了大气中的二氧化碳浓度，不仅加剧了全球气候变暖，还对海洋碳汇的稳定性和效率产生了负面影响。此外，海洋酸化、物理破坏、生态系统退化等也进一步削弱了海洋的碳储存能力。海洋环境的变化，如海水温度和盐度的变化，影响海洋固碳机制的效率，特别是溶解泵和物理泵的功能。全球碳平衡的维持对稳定地球气候至关重要。海洋、森林和其他生态系统的碳储存能力的改变直接影响全球气候模式，而气候变化反过来又会影响到碳循环的各个方面，形成一个相互作用的复杂系统。

六、蓝碳生态系统的作用与效益

蓝碳生态系统如红树林、海草床和盐沼对全球碳循环的贡献显著，通过吸收和储存大量的二氧化碳，帮助缓解气候变化。这些生态系统不仅具有高碳储存能力，而且提供生物多样性保护、风险缓解（如防风固沙）以及维护水质清洁等生态服务。经济方面，其直接促进了渔业和旅游业的发展，为沿海地区的社会经济发展提供支撑。间接效益包括提高沿海地区的环境质量，促进可持续发展，增强社区对气候变化的适应能力。

随着我们对海洋碳汇的了解加深，接下来的章节将进一步探讨海洋碳汇的现状与进展。我们将深入了解全球海洋碳汇项目的最新发展、科研成果及其在全球气候变化中的应用前景。此外，下一章还将着重分析海洋碳汇面临的挑战，如环境变化、政策法规的不确定性以及技术的限制因素等。我们会全面地评估这些因素，以便于更好地制定策略，优化和增强海洋碳汇的功能，为全球碳减排做出更大的贡献。

拓展阅读

1.Bertram C，Quaas M，Reusch T B，Vafeidis A T，Wolff C，Rickels W.The blue carbon wealth of nations［J］. Nature Climate Change，2021，11（8）：704–709.

红树林、盐沼和海草床的碳封存和储存是减缓气候变化的重要沿海"蓝碳"生态系统服务。在这里，我们对全球和国家层面的三种沿海生态系统类型的碳封存和储存进行了全面的、全球性的和空间明确的经济评估。我们提出了一种基于特定国家碳社会成本的新方法，使我们能够计算每个国家对全球蓝碳财富的贡献和再分配。在全球范围内，沿海生态系统每年为蓝碳财富贡献平均约为190.67亿美元。为其他国家创造最大净蓝色财富贡献的三个国家是澳大利亚、印度尼西亚和古巴，仅澳大利亚就通过其领土上的沿海生态系统碳封存和储存为世界其他地区创造了每年约22.8亿美元的正净收益。

2.Mcleod E，Chmura G L，Bouillon S，Salm R，Björk M，Duarte C M，Silliman B R.A blueprint for blue carbon：toward an improved understanding of the role of vegetated coastal habitats in sequestering CO_2［J］. Frontiers in Ecology and the Environment,2011,9（10）：552–560.

最近的研究强调了沿海和海洋生态系统在封存二氧化碳（CO_2）方面发挥的宝贵作用。在植被茂密的沿海生态系统中封存的碳（C），特别是红树林、海草床和盐沼，被称为"蓝碳"。尽管其全球面积比陆地森林小一到两个数量级，但每单位面积的沿海植被生境对长期碳封存的贡献要大得多，部分原因是它们在潮汐淹没期间有效地捕获悬浮物质和相关的有机碳。尽管红树林、海草床和盐沼在隔离碳方面具有价值，以及它们提供的其他商品和服务，但这些系统正在以严重的速度消失，迫切需要采取行动防止进一步的退化和损失。承认沿海植被生态系统的碳封存价值为保护和恢复这些生态系统提供了强有力的论据；然而，有必要提高对这些生态系统中控制碳封存的潜在机制的科学认识。在这里，我们确定了关键的不确定性领域以及解决这些问题所需的具体行动。

3.Wylie L，Sutton–Grier A E，Moore A.Keys to successful blue carbon projects：Lessons learned from global case studies［J］. Marine Policy，2016，65：76–84.

生态系统服务，如防止风暴和侵蚀、旅游效益以及气候适应和减缓，越来越被认为是环境决策的重要考虑因素。最近的研究表明，海草、盐沼和红树林等沿海生态系统提供气候缓解服务，因为它们在封存和储存二氧化碳（称为"沿海蓝碳"）方面特别有效。不幸的是，由于人为影响导致的蓝碳生态系统退化导致了土地利用影响造成的人为碳排放，并阻止了这些生态系统继续封存和储存碳。鉴于沿海生态系统的碳封存和储存令人印象深刻，许多拥有蓝碳资源的国家开始利用碳融资机制实施蓝碳恢复项目。本研究分析了肯尼亚、印度、越南和马达加斯加的四个项目案例研究，评估了各个碳融资机制、项目成果以及每个项目的政策影响，讨论了实施蓝碳项目的优势和挑战，并研究了所有项目应解决的考虑因素，以制定长期可持续的气候减缓或适应政策。这种分析有助于为未来的项目设计考虑因素和政策机会提供信息。

4.Pendleton L，Donato D C，Murray B C，Crooks S，Jenkins W A，Sifleet S，Baldera A.Estimating global "blue carbon" emissions from conversion and degradation of vegetated coastal ecosystems［J］，PLOS ONE.2012，7（9）：e43542.

最近的研究集中在植被沿海生态系统（沼泽、红树林和海草床）的年碳封存率很高，这些碳封存率可能随着栖息地破坏（"转化"）而丧失。然而，相对不为人知的是，这些沿海生态系统的转化也影响了以前封存的非常大的碳库。这种"蓝碳"主要存在于沉积物中，当这些生态系统发生转变或退化时，它们会释放到大气中。在这里，我们提供了对这一影响的首次全球估计，并评估了其经济影响。结合三个生态系统中每个生态系统的全球面积、土地利用转化率和近地表碳储量的最佳可用数据，使用不确定性传播方法，我们估计每年释放（0.15~1.02）×10^{15}克碳二氧化碳，比以前仅考虑封存损失的估计高出几倍。这些排放量相当于全球森林砍伐排放量的3%~19%，每年造成的经济损失（6~420）亿美元。这些估计中最大的不确定性来源是全球面积和土地利用转换率的有限确定性，但也需要对转换后生态系统碳的命运进行研究。目前，沿海植被生态系统转化产生的碳排放不包括在排放核算或碳市场协议中，但这项分析表明，它们对两者都可能不成比例地重要。尽管支持这些初步估计的相关科学在今后几年中需要加以完善，但显然，鼓励沿海生态系统可持续管理的政策除了维持沿海生境公认的生态系统服务外，还可以大大减少土地使用部门的碳排放量。

第六章

海洋碳汇的发展现状、问题与挑战

在地球碳循环的复杂演化中，海洋碳汇是重要的推动者，减缓了人类活动导致的大气二氧化碳水平的持续上升。海洋生态系统包括广阔的海洋，以及红树林、海草床和盐沼的沿海地区。这些地区通过生物过程捕获二氧化碳，还作为重要的储存库，将碳从大气中隔离出来，在气候调节中起着关键作用。

然而，海洋碳汇的能力是有限的。从海洋酸化和变暖到污染和物理干扰，海洋的固碳能力日益下降，生态系统的健康和效率受到一系列威胁。本章我们将从海洋碳汇及其全球意义的广泛概述过渡到深入研究，揭示其发展现状、潜力、内在问题以及面临的无数挑战。

第一节　海洋碳汇的发展现状

★ 研究海洋碳汇学说的创立和重要里程碑事件

★ 了解国际海洋碳汇治理的最新进展，以及关于海洋碳汇管理的法律和政策发展

★ 探索中国在海洋碳汇领域的研究和应用现状

★ 学习中国如何评估和利用其海洋碳汇资源，以及在此过程中遇到的主要问题和取得的成就

气候变化这一紧迫的全球挑战凸显了天然碳汇的重要性。陆地和海洋从大气中吸收二氧化碳并将其储存在生物质和沉积物中。其中，海洋碳汇作为地球碳循环的关键组成，在全球碳循环中至关重要。迄今为止，海洋碳汇研究已经有60多年的历史。

一、海洋碳汇学说的创立

罗杰·雷维尔发表了一篇名为《大气与海洋之间的 CO_2 交换以及过去几十年大气 CO_2 增加的问题》的文章，这项具有里程碑意义的研究标志着人类对海洋吸收碳排放的开创性认识。在工业革命后，人类活动（特别是化石燃料的燃烧）导致二氧化碳的水平大量上升。当时，大气、海洋和陆地生态系统之间二氧化碳交换的机制和规模还不是很清楚。雷维尔和苏斯利用了木材和海洋材料中碳同位素（ C_{14}/C_{12} 和 C_{13}/C_{12} 比率）测量，为了解二氧化碳交换的历史动态提供了新的想法。通过分析过去50年陆生植物中 C_{14} 浓度的变化，他们发现，大气中二氧化碳分子在10年内就会溶解到海洋中。这一发现为海洋吸收人为排放的二氧化碳提供了证据，强调了海洋作为碳汇缓解大气中二氧化碳快速积累的作用。他们还指出，这一自然过程存在局限性。尽管海洋在减缓大气二氧化碳水平方面发挥了重要作用，但人为排放的绝对数量可能会压倒这一天然缓冲途径，导致大

气中二氧化碳的逐渐增加。

同年，雷维尔与罗兹·费尔布里奇在美国地质学会一本名为《海洋生态学与古生态学》的书籍上总结了目前海洋二氧化碳和碳酸盐的含量与吸收机制。他们发现，碳在地圈之间的分配机制十分复杂，影响因素包含海洋的温度和含氯度、碳酸钙和二氧化碳在海水中的溶解度、火山产生二氧化碳的速率、二氧化碳穿过大气——海洋边界的速率、碳酸盐沉积物和非碳酸盐岩石的风化速率以及各种有机过程的速率和特征，包括光合作用、呼吸作用、呼吸作用和光合作用。他们还明确了洋流与海水表层与深层的交换会影响碳在海水中的转移和固定。

另一些科学家提供了碳循环的全面概述，深化了碳在海洋中的固定机制。生物过程主要通过生物泵在海洋碳的分布中发挥关键作用。海洋表面浮游植物通过光合作用，从大气中吸收二氧化碳并利用阳光的能量将其转化为有机物质，作为海洋食物网的基础，被浮游动物和其他海洋生物所消耗，碳通过海洋生态系统转移。当生物死亡时，它们的遗体沉入海底，在那里它们可以被埋在沉积物中。表层产生的有机碳转移到深海并随后埋藏在海洋沉积物中是碳长期储存的一个关键机制。这一固碳过程有效地从大气——海洋交换中去除碳，时间跨度从几百年到几百万年不等，取决于沉积物积累的速度和埋藏的深度。此外，一些有机质转化为溶解有机碳（DOC），这也有助于固碳。DOC 可以跨越广阔的海洋距离运输并储存在深海中，为全球碳循环做出贡献。有机物的埋藏速度及其转化为沉积有机碳的效率受到各种因素的影响，包括沉积速度、底层沃茨和沉积物中的含氧量以及底栖生物的活动。在缺氧环境中，氧气耗尽，有机物的分解减慢，沉积物中有机碳的保存得到加强。海洋沉积物不仅储存有机碳，而且通过碳酸盐矿物的形成和溶解在无机碳循环中发挥作用。固碳的这一方面涉及进一步影响全球碳预算的化学过程。

在此之后，许多科学家开展了针对海洋吸收二氧化碳的具体研究，更为详细的估计说明海洋中二氧化碳的交换速率逐渐降低，在进入海洋前约在大气中停留4~10年等。同时，光合作用和呼吸作用密切联系，初级生产和有机物质的分解之间的平衡对于营养物再生和有机物周转具有很大影响。1981年，一篇发表在《科学》上名为《海洋大型植物作为全球碳汇》的文章深入探讨了海洋大型植物（如海草和大型藻类）在海洋碳封存中发挥的重要作用。这些植物通过直接掩埋和产生有机碎屑等途径提高了海洋固碳能力。这既包括活生物量中的碳储存，也包括植物材料腐烂后转移到海洋沉积物中的碳。该分析综合了各种来源的数据，包括初级生产估计数和生物量计算，利用关于全球碳输入和碳循环的既定数据，将海洋大型植物的生物量和生产率与其他海洋和陆地生态系统进行比较。该研究强调，这些生态系统虽然只覆盖了海底的一小部分，但其生物量约为所有海洋生物量的2/3，每年可吸收约1×10^9吨碳。

　　此后，一篇关于研究海洋大型植物生态系统碳收支季节性变化的文章受到广泛关注，研究利用有机玻璃培养箱覆盖约30个海草的营养芽，测量溶解氧和总无机碳在1982~1985年不同的季节的日变化，以及pH值、碱度和溶解氧，以估计海草生态系统的净日生产量。研究发现，12~次年7月，海草生态系统作为一个重要的碳汇，在此期间具有高光合产量。但从8~11月，由于老叶腐烂和细菌活动增加，该生态系统成为碳源。这项研究强调了生物过程在调节生态系统内的碳收支中的动态作用。有学者将时间变化的研究拓展到全球尺度上（1005~1993年），旨在将全球碳汇/源通量分离为海洋和陆地部分。研究发现自然海洋碳循环在数十年时间尺度上接近稳态，碳汇的自然变化比人为驱动的碳汇通量小一个数量级。1940年左右检测到了一个大型的异常海洋碳汇，研究者将其归因于高于平常的厄尔尼诺活动。1600~1750年，约40×10^9克碳的额外碳被陆地储存，大气二氧化碳水平降低，陆地生物群在1750~1950年充当碳源，此后充当碳汇。该研究的结论是，工业化之前海洋和陆地碳循环的变化明显小于上个世纪人类活动驱动的变化，同时强调了过去千年自然海洋碳循环的稳定状态，并呼吁人们关注在人为气候变化背景下陆地生态系统从碳源到重要碳汇的角色变化。

　　随着对海洋固碳的深入理解，关于生态系统（红树林、海草床和盐沼）碳汇功能的研究也逐渐成为热点。由于沿海生态系统处于陆地和海洋环境之间的中间位置，因此被认为是生物地球化学循环中的关键区域。1986年一篇关于海草、沼泽草、红树林和藻类在海陆边界的作用的文章受到广泛关注。研究结果表明，维管植物碎屑，包括来自红树林和海草的碎屑，只有在细菌和真菌定植（指来自不同环境的细菌或真菌接触到机体，并在特定部位黏附、生长和繁殖的现象）后才成为重要的食物来源，为沿海食物网贡献的碳生产较小。这项工作阐明了沿海生态系统中碳流的复杂性，突出了藻类是沿海动物的主要碳来源。也有研究说明生态系统同时具有碳源和碳汇功能。有学者以马来西亚半岛的红树林为对象，评估其作为碳汇和碳源的双重作用。长期数据证明，可持续管理的红树林不仅是重要的碳汇，而且还有助于向邻近的沿海系统排放碳，从而支持沿海渔业。该研究强调了红树林在碳循环中的动态作用及其通过碳封存减缓气候变化的潜力。同时，红树林对环境压力会产生生理反应。研究发现红树林的光合能力对盐度具有敏感性，水分利用效率在不同盐碱生境中具有很大差别。

二、海洋碳汇的最新进展

　　21世纪，海洋碳汇有了更加全面的发展。2021年一篇针对沿海生态的土壤和沉积物的研究报道了沿海生态系统的土壤和沉积物的碳储存能力。该研究针对河口、红树林、滩涂、潮汐沼泽、海草床、泻湖、大陆架等沿海自然生态以及沿海农田的土壤和沉积物的固碳能力进行了详细的文献综述。研究表明，沿海土壤中的盐度、涝渍和细黏土颗粒等因素被证明可以减少微生物分解，从而导致碳停留时间延长。此外，人类活动和气候变化引发的事件（例如海平面上升、海洋温度升高和海洋酸化）对这些碳汇的稳定性构成威胁。海平面上升将会导致沼泽向内陆迁移，内陆向沿海的移民会加剧其固碳能力的流失。同年的另一项研究衡量了商业捕鱼等对海洋碳汇的影响。研究发现，商业捕鱼活动与海洋中高碳出口区域显著重叠，这表明捕鱼活动可能影响生物泵，是海洋自然碳封存过程的潜在干扰因素。

2024年，在共同努力下，海洋碳汇有了新的进展，许多沿海地区都开展了海洋固碳的研究。地中海、红海和阿拉伯海的区域海气二氧化碳交换是另一个研究热点。研究揭示了二氧化碳吸收和排放的显著变化，强调了这些海域在全球碳循环中的动态作用。该研究提倡在气候模式中考虑区域因素，特别是关于海洋二氧化碳吸收模式，强调气候变化对这些关键区域的影响。另外，沿海湿地会向红树林进行碳的动态过度，红树林的扩张显著增加了沿海地区的碳汇潜力。这一发现突出了红树林生态系统在沿海固碳和减缓气候变化战略中的重要性。

除此之外，一些交叉研究也受到广泛关注。有研究提出了一种通过增强关键海洋生物的生长来增加海洋碳汇容量的新策略。还有研究衡量了硫酸盐酸性土壤在湿地恢复和固碳实践中的作用，确定了其固碳能力方面的研究空白，其强调湿地硫酸盐酸性土壤的适当管理能够加强固碳效率。

测算方面，科学计量分析被用于绘制全球蓝碳研究趋势图。该研究展示了蓝碳研究在应对气候变化方面日益增长的重要性，确定了海洋碳汇研究界的重点领域。然而，在实现全球海洋生物地球化学模型（GOBMs）和观测数据之间的一致性方面仍然存在挑战。估算的差异强调了加强观测网络和提高模式准确性以更好地了解和保护海洋碳固存能力的重要性。目前，有学者利用表层海洋数据产品解决了估算年度海洋碳汇的不确定性问题。

三、中国海洋碳汇的研究现状

有研究估计，目前中国沿海湿地通过沉积物埋藏的碳封存量每年约为 0.97×10^{12} 克碳，到本世纪末可能会增加到每年（$1.82 \sim 3.64$）$\times 10^{12}$ 克碳。中国海洋碳汇容量为每年（$69.83 \sim 106.46$）$\times 10^{12}$ 克碳。这种能力分布在各种生态系统中，包括海水养殖、沿海湿地和近海碳汇。中国沿海湿地主要是盐沼，有较小面积的红树林和很大一部分无植被的滩涂。每个生态系统在该地区的整体蓝碳汇能力中都发挥着独特的作用。尽管有如此巨大的能力，但该研究得出的结论是，中国的海洋碳汇目前仅抵消了其化石燃料排放的一小部分。通过基于海洋的解决办法进行缓解的潜力仍然很大，强调需要加强研究和制定政策措施，以充分释放这一潜力。有研究说明中国沿海省份进行了实证分析，揭示了海洋碳汇容量的变异性。这种变化受到浮游植物、藻类和贝类种群的区域差异的影响，这些种群是碳固存过程不可或缺的组成部分。该研究的发现强调了针对每个省的特定生态和经济背景制定区域战略的重要性，这些战略旨在最大限度地发挥海洋碳汇的潜力。Lai 等人（2022 年）估算了中国贝类和藻类海水养殖的碳汇容量，强调了其巨大的碳固存潜力。从 2003~2019 年，每年平均碳汇为 110 万吨，主要由贝类贡献，该研究强调了扩大海水养殖实践的经济和环境价值。该研究指出，海水养殖是提高中国海洋碳汇能力的一个有前景的领域。

区域方面，有研究探讨了山东省增强海洋碳汇能力的策略。通过分析蓝碳技术和政策发展，研究确定了利用海洋资源应对气候变化和实现碳中和的可行战略。该研究强调了山东和中国其他沿海地区促进蓝碳技术研究和发展强大的蓝碳交易市场的必要性，指出了区域治理在减缓气候变化努力中的积极作用。珠江口开展了沉积黑碳（BC）的详细研究，揭示了其分布、来源及其对海洋沉积物碳固存的影响，填补了全球碳收支和循环认识的空白。该研究通过化学表征和同位素分析，通过表征难降解性，说明了沉积黑碳的模式和潜在的运输机制。同位素分析显示，黑碳来自生物质燃烧和化石燃料的 BC 混合，在很长的地质时间尺度上被固定在沉积物中，强调了河口环境对全球碳固存的贡献。另一项研究为海南岛青兰湾红树林恢复对碳汇的影响，该研究利用 Landsat 遥感数据和 InVEST 模型，分析了红树林地区的变化及其碳储存能力。尽管从 1988~2020 年红树林面积显著减少，但研究发现，红树林恢复工作导致了该地区碳汇的稳定和增强。本研究强调了有针对性的生态恢复工作在碳固存和减缓气候变化方面的巨大潜力。

虽然目前这些碳汇对减少中国碳排放的贡献相对较小，但这些研究共同强调了增长和增强的重要途径。应对已确定的挑战并利用机遇需要政策制定者、研究人员和行业利益相关者的共同努力。增强中国海洋碳汇能力，不仅有助于实现国家减缓气候变化的目标，而且对全球应对气候变化的努力具有重要作用。

总之，这些研究强调了海洋碳汇的多面性，强调了它们在不同尺度和背景下的重要性。从海洋硅藻与微量金属的微观相互作用到海洋碳封存的宏观治理，最近的研究成果全面描绘了利用海洋应对气候变化的能力所面临的挑战和机遇。在我们向前迈进的过程中，很明显，在有力的科学研究的指导下，在有效的政策框架的支持下，全面了解海洋碳动态，对于充分利用世界海洋在减轻气候变化影响方面的潜力至关重要。

思考题

- 海洋碳汇在全球碳循环中扮演了什么角色？它如何帮助减缓气候变化？

- 罗杰·雷维尔和汉斯·苏斯的研究如何改变了我们对海洋碳汇的理解？

- 海洋大型植物在碳封存中具有哪些独特的作用？它们为什么重要？

- 人类活动如何影响海洋碳汇的能力？有哪些实例可以说明这种影响？

- 增强海洋碳汇能力的技术和策略有哪些？它们的实施面临哪些挑战？

- 国际社会如何管理和保护海洋碳汇？存在哪些政策和法律框架？

- 海洋碳汇能力在不同地区的差异有哪些原因？这些差异对全球碳收支有何影响？

- 当前海洋碳汇研究的主要挑战是什么？未来的研究方向应如何调整？

- 中国在评估和利用其海洋碳汇潜力方面采取了哪些措施？这些努力取得了哪些成就或遇到了哪些挑战？

- 如何平衡海洋资源利用（如商业捕鱼）和海洋碳汇保护的需求？

第二节　海洋碳汇的发展潜力及趋势

学习目标

★ 了解海洋碳汇的潜力

★ 了解蓝碳生态系统的发展潜力

★ 分析海洋碳汇的管理和保护策略

★ 探讨未来海洋碳汇研究的趋势和方向

★ 分析利用海洋碳汇的方法和限制

一、海洋碳汇潜力

目前海洋碳汇的潜力受到生物、物理、化学和人为因素等的相互作用的影响。虽然红树林、海草床和盐沼等沿海生态系统具有显著的固碳能力，但它们对减缓气候变化的总体贡献取决于它们的保护和对环境变化的适应能力。

过去的十年中，理解、保护和恢复海洋碳汇方面取得了重大进展。保护蓝碳生态系统对气候缓解和适应、沿海抗灾能力、生物多样性、当地生计、可持续发展和食品安全具有跨越地方和全球的影响。然而，蓝碳生态系统受到沿海开发（如基础设施的森林砍伐、水产养殖）以及气候变化（如海平面上升、沿海侵蚀、更强烈和更频繁的极端天气事件）的联合影响，未来有可能会进一步恶化。尽管蓝碳潜力巨大，但远远不足以单独解决气候变化问题。只有与其他减碳和减排策略相结合，才能解决气候适应和可持续发展问题。

二、蓝碳生态系统的发展潜力

红树林、海草床和盐沼能够在其他植物无法生长的沿海地区繁衍生息，它们适应了盐度和温度的变化，并拥有广泛的根系系统，能够抵御潮汐和风暴潮涌，将土壤固定以防止侵蚀。在这些含盐水的条件下，植物材料的分解速度减慢，大量有机物被沉积并迅速积累。沿海蓝碳生态系统每单位面积的土壤中储存的碳可以是陆地生态系统的两到五倍。据统计，在红树林中，每公顷的碳储量可达1000吨，相当于燃烧超过2000桶石油的 CO_2 排放量，其中高达98%存储在沉积物中。全球范围内，蓝色碳生态系统储存了6亿~12亿吨碳，相当于全球所有燃气电站四年内排放碳的量。防止这些生态系统的退化可能每年全球可避免排放等同于0.141亿~0.466亿吨 CO_2——相当于一年内1150座天然气电厂运营排放的 CO_2，恢复受损的蓝色碳生态系统可能使其以每年0.621亿~1.064亿吨 CO_2 的速率固定。

健康的碳生态系统不仅有助于气候缓解，还为可持续的海洋经济做出贡献，提供了通常被称为"共同利益"的价值，包括为商业和手工渔业提供育苗场（例如软体动物和甲壳动物）支持沿海社区的可持续食品安全，或通过可持续的木材和非木材产品的提取带来增加的经济弹性。气候适应、沿海恢复力和自然基础设施是这些生态系统的其他共同利益：它们从物理上缓冲和保护海岸免受沿岸侵蚀和洪水的影响，还能够截留沉积物并过滤水中的污染物。

三、未来的研究趋势

在过去的十年里，对蓝碳生态系统的成功管理、保护和恢复进行了重要的研究和项目开发。基于此，针对实现《巴黎协定》的气候变化减缓和适应目标的有意义的行动正在进行中。据报道，由于加强保护和恢复工作，红树林损失率有所下降。尽管取得了进步，但仍然存在一些科学差距，特别是在蓝碳生态系统中甲烷和一氧化二氮等非碳温室气体（GHG）的动态方面。非碳温室气体的气候变暖潜力比二氧化碳强几倍，未来需要进一步研究其在蓝碳生态系统中的作用和动态平衡。了解海洋酸化与碳酸盐和其他无机成分对植物生长的影响也很重要，因为氢离子浓度（pH值）在排放或固定温室气体的平衡中起着重要作用。气候变化动态的影响，包括由于海平面上升而导致的蓝色碳生态系统的潜在适应和迁移也是未来研究的主要方向。

随着科学的进步，有可能在可操作的蓝碳方法下纳入其他沿海和海洋生态系统，例如海带森林、大型藻类、无植被海洋沉积物和其他环境系。表6-1统计了目前已进行及未来可能进行探究的蓝碳系统，虽然将其他生态系统（例如大型藻类）纳入蓝碳考虑中存在阻碍，但首先巩固可采取行动的蓝碳生态系统十分重要。

表6-1 海岸生态系统和生物是否满足蓝碳标准的评估表

生态系统/生物	温室气体移除或排放的规模是否显著	已固定的二氧化碳是否长期存储	人为影响是否导致碳排放	管理是否实际/可能维持/增加碳储量和减少温室气体排放	是否包含在IPCC温室气体核算指南中	气候适应价值
可采取行动的蓝碳生态系统						
红树林	是	是	是	是	是	是
沼泽	是	是	是	是	是	是
海草床	是	是	是	是	是	是
新兴的蓝碳生态系统						
大型藻类	是	是	是	是	否	是
海底沉积物	？	是	是	？	否	？
泥滩	？	？	是	？	否	是
不可采取行动的其他海洋生态系统						
珊瑚礁	否	否	否	否	否	是
牡蛎礁	否	？	否	否	否	是
浮游植物	是	？	？	否	否	否
海洋动物（鱼类）	否	否	是	否	否	是

四、国家和国际治理框架

蓝碳生态系统的保护和恢复需要在全球和地方层面上采取行动，以最大限度地发挥它们在气候减缓和适应中的贡献。通过将蓝碳生态系统保护的目标纳入国际政策中，国家可以向国际社会展示其国家政策和投资优先事项，从而推动这些生态系统所需的资源和行动。蓝碳生态系统的保护和恢复可以通过小规模的市场化项目、大规模的保护努力以及大规模的保护和市场化方法结合的方式［例如通过加速森林金融降低排放（LEAF）联盟］来实现。

国家政府可以提供清晰的政策信号、调整资金流向，并建立正确的激励结构。例如，国家政府可以为恢复蓝碳生态系统的土地所有者提供监管激励措施和财政激励措施。此外，公共资金和研究补助金对于弥合知识差距至关重要。地方政府可以通过综合规划来保护和恢复蓝碳生态系统，包括海洋保护区、其他有效的面积保护措施和综合海岸带管理，具体包括：

监管激励：国家政府可以提供监管激励，鼓励恢复蓝色碳生态系统。例如，在土地所有权清晰且法律框架允许的情况下，政府可以为恢复或保护蓝色碳生态系统的土地所有者提供监管（和税收）减免或豁免。

财政激励：由于缺乏对经济、环境和社会价值的认识，政策通常将自然资本的破坏视为外部性，因此重要的是政府创建蓝色可持续投资和分类法的框架，同时通过补贴或税收抵免鼓励有针对性的蓝色碳生态系统恢复和保护，给投资于恢复项目的企业提供奖励。在这种情况下，将有害补贴（鼓励破坏或清除现有蓝色碳生态系统的补贴）与鼓励再生和可持续活动的激励相一致地替代是至关重要的。碳定价机制至关重要，另外还有替代性资金和金融机会（参见"蓝色碳的替代性资金和金融机会"部分）。政府还需要创造融合融资选择的机会和激励措施，其中包括可持续和可扩展的沿海生态系统保护和修复行动。最后，政府还可以建立生态系统服务支付（PES）计划，以奖励土地所有者和社区为恢复蓝色碳生态系统提供的生态服务。PES 计划可以为恢复项目提供经济激励，同时也为当地社区提供利益。

研究和知识开发的资金支持：国家公共资金和研究拨款在填补知识空白方面至关重要。这些资金应指向国家和国际设定的政策，以确保其有效实施。优先资助国家机构和实验室，以增强技术专长和能力，在政府将蓝色碳纳入其政策和战略中，包括国家确定的贡献（NDCs）、自然基础设施战略和长期低排放发展战略（LTS）等方面至关重要。与地方资金和活动的一致性也为扩大规模创造了机会。

我们将以澳大利亚为例，分析国家政府在保护蓝碳生态系统中的推动作用。澳大利亚拥有全球约12%的红树林、海草草甸和潮沼泽生态系统，其政府正在保护和恢复蓝碳生态系统，以利用它们作为应对生物多样性丧失和气候变化挑战的自然解决方案，同时为经济和社区带来多样化的利益。澳大利亚进行了一系列活动以实现这一目标：通过参与国际框架，如《拉姆萨公约》《联合国气候变化框架公约》和《生物多样性公约》，在国内外追求对沿岸蓝碳生态系统的更大认可、保护和恢复；持续在其温室气体清单中报告沿海湿地，不断整合新数据、改善空间分析，并应用新的建模方法，以确保在土地部门的准确记录；实施蓝碳保护、恢复和会计项目，通过展示蓝碳的生物多样性、气候和生计利益，增强私营部门对沿海蓝碳生态系统投资的商业动力；重点关注沿岸蓝碳，通过实施国家海洋生态系统账户，展示这些生态系统的社会和经济价值；通过国际蓝碳伙伴关系进行知识交流和合作，建立国家蓝碳恢复和会计实践社区，并支持全球海洋账户伙伴关系，以在国际上建立海洋会计能力；积极支持国际联合保护自然联盟提供的蓝碳加速基金，通过支持国际蓝碳恢复和保护项目，为私营部门资金进入项目铺平道路。

五、海洋碳汇的利用

除了挖掘海洋碳汇的潜力，如何利用海洋碳汇也成为一个重要话题。海洋碳循环地球工程（Ocean Carbon Cycle Geo-engineering），指人工增强海洋碳吸收自然过程以缓解气候变化的干预措施。以增加从大气中清除并储存在海洋中的二氧化碳量为目的，从而减少大气中二氧化碳的浓度及其对全球变暖的相关影响，其包含：

海洋施肥：海洋某些区域的初级生产主要依靠宏观或微量营养素（如铁、二氧化硅、磷或氮）。海洋施肥指通过向海水中添加铁等营养物质来刺激浮游植物的生长，从而增强海洋的碳吸收，并增加深海中的 CO_2 储存。这种方式储存的二氧化碳将从全球碳循环中去除长达1000年，目前主要由商业团体和企业（如 Climos）推动，并具有在自愿碳市场上交易信用额度的潜力。要使海洋施肥作为减少大气二氧化碳浓度的主要措施，需要在大面积地区进行实现，并且可能需要在千年时间尺度上持续进行。

人工上升流和下降流：机械混合海水以增强自然营养循环和碳传输过程的技术。人工上升流将营养丰富的深水带到地表，促进浮游植物的生长，而下降流则有助于将表层碳封存到更深的水域，如使用200米长的海洋管道来加强营养丰富水域的混合和上升流，或通过使用浮动泵来增强下沉作用，冷却水域并形成和增厚海冰。然而，目前从未展开现场试验。同时计算表明，在任何时间尺度上，其封存的碳通量都是微不足道的，而且成本高昂。

增强风化或海洋碱度：这涉及加速岩石的自然风化过程，从而消耗二氧化碳，或向海水中添加石灰或氢氧化钠等碱性物质可以增加海水吸收和储存大气中二氧化碳的能力。这也有助于减轻海洋酸化，造福海洋生物并进一步增强碳封存。

地质碳储存或深海碳储存：将二氧化碳注入深层地质层，如盐水含量较高的地层或位于海床以下的枯竭油气储层。国际机构已经进行了指导研究（例如减少泄漏风险），以研究和模拟长期后果以及这种存储的安全性。深海碳储存主要包括将 CO_2 通过船舶或管道在海上运输，然后注入到深度大于1000米或更深的水柱中，可以使其在数个世纪内与大气隔离。或将 CO_2 直接放置在深度超过3000米的海底，形成持久的"湖泊"。这两个概念都经过多年的理论研究／建模和一些小规模的实地试验，但尚未得到充分检验。研究表明，注入的二氧化碳将在数百年到数千年的时间尺度内逐渐释放回大气中（取决于深度和当地现场条件，目前尚无已知的机制可以防止注入的CO_2急性释放）。另外，这些储存方法存在重大的环境风险，如影响附近的海洋生物和海洋化学，增加海洋酸度等。

思考题

● 海洋碳汇的发展潜力有哪些方面？

● 海洋碳汇未来研究方向有哪些？

● 国家政府能够从哪些方面保护海洋碳汇？

● 未来海洋碳汇研究可能与哪些新兴领域或技术有关？

● 海洋碳循环地球工程包含哪些方面？

第三节　海洋碳汇发展面临的问题与挑战

★ 理解蓝色碳汇的定义及其对全球碳循环的重要性

★ 分析蓝色碳汇丧失的环境和社会经济影响

★ 评估人为因素对海洋碳汇功能的影响

★ 探讨全球气候变化对海洋碳汇的潜在影响

★ 识别全球海洋碳汇管理中的政策和法律问题

　　海洋碳汇正在经历急剧的全球衰退。这些海洋生态系统的丧失速度远高于地球上任何其他生态系统，在某些情况下甚至高达热带雨林的四倍。最近的一项评估表明，大约三分之一的海草面积已经消失，而且这些损失正在加速。全球约有25%的盐沼原本覆盖面积已经消失，目前的损失率为1%~2%。自1940年代以来，全球共有约35%的红树林曾经覆盖的地区消失了，目前的损失率为1%~3%。因此，大约1/3的蓝色碳汇覆盖的区域已经消失，其余的则受到严重威胁。海洋植被栖息全球丧失速度比热带森林快2~15倍。蓝色碳汇的损失除了对生物多样性和海岸保护的影响外，还代表了自然碳汇的损失，侵蚀了生物圈消除人为二氧化碳排放的能力。

　　人为排放的二氧化碳在海洋中的长期停留是不确定的，因为这种碳不足以深入到在海洋中长时间保留的程度。实际上，存储在海洋水域中的人为碳的一半位于最上面的400米内，在那里它可能在几十年内平衡回到大气中，而存在于深海中的二氧化碳可能在更长时间尺度上保持。海洋吸收的碳只有极小部分保存在深海沉积物中，在那里它被有效地埋藏了很长一段时间。此外，人们担心海洋水域作为大气碳汇的能力将来会减弱，并且有证据表明它可能已经开始减弱了。因此，只有像蓝色碳汇（红树林、盐沼和海草床）一样在海洋沉积物中储存的碳才能被安全地认为是代表长期的海洋碳储存。大多数大型藻类床（包括海带林）不会埋藏碳，因为它们生长在岩石基质上，只能短期储存碳。然而，沿岸植被栖息地在全球碳循环的平衡和全球天然碳汇清单中一直被忽视。

另外，南大洋被认为是一个重要的碳汇，目前约占人为二氧化碳的15%。模型预测，随着大气中二氧化碳浓度的增加，海洋的吸收能力也应该增加。这似乎在大多数地区都在发生，但在南大洋却并非如此。对于该结果的原因，目前科学界仍存在一些争论，如随着温室气体的增加而臭氧减少导致的强风。但目前肯定的是，这种趋势对未来几年的大气层二氧化碳浓度有潜在的严重影响。

持续受到气候变化导致的海平面上升以及飓风频率和强度增加等负面影响的威胁，以及人为驱动的土地利用变化的负面影响，例如转变为水产养殖或农业用地、破坏性的捕捞行为（例如拖网或锚损害）和沿海基础设施开发等破坏，自1970年以来蓝色碳汇全球覆盖面损失了20%~35%。目前，平均每年有2%~7%的蓝色碳汇流失，与半个世纪前相比增加了几倍。如果不采取更多行动来维持这些重要的生态系统，大多数生态系统可能会在20年内消失。阻止退化并恢复海洋中损失的海洋碳汇，并减缓陆地热带森林的森林砍伐，可以减少高达25%的碳排放。通过阻止"绿色"和"蓝色"碳结合生态系统的退化，它们的总减排量相当于整个全球运输部门的1~2倍，或至少占全球碳减排总量的25%，为生物多样性、粮食安全和生计带来额外效益。越来越明显的是，一个有效的排放控制制度必须控制碳的整体"光谱"，而不仅仅是一种"颜色"。在没有"绿色碳"的情况下，生物燃料种植可能会受到激励，如果不正确地进行，可能会导致碳排放。在巴西、东南亚和美国，将森林、泥炭地、稀树草原和草地转化为以粮食作物为基础的生物燃料，其排放的二氧化碳是这些生物燃料通过替代化石燃料而减少的温室气体的14~20倍，从而产生了生物燃料碳债务。相比之下，由废弃生物质和在退化的农业用地上种植的作物生产的生物燃料不会产生任何此类碳债务。温室气体的不断排放正在对全球气候、粮食生产以及人类生活造成长久的影响。在今后几十年中，粮食安全、社会经济发展和人类生活方式都将面临日益严重的威胁。

研究表明，海草固碳能力可能会随着与气候变化相关的海洋酸化而增加，而红树林似乎能够抵御热带风暴的影响。然而，极端天气事件和海平面上升的大规模影响在蓝色碳生态系统中仍存在不确定性。对于低洼的沿海地区和小岛屿发展中国家来说，蓝色碳生态系统的失去会大大降低防风保护能力，可能会导致大规模且不断增加的经济损失，许多发达国家也无法完全避免这些损失。预计到2100年，海洋碳汇生态系统服务价值损失净额高达1375亿美元。当这些生态系统退化或丧失时，例如当红树林被转换为虾塘时，高达92%的原始碳储量将释放到大气中，从而大大加剧气候变化。全球而言，2000~2015年红树林森林覆盖变化导致的土壤碳损失估计在3000万~1.22亿吨CO_2之间，其中 75% 以上来自印度尼西亚、马来西亚和缅甸的土地利用动态变化。

另外，许多提出的海洋碳循环地球工程解决方案都面临着重大的扩展性挑战。这类工程项目的利益和成本在全球范围内分配不均。部分区域对海洋环境十分依赖，特别是对于海洋经济或可能受到海洋生态系统影响的国家和地区。然而，许多技术需要在全球范围内施行，才能对大气二氧化碳水平产生有意义的影响。海洋区域受到国家间复杂管辖权问题的影响。在复杂而广阔的海洋环境中，检测和控制需要大面积铺设设备，启动、管理和维修此类工程的责任权分配具有复杂性，研究、开发和部署海洋碳汇技术需要大量投资，实施工程更需要公众的接受和信任。开发海洋碳汇面临着一系列复杂的挑战，许多工程都未能完全实施。

综上所述，海洋碳汇是全球生态系统中至关重要的组成部分，但正面临着前所未有的威胁和挑战。近年来的研究表明，红树林、盐沼、海草床等蓝色碳汇的丧失速度惊人，远超其他任何生态系统。全球约三分之一的海草面积已消失，盐沼和红树林的覆盖面积也在持续减少。这些生态系统的退化不仅对生物多样性和海岸保护构成影响，还削弱了其作为自然碳汇的功能，加剧了全球气候变化的速度。此外，人为排放的二氧化碳在海洋中的长期存储能力存在不确定性，大部分碳储存在易受干扰的上层水域中。随着气候变化的影响日益严重，包括海平面上升、飓风频发等，这些生态系统的碳固存功能和生态服务都在减弱。在全球范围内，蓝色碳汇的丧失不仅会导致巨大的经济损失，还会削弱这些地区的风暴防护能力。因此，全球需采取紧急措施，规划统筹海洋治理，保护和恢复生态系统，以减少二氧化碳排放和应对气候变化。

思考题

● 全球蓝色碳汇正在面临哪些主要的威胁？

● 如何通过国际合作加强蓝色碳汇的保护？

● 海洋碳汇丧失对生物多样性有何影响？

● 气候变化如何影响海洋碳汇的碳储存能力？

● 海洋碳循环地球工程在技术上面临哪些挑战？

● 如何平衡生物燃料生产与碳排放的关系？

● 为什么全面的碳管理策略对于气候变化至关重要？

第四节　海洋碳汇发展的应对措施

★ 评估生态恢复项目的环境和社会效益

★ 识别有效的生态恢复技术和方法

★ 分析社区参与在生态项目中的重要性

★ 理解多方利益相关者合作在项目成功中的作用

★ 探索可持续资源管理策略

★ 认识全球不同地区的海洋保护项目和挑战

上一节我们详细讨论了海洋碳汇目前面临的挑战，本节我们将通过一些案例研究，学习海洋碳汇的应对措施。

一、中国海南清澜湾红树林恢复

红树林是地球上碳最丰富的生物群落之一，在固碳方面发挥着关键作用，并为当地社区提供沿海保护、生物多样性保护和生计支持等重要的生态系统服务。中国海南清澜湾曾经拥有大片的重要生态系统，但由于工业发展、水产养殖扩张和城市压力，这些生态系统已经退化。1988~2020年，红树林总体面积呈减少趋势，红树林面积从1559.34公顷减少到737.37公顷，其中52.71%转化为水产养殖、建筑和农田。相应地，1988~2020年红树林碳汇显著减少，碳储量逐年减少，从1025901.71吨减少到712118.69吨。认识到红树林的生态和气候的重要性，20世纪末清澜湾启动了一项综合恢复项目，旨在扭转海湾的退化并恢复其生态完整性。

海南清澜湾红树林恢复项目面临多项挑战，当地社区担心可能会失去获得资源和传统生计的机会。土地利用的变化有时与依赖同一地区开展经济活动的当地渔民和农民的利益发生冲突。之前为了农业和其他用途而对海湾水文进行的修改改变了自然盐度和水位，使恢复工作变得更加复杂。新红树林物种的引入或恢复活动有时会导致不可预见的生态变化，包括当地动物种群的变化和植物物种之间的竞争动态等。

清澜湾采取多种措施进行恢复。当地大量种植本土红树林物种，超过200公顷的土地被重新种植，红树林生态系统多样性大大增加。工程师和生态学家致力于恢复因人类活动而改变的自然水流系统，当地社区通过强调红树林重要性的教育计划，参与包括红树林苗圃和种植技术方面的培训计划，确保社区对项目成功的投资。另外，当地政府建立了严格的监测框架，利用卫星图像和地面调查来评估红树林覆盖、生物多样性指数和生态系统健康的变化。

以上努力取得了重要成效。到2020年，清澜湾的红树林覆盖面积比2000年代初的最低记录水平增加了40%。卫星图像证实了绿色覆盖面积的扩大，这与重新造林面积直接相关。初步估计表明，十年来，恢复的红树林每公顷封存了约300吨二氧化碳，有助于减轻气候变化的影响。恢复前后进行的调查显示，物种丰富度增加了70%，包括对生态食物链至关重要的几种鸟类、螃蟹和鱼类的回归。当地社区受益于针对风暴潮的加强保护和鱼类资源的增加，从而促进了当地渔业的发展。此外，生态旅游机会为居民创造了新的经济途径。

二、蓝碳倡议

蓝碳倡议是一项开创性的全球计划，致力于通过保护和恢复沿海和海洋生态系统来减缓气候变化。红树林、海草床和盐沼等生态系统因其显著的碳固存能力而得到认可，它们是该倡议努力的基石。通过关注这些"蓝碳"生态系统，该倡议旨在利用自然解决方案应对气候变化，增强生物多样性，并支持当地社区。蓝碳倡议的主要目标是通过保护和恢复作为重要碳汇的沿海和海洋生态系统来减缓气候变化。该倡议还寻求制定蓝碳生态系统的政策和经济激励措施，提高对蓝碳重要性的理解和认识及鼓励国际合作和保护能力建设。蓝碳倡议采用多方面的方法，包括开展和支持研究，以更好地了解沿海生态系统的固碳潜力，并改进量化碳储量和通量的方法；与各国政府和国际机构合作，在减缓气候变化战略中承认蓝碳生态系统；社区参与和能力建设：通过培训和教育，增强当地社区和利益相关者参与保护和恢复项目的能力；在全球范围内实施项目，展示恢复和保护蓝碳生态系统的可行性和效益。

目前，蓝碳倡议已在全球多地区开展修复保护工作，如马达加斯加的红树林恢复、地中海的海草保护等。

马达加斯加的红树林覆盖面积占全球总面积的2%，但人均日收入仅有1.5美元，是世界上最贫穷的国家之一。农村社区严重依赖包括红树林在内的生态系统提供的服务来满足其基本需求。马哈贾姆巴湾位于马达加斯加西北海岸，自1990年以来，由于过度采伐和土地转换，超过20%的红树林被砍伐。结合遥感数据、实地调查和社会经济研究，美国地质调查局（USGS）的卫星图像和高分辨率陆地卫星数据，2000年至2010年间红树林面积减少了1050公顷。该倡议支持了一个最大的以社区为基础的红树林恢复项目，使数千公顷的红树林重新造林。该项目不仅增加了碳固存，还增加了鱼类资源，改善了当地社区的粮食安全和生计。另外，马达加斯加建立了红树林保护区，保护了马达加斯加22.16%的最脆弱红树林。

地中海沿岸海景拥有48300公里海岸线，占所有已知海洋物种的18%、全球旅游业的31%和全球人口的2%，形成深达40m的水下海草床的海洋开花植物，其古老物种 Posidonia oceanica 是地中海特有且最常见的海草之一，覆盖整个地中海海底的不到2%，却提供了大量的生态系统服务，价值在57000~184000欧元/（公顷·年）。其有机碳密度比在红树林或热带森林中观察到的碳密度更高，吸收了所有地中海国家排放的高达42%的碳。由于沿海开发、富营养化、抛锚和非法捕捞等众多人为影响，它们的损失率从1940年代每年0.9%加速到20世纪末每年7%，使它们成为地球上受威胁最严重的生态系统之一，如果地中海最近的热浪持续下去，这种海草可能会在100~150年内消失。该倡议在地中海的海草保护工作中发挥了关键作用，许多科学研究在此之后利用遥感进行系统观测，当地政府也限制了渔船进出，保护部分海草不会受到持续破坏。

蓝碳倡议对沿海和海洋生态系统在全球减缓气候变化努力中起了关键作用。然而，目前该倡议也存在一定限制，其主要挑战之一是扩大成功项目的规模，使其在全球产生更大的影响，未来其将在促进伙伴关系和寻求创新融资机制等方面进一步拓展。数据和方法标准化是另一大问题，确保对不同生态系统的碳储量和固存率进行一致和准确的测量较为困难。另外，在政策整合方面也存在一定限制，将蓝碳纳入国家和国际气候政策需要驾驭复杂的政策格局，其需要进一步宣传，突出蓝碳生态系统在减缓气候变化方面的价值，以寻求更广泛的国际合作。展望未来，该倡议旨在扩大其影响范围，加强全球蓝碳站点网络，并继续影响各级政策，确保蓝碳生态系统的未来及其对减缓气候变化、保护生物多样性和可持续发展的贡献。

三、中国深圳红树林湿地保护

深圳红树林湿地保护是中国在保护重要沿海生态系统的同时培养公众环境管理意识的开创性努力。深圳红树林湿地位于中国发展最快的城市地区之一，面临着城市化、污染和土地复垦的严重威胁。这些湿地不仅是关键的生物多样性热点，也是重要的碳汇，具有重要的环境价值。2023年11月5日，《湿地公约》第十四届缔约方大会于武汉召开，中国将保护4条途经中国的候鸟迁飞通道，在深圳建立国际红树林中心，支持举办全球论坛会议。深圳红树林主要分布在福田红树林自然保护区，现有面积仅为30年前的一半，存在多方面的生态问题。该项目旨在平衡保护工作与城市发展压力。深圳政府采取了一系列措施遏止红树林面积减少，改善现有湿地的生态健康，如实施有针对性的恢复工程，恢复退化的红树林地区，包括重新种植本地红树林物种和恢复自然水流，以改善生态系统健康。同时，该地区进行大面积宣传，提高公众对红树林生态系统价值的认识和欣赏，鼓励社区参与保育活动，如针对学校、社区团体和公众制定教育计划和教材，提高对红树林重要性的认识。另外，福田部分地区组织志愿者活动，如红树林种植和清理活动，以培养与湿地的实际联系，或通过资金、实物支持和政策倡导，让企业和地方政府机构参与支持保护工作。

目前深圳红树林湿地保护在生态恢复和社区参与方面取得了显著成效，红树林面积呈上升趋势，每年湿地生态系统可观测到的候鸟种类和数量大大增加，沿海生物多样性逐年恢复。深圳红树林湿地保护项目也为世界各地的类似项目提供了宝贵的经验，包括将保护工作与社区参与结合起来的重要性，以及在公共和私营部门之间建立强有力的伙伴关系的必要性等。未来，该项目也面临长久挑战，如深圳城市的快速发展对红树林地区构成了工业化威胁，长期保持高水平的公众参与，以及量化项目的生态和社会影响等。该项目需要寻求方法扩大其影响范围，改进衡量工具，深挖形势与保护成效，继续为城市湿地保护和公众参与环境管理提供参考。深圳的成功表明，城市有潜力为全球环境目标，如保护生物多样性和减缓气候变化做出积极贡献。

四、中国浙江省的贝类和藻类海水养殖

中国沿海滩涂面积达150万公顷，是贝类繁衍生息的潮间带，为海水养殖特别是贝类养殖提供了广阔而肥沃的生长资源。贝类以环境可持续性、快速生长速度和强大的适应性而闻名，为扩大水产养殖同时遵守生态原则提供了可行的途径。在中国各省份中，位于东部沿海的浙江省具有悠久的贝类和藻类海水养殖历史，拥有人工采集和繁育、大规模养殖等技术，不仅振兴了当地水产养殖业，还注重实现生态效益。该省的贝类和藻类养殖的战略发展关注于加强碳固存和改善水质，总体目标是以支持环境健康和促进海洋资源可持续利用的方式扩大贝类和藻类产业。该省在培育新品种、推动海水养殖实践创新方面也走在前列。近年来，浙江同时在养殖科技创新与发展方面面临巨大挑战，设立了包括提高海水养殖活动的固碳能力，通过生态友好的耕作方式改善水质和生物多样性，促进当地经济和粮食安全与促进海水养殖业的可持续发展等目标。在各界推动下，

浙江省选择低影响物种，专注于不需要外部饲料的贝类和藻类物种，从而最大限度地减少对环境的影响并增强碳固存。同时综合多营养水产养殖，将同一养殖区域的不同物种结合起来，模拟自然生态系统，提高效率，减少浪费。部分地区与私营公司合作，投资了可持续海水养殖技术和实践的研究和开发。社区积极参与，举办培训，通过教育传播可持续发展理念，提高人们环境保护观念，促进当地贝类养殖就业水平。

浙江省的可持续海水养殖产生了显著的环境和经济效益，为不影响经济增长的情况下促进可持续水产养殖的环境目标提供了宝贵的经验，如建议当地选择适合该地区环境条件的物种和耕作方式，加强政府、行业和社区之间的合作等，以确保海水养殖计划的成功和可持续性。研究证明，该区域海水养殖活动的碳捕获能力有所增强，贝类的过滤作用和藻类对营养物质的吸收明显改善了水体的清晰度和水质，海洋生物多样性大大提高。贝类养殖就业比例增加，该产业生产力蓬勃发展，可持续养殖的贝类和藻类产品市场逐渐壮大，为当地经济繁荣提供了不竭动力。许多地区按照复制和推广浙江省可持续发展途径，对中国其他沿海地区和其他国家部分沿海地区提供了有益经验。未来，为完善该养殖模式，当地需要降低其环境风险，如疾病传播和养殖物种的入侵等，应对执行严格的生物安全措施。同时，还需要考虑市场接受度，创造可持续养殖产品的市场需求涉及广泛的营销和推广工作，如何将该产品融入市场环境是该项目未来的发展方向。在实践上也需要加强技术培训，确保当地农民掌握实施可持续海水养殖方法所需的技能和知识。未来，浙江省计划继续完善其海水养殖实践，探索新技术，并与其他国际水产养殖国家和地区分享其成功经验。该种养殖模式为可持续海水养殖如何实现环境、经济和全球气候目标的双赢树立了榜样。

五、澳大利亚大堡礁海草恢复

大堡礁（GBR）被联合国教科文组织列为世界遗产，因其珊瑚礁与广阔的海草床而闻名。这些海草床对海洋生物多样性至关重要，是海洋生物的栖息地和重要的碳汇。然而，气候变化、沿海开发和水质问题的影响导致了大量海草的损失。为此，澳大利亚启动了一项全面的海草恢复计划，旨在恢复这些重要的生态系统。大堡礁海草修复工程的主要目标是恢复退化的海草床，增强生物多样性和固碳能力，开发和完善可扩展和具有成本效益的海草恢复技术，同时提高市民对海草保育的认识和参与。

为达成这些目标，项目采用了多管齐下的方法共同努力，如进行种子修复，通过收集海草种子，采用各种播种技术，例如直接播种和播撒种子，以修复受损地区。另外，根茎种植也在某些地区被广泛使用。通过将海草根茎从健康地区移植到需要恢复的地点，确保遗传多样性和恢复力。社区科学计划通过公民科学倡议吸引公众，使志愿者参与海草监测和恢复活动。研究机构开展严格的科学研究，评估修复方法，监测恢复进度，评估生态影响。

海草恢复计划取得了令人鼓舞的成果，大堡礁重要区域海草成功再生，恢复的海草床的密度和物种多样性有所改善，并显示出更强的固碳能力。生物多样性增强，海洋物种丰富度和多样性增加，支持了大堡礁生态系统的整体健康。

社区参与度提高，市民促进了社区与海洋保护区之间的紧密联系，加强了公众对海洋保育的支持。大堡礁的海草恢复项目为生态系统恢复的适应性管理提供了有益经验，其恢复方法因地制宜，根据正在进行的研究和监测结果进行适应与调整，同时让公众参与修复工作，提高当地居民的响应度，促进项目的进行和扩展，亦有助建立支持保育的团体。同时，项目从整体视角解决生态系统退化的症状和原因，确保长期恢复的成功。目前大堡礁恢复海草床项目仍面临着几个挑战，如环境压力因素，即项目未能解决海草退化的根本原因。其水质管理需要与上游污染源（如工厂或城市）进行深入沟通，权衡利弊，实施综合土地管理。另外，该项目最初在扩展恢复工作方面遇到了困难，如何确保其效益和播种技术的扩展是该项目目前遇到的主要问题。尽管社区参与战略有助于扩大其范围和影响，其他领域（如投资公司或研究机构）的综合参与度仍然较低。监测和评估力度不强，未来需要制定有效的监测方案，以全面评估恢复情况，为修改适应性管理策略提供帮助。

以上这些案例涵盖了从中国海南的清澜湾红树林恢复项目到澳大利亚大堡礁的海草恢复计划，每个项目都具有独特的地理和生态特点，但它们共同体现了一些普遍的最佳实践和面临的挑战（表6–2）。

表6–2　各地开展的保护项目总结

共同做法		面临挑战	
生态恢复与物种多样性	所有案例都重视恢复生物多样性，通过重新引入本土物种和恢复自然生境来增强生态系统的自然平衡和碳汇功能	应对根本生态压力	尽管项目在局部取得成功，但仍需解决更广泛的环境问题，如水质管理和上游污染源的整合控制
社区参与和教育	强调与当地社区合作，通过教育提高公众意识，促进社区成员积极参与保护活动，确保项目的长期可持续性	扩展和复制成功模式	需要更多的努力来扩大成功项目的规模和范围，以及将这些实践复制到其他地区，尤其是在全球范围内
科学研究与监测	利用科学研究来指导恢复工作，设置详尽的监测体系以评估项目效果和生态影响，确保方法的适应性和响应性	持续的资金和资源支持	持续的财政和物资支持是保证项目长期运行和成功的关键，尤其是在经济困难时期

续表

共同做法		面临挑战	
多方利益相关者合作	项目通常涉及政府、研究机构、非政府组织和社区的合作，共同推动海洋生态保护项目的实施和成功	技术和方法的创新	在现有技术和方法的基础上进行创新，以适应不断变化的环境条件和提高恢复效率

思考题

● 社区参与在生态恢复项目中为什么重要？

● 如何评估一个生态恢复项目的成功？

● 科学研究和监测在生态项目中扮演什么角色？

● 持续资金支持对生态项目的成功有何影响？

● 全球不同地区在海洋保护上面临哪些共同和独特的挑战？

● 如何克服扩展和复制成功恢复模式的障碍？

● 技术和方法创新在生态恢复中的作用是什么？

● 生态系统退化的根本原因如何在项目中得到解决？

章节小结

本章深入探讨了海洋碳汇的发展概况、全球及中国的研究现状、面临的问题与挑战，以及应对措施。本章内容提供了实际操作的框架和方法论，帮助我们更好地理解和管理海洋碳汇。通过科学研究、社区参与和多方利益相关者的合作，我们可以更有效地保护这些珍贵的生态系统，促进全球范围内的气候恢复和碳管理策略。有效管理海洋碳汇有助于减缓气候变化，能够增强生物多样性保护和地区社会经济发展，从而实现环境和人类的共同繁荣。

一、海洋碳汇的科学发现和理论进展

1957年，罗杰·雷维尔和汉斯·苏斯发表了关于大气与海洋间二氧化碳交换的研究，首次揭示了海洋吸收二氧化碳的过程。他们使用木材和海洋材料中的碳同位素分析，发现大气中的二氧化碳可以在10年内溶解入海洋，标志着海洋碳汇研究的起始。1970年后，学者们深化对生物泵和海洋生物在碳循环中作用的理解。碳通过海洋表层生物的光合作用被吸收，死亡后的有机物沉积到深海，形成长期碳储存。21世纪，海洋碳汇有了新的科学进展，随着对海洋碳汇研究的深入，政策和法规也在逐步完善，以确保碳封存活动的生态安全和效率。

二、海洋碳汇衰退的现状

海洋生态系统，包括海草床、盐沼和红树林，正以远超其他生态系统的速度消失。这些蓝色碳汇的退化速度在某些情况下甚至是热带雨林的4倍。海草床已失去约1/3的面积。约25%的盐沼原始面积已消失，目前每年的损失率为1%~2%。红树林自1940年代以来约35%的覆盖区域消失，年损失率为1%~3%。海平面上升和频繁的极端天气事件增加了对蓝碳生态系统的威胁，导致碳汇功能减弱和生态服务降低。生物燃料生产，尤其是非持续的生物燃料种植，可能导致大量碳排放，加剧气候变化。到2100年，预计海洋碳汇生态系统服务的净价值损失高达1375亿美元。

三、海洋碳汇正面临挑战

海洋碳汇正面临一系列的挑战，包括生态压力、成功模式扩展、持续资金支持和技术创新等。未来需要解决更广泛的环境问题，如水质管理和上游污染源的控制，扩大已有项目的规模和范围，将这些成功经验复制到全球其他地区，确保持续的财政和物资支持以及在现有技术和方法的基础上进行创新，以适应不断变化的环境条件和提高恢复效率。

四、海洋碳汇的应对措施

积极应对海洋碳汇的减少需要多方面的共同努力。引入或恢复本土物种和自然生境，增强生态系统的自然平衡、生物多样性及其碳汇功能。与当地社区的合作及通过教育提高公众意识，使社区成员积极参与并支持保护活动。应用科学方法指导恢复工作并设置监测体系，以评估项目效果和生态影响，确保方法的适应性和有效性。促进政府、研究机构、非政府组织和私营部门共同合作，推动保护项目的实施。

总的来说，保护海洋碳汇的策略需要是多维度的，需要整合科学、政策、社区参与和国际合作。另外，强化政策支持和扩大国际合作是推动海洋碳汇保护工作向前发展的重要方向。目前对海洋碳汇的监测机制较弱，需要建立长期的监测和评估机制，确保能够及时调整保护策略应对环境变化。

拓展阅读

1.Macreadie P I，Anton A，Raven J A，Beaumont N，Connolly R M，Friess D A，Duarte C M.（2019）.The future of Blue Carbon science. Nature communications，10（1）：1–13.

蓝碳（BC）一词最早是在十年前创造的，用于描述沿海植被生态系统对全球碳封存不成比例的巨大贡献。不列颠哥伦比亚省在减缓和适应气候变化方面的作用现已达到国际突出地位。为了帮助确定未来研究的优先次序，我们召集了该领域的领先专家，就不列颠哥伦比亚省科学中的十大悬而未决的问题达成一致。了解气候变化如何影响不列颠哥伦比亚省成熟生态系统及其恢复过程中的碳积累是重中之重。有争议的问题包括碳酸盐和大型藻类在不列颠哥伦比亚省循环中的作用，以及不列颠哥伦比亚省生态系统受到干扰后温室气体的释放程度。科学家们寻求提高不列颠哥伦比亚省生态系统范围的精确度；确定不列颠哥伦比亚省来源的技术；了解影响 BC 生态系统封存的因素，以及 BC 的相应值；以及有效提高这一价值的管理行动。总体而言，该概述为未来几十年的 BC 科学研究提供了全面的路线图。

2.Lovelock C E，Duarte C M.（2019）.Dimensions of blue carbon and emerging perspectives. Biology letters，15（3）：20180781.

蓝碳是 2009 年创造的一个术语，旨在引起人们对海洋和沿海生态系统退化以及保护和恢复它们以缓解气候变化及其提供的其他生态系统服务的必要性的关注。蓝碳具有多种含义，我们在这里旨在澄清这些含义，这些含义反映了该概念的原始描述，包括海洋生物捕获的所有有机物，以及如何管理海洋生态系统以减少温室气体排放，从而有助于减缓和保护气候变化。蓝碳概念的多面性导致了前所未有的跨学科合作，科学家、环保主义者和政策制定者密切合作，以推进共同目标。一些沿海生态系统（红树林、潮汐沼泽和海草床）是既定的蓝碳生态系统，因为它们通常具有高碳储量，支持长期碳储存，提供管理温室气体排放的潜力，并支持其他适应政策。一些海洋生态系统不符合纳入蓝碳框架的关键标准（例如鱼类、双壳类和珊瑚礁）。其他人在碳储量或温室气体通量的科学理解方面存在差距，或者目前对碳封存（大型藻类和浮游植物）的管理或核算潜力有限，但一旦这些差距得到解决，将来可能会被视为蓝碳生态系统。

3.Macreadie P I，Nielsen D A，Kelleway J J，Atwood T B，Seymour J R，Petrou K，Ralph P J.（2017）.Can we manage coastal ecosystems to sequester more blue carbon？Frontiers in Ecology and the Environment，15（4）：206–213.

为了促进蓝碳的封存，资源管理者依靠最佳管理实践，这些实践历来包括保护和恢复沿海植被栖息地（海草床、潮汐沼泽和红树林），但现在开始纳入集水区层面的方法。借鉴影响蓝碳封存的广泛环境变量的知识，包括变暖、二氧化碳水平、水深、营养物质、径流、生物扰动、物理干扰和潮汐交换，我们讨论了三种潜在的管理策略，这些策略有望优化沿海蓝碳封存：① 减少人为营养物质输入；② 恢复对生物扰流器种群的自上而下控制；③ 恢复水文。通过案例研究，我们探讨了这三种策略如何最大限度地减少蓝碳损失并最大限度地提高收益。一个关键的研究重点是更准确地量化这些策略在景观尺度上对不同环境中大气温室气体排放的影响。

4.Thomas S.（2014）.Blue carbon：Knowledge gaps，critical issues，and novel approaches. Ecological Economics，107：22–38.

蓝碳——在红树林、海草床和潮汐盐沼中储存和封存的碳——被认为是实现积极的气候变化减缓和适应成果的具有成本效益的手段。因此，科学界和政策界对蓝碳非常感兴趣，并且经常与碳市场和气候融资机会进行讨论。本文确定了在金融和市场机制背景下讨论蓝碳的同行评审和"灰色文献"文件。对文件集进行了定量和定性分析，并讨论了出现的主要科学、经济、监管、社会和管理问题。该研究表明：① 蓝碳文献以技术和政策评论为主，缺乏对实际社会因素的研究，也明显缺乏私营部门的观点；② 对包括私营和公共部门资金和工具在内的重要概念的性质和作用存在混淆；③ 对投资优先次序和风险考虑等重要问题的理解也很有限。因此，本文指出了蓝碳文献中的空白，澄清了关键概念和问题，并提出了蓝碳研究和项目开发的新途径。

5.Krause–Jensen D，Lavery P，Serrano O，Marbà N，Masque P，Duarte C M.（2018）.Sequestration of macroalgal carbon：the elephant in the Blue Carbon room. Biology letters，14（6）：20180236.

　　大型藻类是全球最广泛、生产力最高的底栖海洋植被栖息地，但它们是否被纳入蓝碳（BC）战略仍然存在争议。我们回顾了拒绝或将大型藻类纳入 BC 框架的论点，并确定了迄今为止阻止大型藻类被纳入的挑战。大型藻类支持显著碳埋藏的证据是令人信服的，它们向被子植物不列颠哥伦比亚省生境的沉积物种群提供的碳已经包括在目前的评估中，因此大型藻类事实上被认为是不列颠哥伦比亚省的重要捐赠者。主要挑战是记录不列颠哥伦比亚省栖息地以外的大型藻类碳封存，将其追溯到源栖息地，以及表明栖息地的管理行动导致汇点的封存增加。这些挑战同样适用于从不列颠哥伦比亚省沿海栖息地出口的碳。由于它们支持大量的碳汇，因此将大型藻类纳入 BC 核算和行动势在必行。这需要核算程序的范式转变，并制定方法，使有能力追踪从捐赠者到海洋汇生境的碳。

第七章
碳排放交易理论基础

在全球气候变化的背景下，碳排放交易作为一种市场化的环境政策工具，越来越受到国际社会的重视。其核心思想是通过市场机制控制和减少温室气体的排放，从而对抗全球气候变暖。碳排放交易不仅关系到环境保护，更涉及经济结构、能源消费、产业发展等多个层面。

碳排放交易的理论基础可以追溯到环境经济学中的"外部性理论"和"公共品理论"。这些理论阐述了因市场失败导致的环境问题，并提出通过政府干预纠正市场失灵的方法。其中，科斯定理更是明确提出了通过财产权的划分和交易，可以有效解决外部性问题，实现资源的最优配置。

在全球范围内，碳排放交易系统（ETS）的设计和实施涉及到复杂的政策制定过程。如欧盟的碳排放交易体系就是一个成功的例证，它通过设置排放上限和允许排放权的买卖，有效地控制了碳排放量。与此同时，这种交易机制也激发了企业的创新潜力，推动了低碳技术的发展和应用。

然而，碳排放交易制度的实施并非没有挑战。它需要一个公正透明的市场运作机制、严格的监管体系，以及全球范围内的政策协调。此外，如何平衡发展与发达国家之间的利益差异，确保贫困和发展中国家能在碳市场中获得公平待遇，也是碳排放交易成功推广的关键因素。

本章将深入探讨这些理论基础和实践案例，分析碳排放交易的经济、政治和社会影响，探讨其在全球环境治理中的作用和挑战。通过这一分析，我们希望提供一种全面的视角，理解碳排放交易如何成为应对全球气候变化的有力工具。

第一节　外部性理论

学习目标

★ 了解外部性的概念和含义

★ 理解碳排放的外部性问题

★ 理解碳排放交易作为外部性管理工具的原理

★ 掌握碳排放交易市场的基本运作

★ 了解碳排放交易的优势和局限性

★ 分析碳排放交易的实际案例和经验教训

★ 探讨碳排放交易未来发展和创新

一、外部性的概念与作用

根据外部性的定义：

$$U^A = U^A(X_1, X_2, \cdots, X_m, Y_1)$$

个体 A 的效用取决于完全由其自己控制或拥有权威的"活动"（X_1, X_2, $\cdots$, X_m），同时也取决于另一个单一活动 Y_1。根据定义，Y_1 受到同一社会群体中第二个个体 B 的控制。同时，"活动"被定义为任何可区分、可以被测量的人类行为，例如吃面包、喝牛奶、向空气中喷烟、在高速公路上乱扔垃圾、给予贫困者帮助等。从现代经济学的视角来看，外部性是指一个人或一个经济主体的行为对其他人或其他经济主体产生的影响，在市场交互中没有得到充分考虑或无法通过市场机制进行补偿。外部性可以是正面的（正外部性），也可以是负面的（负外部性）。

理解微观经济中的外部性

在微观经济和公共财政中，外部性的存在会导致市场无法实现资源的有效配置和达到社会福利最大化。市场机制通常只关注交易双方之间的私人成本和私人利益，忽视了对第三方的影响。这种情况下，个体或企业在做出决策时没有足够考虑到对其他人的外部影响，从而导致市场失灵、资源分配偏离最优状态。

1. 环境污染的外部性损害

当工厂排放废气、水污染或制造噪声时，这些行为对周围居民和生态系统产生负面影响。然而，这些成本并不会再被分配到工厂的生产成本中，导致工厂管理方在决策时无法充分考虑到对环境和人们健康的影响。由于市场无法通过价格机制正确反映环境负外部性，最终导致了过度污染和资源分配的失灵。环境污染不仅仅是一个抽象的概念，而是直接影响到了我们的日常生活。2014年，美国密歇根州弗林特市的自来水供应发生了严重的环境污染事件（Flint Water Crisis）。政府为了降低成本，将弗林特市的自来水供应从底特律切换到了弗林特河水源，但未对其进行适当的处理和净化。结果，河水中的铅等有害物质泄漏到居民的自来水中，给当地居民的健康带来了严重风险。这次事件引发的政府管理失误和环境污染不仅对居民的健康产生了严重的负面外部性，还导致了大范围的公共卫生危机和人们对市场机制的质疑。环境污染所带来的外部性问题不仅仅是个人或特定地区的事情，它对整个社会和未来世代都有深远的影响。不仅如此，全球范围内的环境污染已经成为一个严峻的现实：大气污染、水体污染和土壤污染等问题正逐渐威胁着我们的健康和生存环境，而中国的雾霾问题则是以上问题导致外部性的典型案例。工业化和城市化进程中大量的燃煤和汽车尾气排放导致了严重的空气污染，特别是在中国中东部及华北地区的一些大城市中。雾霾带来的空气污染对人们的健康产生了负面影响，包括呼吸系统疾病和其他衍生健康问题。这一现象凸显的正是工业和交通污染的外部性损害，进而暴露了市场几乎无法通过价格机制正确反映上述污染成本的问题。

2. 知识的外部性

当一个人通过教育、研究或创新后激发新知识和取得技术进步时，这些知识和创新可以超出个人范围，对其他人的学习、生产力和创造力产生正面影响，从而提高整个社会的福利。然而，这些社会收益并不完全反映在个人的回报中。知识外部性的存在意味着市场机制无法充分激励个体进行知识创造和共享，个人可能无法充分内化自身对社会的贡献，最终可能导致知识供给不足或低效率、市场中知识的供给量低于社会最优水平，从而阻碍了社会经济的创新和发展。为了更好地理解这一概念，我们以AT&T公司的前身——贝尔电话公司创始人、电话的发明者亚历山大·格雷厄姆·贝尔为例。尽管贝尔的创新对通信和社会互动产生了巨大的积极影响，但他无法从市场中获得完全的回报。其他人通过使用电话进行沟通和交流，并从中受益，但贝尔只能从专利收入中获得有限的回报。同样的，环保技术的发展对减少碳排放、保护环境和可持续发展至关重要。然而，创新者往往面临着知识外部性带来的市场失灵问题。他们的创新对整个社会产生了积极的外部效应，但他们很难从中获得充分的经济回报。因此，环境保护领域的创新者和科学家需要寻求政策和制度上的支持，以确保他们的知识和创新能够得到适当的回报，从而推动环境保护和绿色科技领域的可持续发展。

3. 必要的政府等机构的调节和干预

政府可以通过征税、补贴、立法和监管等手段来内部化外部性，以激励个体或企业在决策中考虑到自身决策对其他人的影响。例如，有研究结果表明（Jia & Lin，2020），从长期来看，碳税将直接推动能源生产行业的价格上涨，对能源生产企业征收碳税可能是理论上减少碳排放最有效的途径。因此政府等机构可以对污染源的排放征收碳税或实施排放标准来激励工厂减少污染；另外，政府还可以通过提供公共物品和服务来纠正市场失灵，例如建设公园、道路和提供治安管理服务。一个经典的政府调控案例是外部性与市场供需曲线的偏移之间的关系。我们可以考虑一个市场中的消费者和生产者，当存在正外部性时，社会收益超过了他们的个人收益，从而导致了市场供需曲线之外的福利损失。例如，作为中国最大的连锁书店之一，新华书店提供免费的阅读空间供公众使用，这将产生正的知识外部性，使更多的人能够接触到知识和文化。然而，新华书店自身无法从此外部效益中获得直接收益，加之市场竞争的加剧和电子阅读的兴起，因此其可能缺乏动力提供此类公共服务。在这种情况下，政府可以通过提供补贴或资助来鼓励新华书店提供免费阅读空间的服务，以实现社会福利的最大化。

但值得注意的是，政府等职能机构的调控作用应当张弛有度，否则会带来预料之外的不良效果。根据 Hong 等人于 2020 年的研究显示，运用空间计量方法的研究结果表明，当特定产业在某一地区集聚形成专业化的产业群时，地方政府如果开始为了吸引更多企业和投资而进行税收竞争，将会导致该地区出现过度拥挤现象。这种过度拥挤会加剧环境污染问题，从而对环境产生负面影响。当多元化的产业集聚时，地方政府会通过投资竞争来吸引更多的企业和资源。然而，这种集中排放会导致环境负荷增加，进而也对环境产生负面影响。

总的来说，微观经济中的外部性问题对市场的有效性和社会福利产生了重要的影响。通过政府干预和制定相应的政策措施，可以纠正部分负外部性的影响，使资源分配更加有效，从而实现社会福利的最大化。

二、外部性理论在碳排放及其交易中的应用

在当今探寻可持续性发展路径的指引下，外部性在碳排放问题中的作用不可小觑。

首先，我们需要理解什么是碳排放：一般来讲，碳排放是指将二氧化碳等温室气体释放到大气中，进而导致全球气候变化和环境问题。其次，在这个过程中存在着与个体行为无关的外部性，即碳排放对整个社会和环境产生的影响。全球碳排放快速增长趋势的背后更是隐藏着全球能源、金融和健康危机引发的年际波动，而这些影响在市场交易中往往未能得到充分考虑。

在生态环境方面，碳排放产生的气候变化影响已经超出了个体或企业能够控制的范围，对全球和区域气候系统产生了重大影响。正是由于外部性使碳排放的成本由整个社会承担，而不仅仅是排放者个体或企业本身。例如，全球变暖导致的海平面上升、极端天气事件和生态系统崩溃等，对整个社会造成了巨大的经济和环境损失。早在2006年，英国经济学家尼古拉斯·斯特恩（Nicholas Stern）就在《气候变化经济学：斯特恩评论》中强调了碳排放引发的气候变化对全球经济的巨大风险：虽然稳定气候的成本巨大，但是如果我们现在采取强劲有利的行动，仍有时间避免气候变化带来的严重影响和一系列次生灾害。而此前，巴拿马的一家法律事务所穆萨克·芬恩德斯（Mossack Fonseca）中一部分涉及碳排放行业的机密文件被泄露，其中揭示了众多国际公司和个人通过离岸避税方式规避税收，再一次将对碳排放问题的关注从个体及企业层面推向了全球视角下的社会话题。

此外，碳排放也带来了新一轮的健康危机。空气污染是碳排放的一个直接结果，对人类健康产生了大量的负面影响。这种健康外部性导致了医疗费用的增加、生产力下降以及人们生活质量的降低。以城市生活为例，交通是碳排放的主要来源之一，而城市中的交通拥堵和污染对居民健康造成了严重影响。汽车尾气中的有害气体和颗粒物对呼吸道和心血管系统产生了负面影响，增加了哮喘、慢性阻塞性肺病、心脏病和中风等疾病的风险。与此类似的还有火电厂和工业污染。在发电和生产过程中，燃煤火电厂和工业领域的碳排放对周围地区的居民健康产生了广泛的外部性影响。大量的颗粒物、有毒气体和化学物质释放到空气中，使直接暴露在这些污染物中的人们不得不面临呼吸道问题、癌症、神经系统损害等健康风险。

由以上案例可见，在过去的市场经济中，由于缺乏经济激励和适当的定价机制，排放者个体或企业往往不需要承担其碳排放行为的真实成本。这导致了碳排放的市场失灵，即市场无法有效反映碳排放的负面影响。

为了解决这个问题，许多国家和地区采取了一系列政策措施，例如碳定价和碳排放交易市场。而在碳排放交易市场中，外部性主要在交易定价、交易结果、监管和执行碳排放交易的机制三个环节发挥作用并产生不可忽视的影响。

1. 外部性对碳排放交易的定价起着关键作用

在没有考虑外部性的情况下，碳排放的真实成本往往不能充分体现。这意味着排放者没有承担其排放行为的全部成本，导致碳排放的市场失灵。然而，通过碳定价或排放配额系统使外部性内部化，可以将外部成本纳入到交易中，并促使排放者在交易中考虑碳排放的真实成本，从而提高交易的效率和公平性。例如，欧盟作为全球最大的碳市场之一，在2005年便启动了欧盟碳排放交易系统（EU ETS）。它通过为排放者分配有限数量的碳排放配额（碳排放许可证）来限制碳排放，并允许企业之间进行碳排放交易。同样地，在美国的加利福尼亚州和部分地区也实施了碳排放配额系统，并在当地被称为温室气体排放交易系统（GHG Cap-and-Trade）。不仅如此，在定价中，中国的碳交易体系（包括试点碳交易市场和全国统一碳市场）允许控排企业购买一定比例的CCER（China Certified Emission Reduction，中国核证自愿减排量）来进行履约，从而以市场化补偿手段，促进林业、清洁能源等环境友好型产业发展，降低他们的履约成本，进而长期促进减排。这些政策旨在通过经济手段推动减排，并为碳排放创造经济激励。

2. 外部性对碳排放交易的结果产生影响

通过在碳排放交易中纳入外部性的考量，可以更好地反映碳排放对环境和社会的影响。这不仅有助于确保交易的结果不仅仅是碳减排的数量，还能够推动经济社会的可持续发展和环境保护。例如联合国粮食及农业组织提出的REDD+计划（Reducing Emissions from Deforestation and Forest Degradation，减少发展中国家毁林和森林退化所致排放量），它旨在通过保护和可持续管理森林来减少碳排放。REDD+计划将森林的碳储存价值纳入到碳交易中，并为发展中国家提供经济激励，以减少森林砍伐和促进森林保护。该机制不仅仅关注碳减排，还重视保护生物多样性、改善生计和社区发展等社会和环境效益。通过考虑外部性，交易可以更好地促进低碳技术的发展和创新，从而鼓励个体或企业采取更加环保和可持续的经营方式。

3. 外部性对监管和执行碳排放交易的政策和机制产生影响

了解和考虑外部性可以帮助政府等调控机构制定出更加有效和合适的政策措施，以确保交易市场的正常运行和监管机构的有效执行。在这一环节中，外部性的考量主要体现在以下三个方面：

（1）环境影响评估：政府对碳排放交易政策的制定和执行过程中进行了环境影响评估，考虑到了碳排放对气候变化和环境的影响，从而有助于确保政策的科学性和可持续性。

（2）公众参与和透明度：政府鼓励公众参与碳排放交易政策的制定和执行过程，以确保政策的公正性和透明度。公众可以就政策的制定提出意见和建议，并监督政府和监管机构的执行情况。

（3）市场监管和合规性：监管机构负责监督碳排放交易市场的运行和参与者的合规性。他们确保交易的公平性、监控市场操纵和欺诈行为，并对违规行为进行处罚和调查。前文提到的加利福尼亚州的温室气体排放交易系统（GHG Cap-and-Trade）正是由于通过法规设定碳排放的上限、将碳排放配额分配给参与者、要求企业在每年的交易期间购买足够的配额以覆盖其排放量、设立监管机构来监督和执行碳排放交易政策，才实现了交易市场的长期正常运行。

通过在碳排放上施加经济惩罚或提供经济激励，这种经济驱动的政策手段有效地激励了个体或企业减少碳排放并加速转向低碳技术和创新。当他们面临经济惩罚或成本增加时，个体或企业被迫寻求更加环保的生产方式和技术，以减少碳排放并降低成本。这促使企业投资于研发和采用低碳技术，推动创新，并加速低碳经济的发展。而政府提供的经济激励措施也起到了推动企业转型的作用。政府通过提供财政补贴、税收减免或其他经济奖励鼓励企业采取的低碳行动，可以减轻企业的转型成本，提供资金支持和市场保障，激发创新和投资，从而促进低碳技术的采纳和推广。

因此，外部性在碳排放及其交易问题上的作用凸显了碳减排的重要性，并促使政府、企业和个人采取行动来减少碳排放，促进可持续发展和应对气候变化。

三、活动设计

（一）碳排放调研报告

活动目标：通过实地调查和数据收集，分析碳排放对环境的影响，促进参与者对减排行为的认识，增强环境保护意识，并推动采取积极的减排行动。

活动描述和步骤：

1. 活动介绍和目标阐述

在活动开始时，组织者向参与者介绍活动的目标和重要性。用新闻案例解释碳排放对环境和气候变化的影响，并强调个人在减少碳排放方面的作用。

2. 碳排放实地调查

将参与者分成小组，并安排实地调查的路线。每个小组将前往不同的地点，并分配需要调查的相关企业，以收集相关的碳排放数据。

3. 数据收集和记录

实地调查期间，在被允许的情况下，参与者将使用测量仪器、摄像设备和数据表格等工具，收集不同车间、场所的碳排放数据。参与者可以用工具测量排放源的废气、观察交通流量、记录能源使用情况等。

4. 数据分析和讨论

回到活动场地后，参与者共同分析和讨论收集到的碳排放数据。他们可以比较不同来源的排放量、分析其中的异质性、反向因果关系，识别主要排放行为，并讨论其对环境的影响。

5. 环境影响评估

在数据分析的基础上，参与者还可以评估碳排放对环境的影响，如温室气体排放、空气质量、气候变化等。结合现有数据库如 CFPS、《中国卫生年鉴》等，重点强调碳排放对健康、生态系统和气候的负面影响。

6. 撰写调研报告

在进行分组研讨之后，小组成员根据现有数据分析结果并结合调研过程中的部分定性分析结果，合作撰写调研报告，分析小组成员对减排行为的认识，并推动更多的人采取积极的减排行动。如有条件，可以以会议演讲形式分享小组调研成果。

（二）环保讲座和讨论会

阅读相关会议文件后，邀请该领域专家进行讲座，引导同学们深入了解外部性理论及其在环保中的应用。

相关会议及会议文件包括：

1.《巴黎协定》（Paris Agreement）

《巴黎协定》是2015年联合国气候变化大会上达成的历史性协议。该协定旨在通过全球合作应对气候变化，确立了全球温室气体减排目标，致力于将全球平均温度上升控制在2℃以内，并努力争取将温度上升限制在1.5℃。各国承诺通过减排行动、适应措施和资金支持等方式应对气候变化。

2. COP26

COP26是2021年联合国气候变化大会，原计划于2020年举行，因 COVID-19疫情推迟至2021年。COP26的重点议题包括加强全球减排行动、推动可持续发展、实现巴黎协定目标以及提供资金支持给发展中国家应对气候变化等。

3. 气候行动峰会（Climate Action Summit）

气候行动峰会是联合国秘书长定期召开的全球性气候行动会议。该峰会旨在推动各国采取更加雄心勃勃的减排行动，加速推进可再生能源发展，促进气候适应措施，以及提供资金支持和技术转让。峰会上，各国和企业将分享自己的减排承诺和行动计划。

四、案例分析

欧盟碳排放交易体系（EU Emissions Trading System，EU ETS）是世界上最大的碳市场之一，该体系于2005年启动，旨在通过经济手段激励减少碳排放。体系涵盖了欧盟境内多个行业的碳排放，如能源、工业和航空。以下是对欧盟碳排放交易体系运行机制的解析：

1. 碳配额分配

欧盟将总体的碳排放配额分配给参与体系的企业,每个企业获得特定数量的碳排放配额,这些配额可以自由交易和转让。企业被要求在每年底报告其实际排放量,并用配额来弥补超过其拥有的排放量。

2. 碳市场机制

通过碳排放配额的交易,碳市场创造了经济激励,使碳排放成为一项经济成本。企业可以选择减少自身的碳排放量以获取额外的碳配额,或者通过购买额外的碳配额来弥补超过自身排放量的部分。这项机制鼓励企业采取更环保的生产方式和技术,从而减少碳排放。

3. 减排成本和创新

碳市场机制使减少碳排放的成本与企业的经济利益相关。企业在购买碳配额时需要支付一定费用,这鼓励它们寻求更低成本的排放削减方法。这种经济激励推动了技术创新和绿色能源发展,促进了低碳经济的转型。

4. 弥补外部性

欧盟碳排放交易体系通过内部化碳排放的外部性,将碳排放的成本纳入企业的经营决策中。这有助于弥补环境损害造成的外部成本,并鼓励企业考虑碳排放的影响。企业在购买额外的碳配额时,本质上也是为其碳排放所产生的外部成本买单。

思考题

- 碳排放交易如何通过内部化外部成本来解决碳排放的外部性问题？它是如何通过经济激励机制来鼓励减排行为的？

- 除了碳排放交易，还有哪些政策工具可以用于管理碳排放的外部性问题？请列举并比较它们的优劣势。

- 碳排放交易在国际层面上面临哪些挑战？如何促进不同国家之间的合作和协调，在全球范围内应对气候变化？

- 碳排放交易可以作为一种市场工具来推动低碳技术和创新的发展吗？请提供具体的案例或证据来论证你的观点。

- 碳排放交易是否能够解决碳排放不平等的问题？请讨论碳排放交易对不同社会经济群体和不同发展阶段国家的分配影响。

- 通过研究欧盟碳排放交易的实际案例，你认为哪些因素影响了碳价格的波动？这些波动对市场参与者和环境政策产生了怎样的影响？

- 你认为未来碳排放交易需要如何发展和创新？请提出你的观点，并解释为什么这些发展和创新对应对气候变化是必要的。

- 在碳排放交易机制中，如何平衡经济发展和环境保护的目标？请提供你自己的观点并做出解释和论证。

第二节　公共品理论

★ 理解公共品的概念和特征

★ 掌握碳排放问题与公共品的关系

★ 理解碳排放交易作为公共品管理工具的原理

★ 了解碳排放交易中的公共品供给问题

★ 探索碳排放交易的公共品效应

★ 研究碳排放交易中的自由载酬问题

★ 探讨碳排放交易公共品理论的实践应用

★ 思考碳排放交易中公共品理论的局限性

★ 探索未来碳排放交易中公共品理论的发展方向

一、公共品的特点与挑战

（一）公共品的背景及定义

公共品的概念最早由经济学家保罗·萨缪尔森（Paul Samuelson）在他的经济学著作《经济学：一种分析导向的导论》（*Economics: An Introductory Analysis*）中提出。这本书于1948年首次出版，为经济学领域奠定了现代微观经济学的基础。在书中，萨缪尔森提出了公共物品的特征和经济学上的重要性。他将公共品定义为可供多个人共同使用且一个人的使用不会排斥其他人使用的资源。如果一个人对某种商品的消费实际上无法被排除，那么该商品就具有非排他性。如果一个人的消费不减少其他人消费该商品的收益，那么它就是非竞争性的。

（二）公共品的特点

Kaul 及 Stiglitz 等人在1999年进一步指出，公共品具有两大主要特点。其中公共品的非竞争性指的是一个人的使用不会减少其他人使用该资源的机会，而非排他性则表示一个人对该物品的使用不会排斥其他人使用该资源的能力，换句话说，即无法通过市场机制进行私有化或排除其他人的使用。

一个典型的公共品例子是街道照明。无论消费者对照明的贡献如何，所有人都可以从中受益。街道照明的好处并不会因为有人路过而将其排除在外，因此它是非排他性的。此外，街道照明也是非竞争性的，因为每个人都从中受益，而不会损害他人的利益。虽然其中还存在一些消费竞争，但这种竞争不会完全排除一些人的利益。在当今社会，纯粹的公共物品相对较少，比如免费的卫生紧急服务：居民医疗需求在卫生机构供给能力之内的前提下，一定数量的人使用紧急服务不会影响其他人获得该服务。然而，与街道照明相比更明显的是，免费的卫生紧急服务存在一个饱和点，即使用该服务的人过多会阻止其他人使用。

由于公共物品的非排他性和非竞争性，它们无法通过市场机制令人满意地提供，而需要通过某种形式的公共行动来提供，例如税收。但需要注意的是，公共品提供并不一定需要政府来进行，除政府外的其他参与者也可以提供公共物品。举例来说，即使是私人自来水公司通过向用水者收取费用来确保海滩保持清洁并向公众开放，清洁（且可向公众开放）的海滩仍然被视为一种"公共物品"（尽管不是纯粹的）。这是因为海滩的使用不会因为一些人使用而排除其他人，且无论用户是否承担了清洁成本，任何人都不能被排除在使用海滩之外。因此，公共物品的提供需要考虑非排他性和非竞争性的特点，这反过来进一步说明需要通过一种公共行动来确保其提供。这种公共行动可以由政府或其他参与者来实施，以满足公众的需求。

（三）经典案例分析及挑战

1. 大气层

大气层被视为典型的公共品。它的特点是每个人都可以自由地利用其中的资源，例如呼吸空气。一个人的呼吸不会影响其他人的呼吸，因此具有非竞争性和非排斥性。然而，对大气层的碳排放却导致了外部性问题，使公共品的管理与减少变得困难。

2. 公园和自然保护区

公园和自然保护区提供了人们休闲和享受自然的场所。虽然一个人的进入并不会排斥其他人的进入，但过度的人流量可能会对环境造成损害，导致资源的过度消耗。这种情况下，需要适当的管理和监管来平衡公众的使用需求和资源保护。

3. 知识和科学研究成果

知识和科学研究成果通常被视为公共品，因为它们可以被多个人共享和利用。一旦知识被发现或创造出来，其他人可以自由地获取并使用，而不会减少原始创造者的使用机会。这种非竞争性和非排斥性的特点促进了创新和进步。

而在以上案例中管理和使用公共资源的挑战也逐渐暴露出来。非排斥性使资源的过度消耗和浪费成为可能，而非竞争性则可能导致搭便车问题（Free–rider Problem）。这需要适当的管理和调控来促进资源的可持续利用。在某些情况下，私有化或收费制度可能被引入以解决资源过度利用的问题。例如，公园和自然保护区可能会实施门票制度来限制人流量，同时提供必要的资金支持维护和保护。对于知识和科学研究成果，知识产权制度的引入可以鼓励创新和保护知识创造者的权益。综上所述，公共品的理论和案例分析提供了一种理解和管理公共资源的框架，以实现资源的可持续利用和公共利益的最大化（表7–1）。

表7–1　搭便车问题

概念	描述
定义	"搭便车问题"是指在公共品的提供过程中，某些个体或组织在不承担成本的情况下享受公共品带来的好处，从而导致公共品的供给不足或供给效率下降
成因	公共品的两大特性——非排他性和非竞争性。这两个特性使个体可以不付出代价而享用公共品，而这种行为如果被大量个体采用，则会导致资源的过度使用或供给不足
示例	环保行动：如减少碳排放是全球性的公共行为，但部分企业或个人可能选择不采取减排措施，因为他们依然可以受益于他人的减排努力而自身无需承担成本
解决策略	1. 政府干预：通过法律、税收或补贴等方式强制或激励个体参与公共品的维护与提供。例如，征收碳税来抑制温室气体排放。 2. 私有化：将某些公共品私有化，通过市场机制来提供和管理，确保使用者为其支付合理的费用。 3. 公共宣传与教育：提高公众对公共品价值的认识，促进自愿合作行为和社会责任感

二、公共品对于经济学与社会问题的重要性

（一）公共品的提供可以纠正市场失灵问题

由于公共品的非排他性和非竞争性，市场无法有效地提供这些物品，一个特别的例子是国防。国防是一种公共物品，因为国家的安全受益于整个社会的防御能力，无法排除任何公民。市场无法以商业方式提供国防，因此需要政府通过公共行动来提供和维护。

（二）公共品的提供可以提升社会福利

公共品的非排他性意味着每个人都能够享受其好处，无论其是否为其付费或参与。举个例子，公共公园是一种公共品，人们可以自由进入并享受其中的设施和自然环境。

公共公园的提供可以提高社会的休闲和娱乐水平，促进人们的身心健康。

（三）公共品的供给可以促进公平和社会正义

由于公共品的特性，每个人都能够平等地享受其好处，无论其个人财富或能力水平如何。例如，公共教育是一种公共品，通过提供免费的教育机会，可以提高社会中弱势群体的机会平等，减少社会不平等。

（四）公共品的提供是政府的一项核心职责

政府作为公共权力机构，具有资源调配和公共利益维护的责任。通过提供公共品，政府能够满足公众的基本需求，维护社会秩序和公共利益。例如，公共交通是一种公共品，政府通常负责提供和管理公共交通系统，以满足人们的出行需求并减少交通拥堵。

在公共品理论被提出的近百年时间里，对于以上四点的一个经典历史案例是美国的公共教育系统。在19世纪早期，私立学校主导了教育领域，但这导致了社会中的不平等和机会差距。为了解决这个问题，政府开始推动公共教育系统的建立。通过纳税和政府资助，公共教育系统得以普及，使每个孩子都有平等的受教育机会。这项公共政策不仅提供了基本的教育服务，还促进了社会的发展和人力资本的积累。公共教育系统的提供使教育不再仅限于富裕阶层，而是为整个社会的孩子们提供了平等的机会，从而减少了贫困和社会不平等。通过提供公共教育，政府还能够培养和发展人才，促进经济的创新和竞争力。公共教育为年轻人提供了知识、技能和培训，使他们能够更好地适应现代社会。这有助于提高整个社会的生产力水平，并为经济增长和发展提供了坚实的基础。因此，从长期来看，公共教育作为一种公共品的提供，通过纠正市场失灵，促进社会公平和机会均等，对于经济和社会的发展具有重要的意义。政府的介入和公共政策的制定是确保公共教育系统的可持续运作和不断改进的关键。通过投资和改革公共教育，我们可以为每个人提供平等的教育机会，并实现社会的公正与繁荣。

（五）公共品的供给可以管理和解决外部性问题

正如上一章节我们讲到，外部性是指一方的行为对其他人产生的影响，而市场往往无法很好地处理外部性问题。通过提供公共品，可以纠正如环境保护和污染控制等负外部性，也可以一定程度促进正外部性。

我们可以从美国环境保护机构（Environmental Protection Agency，EPA）的建立历史来认识公共品与外部性之间的紧密联系。在20世纪60年代，美国面临着严重的环境问题，如空气和水污染、有毒废物的处理等，这些问题给人们的健康和生活环境带来了巨大威胁。市场机制无法充分解决这些环境外部性问题，需要政府的干预和公共行动。为了解决环境问题，美国政府于1970年成立了EPA，旨在保护和提升环境质量，并制定相应的环境法规和标准。EPA负责监管和管理各种环境事务，包括空气和水质监测、废物管理、土壤保护等。通过监管和执行环境法规，EPA确保了企业和个人在生产和消费过程中考虑环境影响，并减少对环境的负面影响。EPA的成立和环境保护政策的实施，对解决环境外部性问题产生了积极影响。例如，通过限制工业排放和制定车辆排放标准，EPA在减少空气污染和改善空气质量方面取得了显著成果。此外，EPA也推动了对有毒废物的处理和清理，保护了土壤和水资源的安全。这些措施不仅改善了人们的生活环境和健康，也有助于促进可持续发展和生态平衡。

通过提供公共品，如环境保护机构的建立和环境政策的实施，政府能够管理和解决外部性问题。污染和环境破坏的影响超出了市场参与者的交易范围。市场机制往往没有足够的激励来解决这些问题，因为个体行为的成本和效益并不完全内部化。而政府通过创建环境保护机构和实施相关政策，弥补了市场的不足，纠正了负外部性。环境保护机构的角色是监管和管理环境事务，确保企业和个人在生产和消费活动中考虑到环境的影响。政府制定环境法规和标准，对污染排放、废物处理、资源管理等进行监管，以保护环境和公众利益。例如美国的清洁空气法案（Clean Air Act）授权EPA制定和执行空气质量标准，限制工业和交通排放物的释放。这一政策有助于改善空气质量，减少空气污染对人们健康的负面影响。类似地，废物管理和土壤保护政策有助于防止有毒废物的泄漏和土壤污染，维护生态系统的健康。

通过环境保护措施，政府还能够促进正外部性。例如，政府可以提供经费支持基础科学研究，这有助于推动科学和技术的进步，为社会带来创新和发展。基础科学研究的成果是公共知识，如新的发现和技术应用，往往可以为整个社会的发展和福利带来好处。

政府通过提供公共品和管理外部性问题，如环境保护机构的建立和环境政策的实施，能够解决市场无法有效处理的负外部性问题，并促进正外部性的产生。这些措施有助于保护环境、提升社会福利，并为可持续发展和创新奠定基础。

三、公共品理论在碳排放及其交易中的应用

（一）公共品与碳排放

碳排放作为引发气候变化的主要因素之一，本质上是一个全球性的公共品问题。公共品的特点在于其非排他性和非竞争性，意味着任何人难以从其利益中被排除，且一个人的消费不会减少另一个人的消费份额。碳排放的全球性影响表明，无论在世界的哪个角落排放，其对气候的影响都是全球性的，因此每个国家的减排行为都将对全球气候产生正面的影响。

工业革命期间，大规模的化石燃料使用推动了现代化工业的发展，同时也导致了大

量的碳排放，这是历史上首次人类活动在全球范围内对气候产生了深远的影响。当时，人们对于碳排放对环境的长期影响缺乏认识，但随着时间的推移，科学研究揭示了碳排放与全球气候变化之间的联系，强化了碳排放作为全球公共品问题的意识。

（二）公共品与碳排放交易

非排他性：碳排放交易制度的成立本身对所有市场参与者开放，任何符合条件的企业都可以参与排放权的购买和出售。此外，其产生的环境好处，如空气质量的改善和温室气体减少，是全体社会成员都可以享受的。

非竞争性：虽然碳排放权是有限的（由总排放上限决定），但这种权利的交易本身在市场中是自由进行的，不会因为一个企业的参与而削减其他企业的参与机会。每一个单位的碳排放权的购买和使用都是为了达到整个社会的环境改善目标。

碳排放交易作为一种市场机制，通过设定排放上限并允许排放权的买卖，旨在经济激励下推动减排。这种机制把减少碳排放视为一种可以交易的商品，企业可以通过市场交易来满足自身的排放要求，从而实现整体的排放减少。在中国的特色社会主义市场经济中，碳交易表现为一种非常规的资源和环境产权交易方式。与普通商品交易不同，碳交易涉及的碳排放权（或配额）有以下特征：首先，碳交易具有公共性，因为碳排放空间属于典型的公共产品，这导致政府在设计碳交易制度时需要起到决定性作用。在常规的商品市场中，政府主要负责维护市场秩序，而在碳交易市场中，政府需要主导并从上到下构建这一市场系统。其次，碳排放权具有虚拟性，虽然作为交易对象的碳排放数据必须非常准确，但碳排放权本质上是一种虚拟商品，需要通过核算、报告和核查机制（MRV）进行严格管理，政府还需建立碳交易登记系统以跟踪配额及所有权的变更。最后，碳交易的同质性使其能跨越地域和流域边界，因为全球任何地方的温室气体排放对气候的影响均相同，这使碳交易能够实现跨区域流通，超越了水权、排污权和土地使用权交易的局限。碳排放交易体现了公共品管理的一种市场化方法，通过将减排转化为经济利益，激励更多的企业和个体参与到减排行动中。

在中国的碳交易制度发展过程中，公共品的相关性及其作用在不同阶段有着明显的体现和转变：

1. 起步阶段（2008~2011年）

在这一阶段，《京都协议书》在中国的正式生效标志着中国开始正式参与国际碳减排行动。作为公共品，碳排放权的交易初步体现了公共性，旨在通过市场机制促进温室气体的减排，这对全球气候变化有着积极影响。在此阶段，政府的作用主要是推动和引导碳排放权作为一种新的环境资产在国内市场的认知与接受，准备市场和政策基础，以迎接更广泛的市场化交易实践。

2. 试点阶段（2011~2015年）

中国政府在全国七个省市启动碳金融试点项目，此举标志着碳交易市场的地方化尝试和实验。在这一阶段，碳交易作为公共品的特性更加显著，政府通过试点项目探索不同地区的市场反应和政策适应性。这一阶段的试点项目帮助政府和市场参与者理解碳排放权交易对公共环境资源的管理和保护可以如何通过市场机制实现，同时积累了经验，为后续的全国市场打下基础。

3. 完善阶段（2016年至今）

到了这一阶段，随着全国统一碳市场的形成，碳交易制度作为公共品的属性更加凸显，它的作用在于通过市场机制促进全国范围内的碳减排。这不仅有助于实现中国的温室气体减排目标，也为全球气候变化贡献力量。全国统一的市场使碳交易的影响力和效率得到显著提升，公共品的特性通过确保交易的公平性、透明性和普遍性得以更好地发挥，同时政府继续通过法规和政策指导市场运作，确保市场的稳定性和长期可持续性。

在中国的碳交易发展路径中，公共品的相关性逐步从初步认知到地方试点再到全国推广，展示了从政府主导到市场运作的逐步过渡，以及碳交易如何成为全社会共同参与的公共环境治理的工具。

自2002年建立以来，我国的碳市场经历了二十多年的发展，已经形成了包括全国性市场和8个试点市场的复合市场结构。总体而言，这一市场的发展在推动节能减排和促进经济向绿色转型方面发挥了关键作用（表7-2）。

表7-2　中国的碳交易方式

交易方式	类型	申报数量要求	价格范围	详情
协议转让	挂牌协议交易	单笔最大不超过10万吨二氧化碳当量	上一交易日收盘价的±10%内	买卖双方需要提交交易主体编号、交易编码、产品代码、买卖方向、申报数量、申报价格等
	大宗协议交易	单笔不小于10万吨二氧化碳当量	上一交易日收盘价的±30%内	买卖双方需要提交交易主体编号、交易编码、产品代码、买卖方向、申报数量、申报价格等
竞价交易	单向竞价	根据市场规定	依据市场供需和竞价情况确定	—

四、案例分析

自2005年启动以来，欧盟碳排放交易体系（EU ETS）已经成为全球最大的碳市场，覆盖了能源、制造业和航空等关键行业。与中国的碳市场相比，EU ETS 展示了更成熟的市场运作和管理体系。通过有效地结合公共品的全球性影响和市场机制的效率，EU ETS 为全球气候变化的减缓提供了一个成功的模式。

（一）成熟度对比

欧盟：EU ETS 以其严格的法规框架和监管体系而著称。例如，2013年，为应对市场上的过剩碳配额，欧盟实施了"回收和储存"机制（back-loading），暂时减少碳配额的供应量，以稳定市场价格。这种快速反应的能力展示了一个成熟市场的特征。

中国：相比之下，中国的碳市场起步于2002年，虽然发展迅速，但在制度完善和国际合作方面仍处在逐步优化阶段。例如，2017年，中国宣布将建立全国统一的碳市场，这是中国从地方试点向全国扩展的重要步骤，但至今，全面实施和运行效果仍待观察。

（二）公共品的全球性影响

欧盟：2015年，法国巴黎举行的气候变化会议（COP21）上，EU ETS 被多次引用为全球应对气候变化的典范。通过 EU ETS，欧盟成功推动了其成员国之间以及与非欧盟国家的碳减排合作。

中国：相对而言，中国的碳市场更多地聚焦于国内减排和产业升级。通过设置碳排放配额，中国政府促进了钢铁等高排放行业的技术革新和效率提升，实现了经济结构的优化和绿色转型。

（三）市场机制的效率

欧盟：在 EU ETS 中，企业可通过碳市场自由买卖配额，以最低成本实现减排目标。例如，电力公司通过投资更多的可再生能源项目而减少了对化石燃料的依赖，同时在市场上出售节余的碳配额以获利。

中国：在试点阶段，深圳市碳交易所通过实施严格的碳配额管理，激励了当地企业投资清洁技术。这不仅提高了市场参与者的减排意识，也为中国其他城市的碳市场提供了可行模式。

综合来看，EU ETS 作为一个成熟的碳市场，在全球气候治理中起到了示范作用，而中国的碳市场则在逐步向这一模式靠拢，不断学习欧盟在公共品管理和市场机制运用方面的成功经验，从而发展出符合中国国情并具有中国特色的碳排放交易市场。

思考题

- 碳排放被视为一种公共品的原因是什么？它具备哪些公共品的特征？

- 在碳排放交易中，公共品的供给存在哪些挑战和问题？如何确保公共品的有效供给？

- 碳排放交易对环境质量和气候变化有何影响？探讨碳排放交易作为公共品管理工具的效果。

- 在碳排放交易中，自由载酬问题是什么？它对公共品的供给和使用有何影响？如何解决这一问题？

- 分析外部性与公共品之间的关系，并讨论如何通过外部性管理来提高公共品的供给和效果。

- 探讨碳排放交易中公共品理论的实践应用，例如在现实世界中的碳市场运营和碳配额分配中的公共品问题。

- 思考未来碳排放交易中公共品理论的发展方向，如何应对新的挑战和问题，以及如何提高公共品的管理和效果。

- 讨论碳排放交易中公共品管理和气候变化之间的政治经济因素的相互关系，以及如何解决这些因素对公共品供给的影响。

第三节　科斯定理

学习目标

★ 理解科斯定理的基本概念和原理

★ 掌握科斯定理在碳排放交易中的适用性

★ 分析碳排放交易中的交易成本和谈判成本

★ 研究碳排放交易中的产权安排和交易机制

★ 思考碳排放交易中的信息不对称和交易难题

★ 分析碳排放交易中的政府干预和规制问题

★ 探索未来碳排放交易中科斯定理的发展方向

一、科斯定理的基本原理

（一）科斯定理的背景

科斯定理，由英国经济学家罗纳德·科斯（Ronald Coase）在1960年提出，是现代经济学中最具影响力的理论之一。1960年代是全球经济快速发展的时期，同时也是经济学理论创新的重要时期。在这一时期，许多经济学家开始关注市场机制以外的因素，如产权、交易成本等对经济活动的影响。科斯定理的提出正是在这一背景下，响应了对市场经济中外部性问题的深入探讨的需求。科斯在其论文《社会成本的问题》（*The Problem of Social Cost*）中详细阐述了这一理论，主要探讨产权界定和交易成本对资源配置效率的影响，其中在没有交易成本的情况下，资源的分配取决于产权的归属。科斯的研究着眼于解决外部性问题，即一个经济主体的行为可能会对另一个经济主体造成未被市场价格所反映的成本或利益。

（二）科斯定理的定义和假设

科斯定理的核心思想基于两个基本假设：产权必须明确界定，且交易成本为零。在这些理想条件下，科斯定理指出，无论产权如何初始配置，经济主体通过自愿交易都能达到资源的帕累托最优配置。帕累托最优是指在不使任何人处境变差的情况下，无法通过重新配置资源使任何人处境变好的状态（表7-3）。

表7-3　科斯定理的关键因素

元素	描述
产权明确	保证所有市场参与者明确知晓自己的权利和义务
交易成本	包括所有进行交易所需的成本，如信息成本、谈判成本等
市场机制	通过市场和价格机制进行资源配置
外部性	经济行为对旁观者产生的未经市场价格反映的影响
帕累托最优	资源配置的状态，其中任何资源的重新配置都将使至少一方的福利降低，而无法使任何一方的福利提高

1. 产权的明确界定

产权的明确界定是科斯定理的核心前提之一。科斯于1960年在其论文中强调，只有当各方对其拥有的权利和责任有清晰的认识时，他们才能有效地进行交易。明确的产权不仅包括所有权的归属，还包括使用权、收益权和转让权的明确。这种明确性是市场交易发生的基础，它减少了潜在的冲突和法律纠纷，从而有助于资源的高效配置。

然而，实际情况往往复杂，产权可能因历史、文化或法律环境的差异而出现模糊。在这些情况下，产权界定的不明确可能导致资源配置效率低下，如Demsetz于1974年发表在美国经济评论（The American Economic Review，AER）的文章所述，明确和可执行的产权是降低交易成本和解决外部性问题的有效手段。

2. 交易成本为零

交易成本为零是科斯定理的另一个关键假设。这意味着在进行交易时，双方不需要承担任何成本，包括信息获取、谈判以及执行交易的成本。在没有交易成本的理想状态下，资源配置的效率最高，因为所有的经济主体都可以自由地交易，直到再没有任何交易能够提高某人的福利而不损害他人福利。

在没有交易成本的情况下，任何资源的配置都将通过市场参与者之间的自由交易得到最优化。科斯通过这一假设说明，如果没有交易成本，资源将自动流向能够产生最大价值的使用者手中，市场机制本身就能解决外部性问题。

然而，完全没有交易成本是不现实的。在实际市场中，交易成本普遍存在，包括但不限于法律费用、信息不对称导致的成本以及合同的监督和执行成本。Williamson 于 1979 年在其交易成本经济学中提出，交易成本是现代企业存在和边界确定的重要原因。因此，科斯的这一理论假设虽有助于理解市场机制的潜在效率，但其应用需结合实际情况进行调整。

（三）帕累托效率和帕累托改进（表7-4）

表7-4　帕累托效率和帕累托改进

概念	定义	关键特征	举例
帕累托效率	在某种资源配置状态下，不可能再重新分配资源使某人变得更好而不让其他人变得更差	无法通过改变资源分配来增加任何人的福利而不损害他人	如果经济中每个人的需求都得到满足，且再无改善空间，则达到帕累托效率
帕累托改进	从当前状态出发，可以重新分配资源使至少一人变得更好，而不使任何其他人变得更差	至少一个人的福利提高，而无人受损	如果一个人通过获得更多的资源变得更好，而其他人的福利没有减少，则实现了帕累托改进

1. 两者的区别

帕累托效率是一种状态，描述的是一个理想的资源配置，其中任何进一步的调整都会损害至少一个人的福利。而帕累托改进是一个过程，描述的是从一个非帕累托效率的状态向帕累托效率状态过渡的路径。

2. 两者的应用差异

在实际应用中，帕累托改进常用来评估政策变动或经济决策是否能够在不损害他人的情况下提升至少一方的福利。而帕累托效率则是评价经济或市场状态是否最优的一种理想标准。

3. 两者的经济决策

帕累托效率常常用于理论分析和经济学的基准，而帕累托改进则更具有实际操作性，它允许政策制定者评估改变是否能实际改善某些群体的福利，同时确保不会对其他群体造成损害。

二、科斯定理的实际应用——美国联邦通信委员会（FCC）频谱拍卖

在实际应用中，科斯定理的价值在于它提供了一种分析和解决外部性问题的框架。频谱资源作为一种有限的国家资源，其合理有效的配置对于国家的通信基础设施至关重要。1990 年代初，美国联邦通信委员会（FCC）采取了极具历史意义的措施，通过拍卖的方式分配无线电频谱，这一决策极大地提高了频谱的使用效率并促进了电信行业的竞争与创新。这种方法的实施很好地体现了罗纳德·科斯在其理论中提出的观点：通过明

确产权并减少交易成本，可以实现资源的高效配置。

在频谱拍卖实施之前，FCC 主要通过审查和彩票系统来分配频谱。这种方法存在明显的缺陷：①效率低下，彩票系统无法保证频谱资源分配给能够最有效利用的企业。②缺乏激励，企业获得频谱后，可能缺乏足够的动力来最大化其使用价值，因为他们的成本较低。③浪费资源，频谱资源有可能未被充分利用，或是被投机性持有，等待价格上涨。

通过频谱拍卖，FCC 不仅明确了频谱的所有权，还界定了使用权、转让权等，使这些权利可以在市场上自由交易。这一举措解决了以往通过彩票系统无法有效界定产权的问题。此外，在拍卖制度之前，企业获取和利用频谱的交易成本极高，包括申请成本、等待时间以及不确定性带来的成本。拍卖制度通过提供一个透明和可预测的平台，显著降低了这些成本。企业可以根据自身需求和支付能力来决定是否竞购频谱，而市场机制保证了频谱向价值最大化的使用者流转。

在这一过程中，FCC 采用了多轮出价拍卖模式，这允许参与者在多轮中根据竞争情况调整自己的出价。这种动态的竞拍过程有助于反映真实的市场需求和频谱的真正价值。FCC 频谱拍卖的案例展示了通过明确产权和降低交易成本，可以有效地解决资源配置的外部性问题。不过，这种方法的实施也需要考虑市场结构、参与者多样性及持续的政策和监管支持，以确保长期的市场健康和资源的有效利用。

三、科斯定理的局限性

科斯定理在理论上为解决外部性问题和资源配置提供了极具影响力的框架，然而在现实世界的应用中，这一理论的有效性受到了诸多限制。以北京市的"平房"改造项目为例，这些历史悠久的老旧住宅区急需改造以改善居住条件，但项目的实施面临着高昂的交易成本和产权界定的复杂性。首先，交易成本包括信息获取、谈判以及合同制定的高额费用，这些成本来源于居民对权利范围理解的不足、参与谈判的居民数量众多以及法律支持的需求。其次，产权的不完全界定，如产权归属的模糊和法律政策的限制，进一步阻碍了有效的市场交易。这些问题的存在使科斯定理中假设的零交易成本和完全明确的产权在实际操作中难以满足，导致理论上的资源配置效率在现实中无法实现。因此，虽然科斯定理提供了处理资源配置问题的理论工具，政策制定者在实际应用中必须考虑到这些实际因素，通过制定更精确的法律和政策来降低交易成本和明确产权，以便更有效地利用市场机制解决经济问题。

四、科斯定理在微观经济学中的应用

科斯定理在微观经济学中的应用广泛，特别是在分析市场失败和政府干预的效率问题时。通过科斯定理，经济学家能够更深入地理解市场机制在资源配置中的作用以及政府如何通过政策干预来改善市场结果。

1. 分析市场失灵

在许多实际情况下，市场失灵发生在市场不能有效地解决资源配置问题，且个体经济行为产生的成本或者利益不能完全由市场价格反映的情况下，这些通常表现为外部性或公共品的存在。科斯定理提供了一个分析框架，帮助理解在这些情况下市场为何失灵，并探讨如何通过改进产权制度或减少交易成本来改善市场表现。

2. 处理外部性

外部性发生在一个经济体的行为直接影响其他经济体的福利，而这种影响没有被市场价格所反映。例如，工厂排放的污染可能会影响周边居民的健康，但这种成本并未在工厂的运营成本中体现。科斯定理指出，如果能够无成本地定义和交换产权，那么不论法律如何规定产权，资源都能通过协商达到效率的配置。然而，在实际中，由于交易成本的存在（如谈判成本、信息成本、监督和执行成本等），使这种理想的资源重新配置很难通过市场机制实现，从而导致市场失灵。根据科斯定理，如果能够降低交易成本并清晰界定产权，相关方可以通过协商解决外部性问题，达到资源配置的效率。例如，在一起涉及噪音污染的案例中，如果受影响的居民可以与制造噪声的工厂自由协商补偿，那么理论上可以达到双方都满意的解决方案，而无需政府干预。

3. 公共品和集体行动问题

公共品的特征是非排他性和非竞争性，即人们不能被排除在使用之外，个人的使用也不会减少其他人的使用。如空气质量和国防，这些服务的提供对所有人几乎都是开放的。在这种情况下，市场往往无法有效提供足够的公共品，因为个体没有足够的激励来支付这些商品或服务，进而导致"搭便车"问题。科斯定理在这里的应用揭示了即使在公共品的情况下，如果交易成本足够低且产权可以界定，那么通过私人谈判也可能有效提供公共品。但在实际中，即便科斯定理的基本定理得以满足，市场失灵同样也有发生的可能，因为即便产权定义清晰，公共品的非排他性质使其难以通过市场机制单独交易。

尽管科斯定理建立在理想化的假设之上，它却为微观经济学领域内诸多问题的分析与解决提供了一个极为有力的理论架构。通过深入理解并运用科斯定理的基本原则，我们能够更加精准地诊断和应对市场失效、外部性问题以及政府干预的效率障碍。科斯定理启示我们，通过精确界定产权并削减交易成本，能显著增强市场的自我调节机制，从而降低对政府干预的依赖，并推动经济资源向更高效的配置转移。

五、科斯定理在碳排放及其交易中的应用

碳排放权概念深植于更广泛的环境权益中，这种权益首次在1960年提出，并通过1972年《联合国人类环境会议宣言》得到官方承认。该宣言强调，环境需求首先是人的基本生存需求，这不仅是人的生命权和健康权的延伸，而且是每个人共享的基本人权，即"基本环境权"。进一步地，1992年签署的《联合国气候变化框架公约》（UNFCCC）正式引入了碳排放权的法律概念。此外，1997年《京都议定书》作为对UNFCCC的补充，采用了"共同但有区别的责任"原则，为各国设定了具体的减排目标和分配碳排放配额，从而催生了碳排放交易市场。《京都议定书》将二氧化碳、氧化亚氮、甲烷、全氟碳化物、六氟化硫及氢氟碳化物列为温室气体。由于这些气体的排放量可以转化为二氧化碳当量，因此温室气体排放权交易也被称为"碳排放权交易"，交易场所称为"碳排放权交易市场"。

科斯定理在碳排放及其交易市场的应用揭示了如何通过明确的产权界定和交易成本的降低来解决外部性问题。碳排放权的概念，根源于环境权益，特别是1972年《联合国人类环境会议宣言》中提出的"基本环境权"，强调了每个人对于健康生活环境的基本权利。随后的法律发展，如1992年的《联合国气候变化框架公约》及1997年的《京都议定书》，进一步具体化了这种环境权益，通过设定明确的碳排放配额和减排目标，为碳排放权交易提供了法律基础。这些政策的制定和实施，体现了科斯定理中关于产权明确性的要求，同时通过建立碳排放权交易市场，有效降低了交易成本，使市场机制能够在全球范围内调动减少温室气体排放的积极性。这不仅显示了科斯定理在现代环境政策中的实际应用，也突出了通过市场机制解决环境外部性问题的潜力（表7-5）。

表7-5 科斯定理在碳排放及其交易中的应用

分类	描述	详细说明
产权的明确界定	通过具体化排放权，为每个排放单位设定明确的产权	企业必须持有足够的碳排放权才能进行生产活动，超额排放需在市场购买额外配额
降低交易成本	建立碳排放交易市场，为碳排放权买卖提供平台，降低交易成本	企业可以自由买卖碳排放权，使排放权流向价值评估最高的企业，激励减排或投资碳捕捉技术
碳排放交易的效果	市场机制通过碳排放权交易实现环境保护和经济效益的双重目标	企业通过减少排放节省成本或通过出售剩余排放权获得收入，促进清洁技术创新，推动低碳社会转型
结论	科斯定理在碳排放交易中展示了市场机制和政策设计处理环境问题的有效性	尽管存在挑战如全球参与度不均、监测和执行难度，科斯定理提供了分析和设计环境政策的有力框架，促进全球环境保护和可持续发展

六、活动设计

（一）活动目的

通过模拟碳排放权交易市场，参与者将理解产权明确与交易成本对碳市场运行的影响，学习如何通过市场机制解决环境外部性问题。参与者可以进行如下角色分配：

企业家：需要购买碳排放权以继续他们的生产活动。

政府：负责碳排放权的初始分配和规则设定。

监管机构：确保市场规则的遵守，监督交易的公平性。

（二）活动准备

教育培训：在活动开始前，对所有参与者进行碳排放交易的基本教育，解释科斯定理、碳排放权的概念和交易规则。

资源分配：每个企业家角色获得一定量的初始碳排放配额和一定的虚拟货币。

市场平台：设置一个简易的电子交易平台，参与者可以通过这个平台购买或出售碳排放权。

（三）活动流程

第一阶段：初始配额分配

政府根据每个企业的历史排放数据分配初始碳排放配额。

企业可以根据自身的减排计划和生产需求评估是否需要购买额外配额。

第二阶段：模拟交易

开放电子交易平台，允许企业自由买卖碳排放权。

企业可根据市场价格决定是购买碳排放权以增加生产，还是通过技术改进减少碳排放并出售剩余配额。

第三阶段：市场调整

政府根据市场情况调整碳排放总配额，模拟政策调整对市场的影响。

企业根据新的市场条件再次做出投资或调整决策。

（四）活动分析与讨论

活动结束后组织一次讨论会，让参与者分享他们的体验、策略和观察。同时分析市场动态，讨论产权明确与交易成本在实际碳市场中的作用和影响。

（五）反馈与评估

收集参与者的反馈，评估活动的教育效果和实践体验。考虑反馈意见，改进未来的模拟活动设计。通过本次模拟产权交易活动，同学们不仅能够深入理解碳排放权交易的机制，还能体验到产权如何影响环境政策和市场效率，并进一步加深我们对环境经济政策的认识和理解。

思考题

- 科斯定理的核心原理是什么？请解释科斯定理是如何解决外部性问题的。

- 碳排放交易中存在的外部性问题是什么？科斯定理如何帮助解决这些问题？

- 交易成本和谈判成本在碳排放交易中扮演着什么角色？科斯定理如何帮助降低这些成本？

- 科斯定理提到了产权安排和交易机制的重要性。请解释为什么明确的产权和有效的交易机制对于解决碳排放问题至关重要。

- 信息不对称和交易难题如何影响碳排放交易的效果？科斯定理能否提供解决这些问题的方法？

- 政府在碳排放交易中起到什么样的角色？科斯定理如何指导政府在引导碳排放交易中的干预和规制？

- 针对未来碳排放交易，科斯定理可能面临哪些新的挑战和问题？您认为如何提高碳排放交易的效率和可持续性？

- 碳排放交易在不同国家和地区的实施可能会面临不同的情境和挑战。科斯定理能否适用于各种国家和地区的碳排放问题？请解释原因。

- 科斯定理在经济学中的应用不仅局限于碳排放交易，还可以用于解决其他类型的外部性问题。请列举另外两个领域，说明科斯定理在这些领域的应用。

- 科斯定理的局限性是什么？是否存在其他理论或方法可以补充科斯定理在碳排放交易中的应用？请提出您的观点。

章节小结

本章深入探讨了碳排放交易的理论基础，包括外部性理论、公共品理论和科斯定理，这些理论对理解和设计有效的碳排放交易机制具有重要意义。

外部性理论为我们提供了理解碳排放对环境影响的框架。碳排放作为一种典型的负外部性，其对全球气候造成的影响并未在市场交易中得到适当的体现。碳排放交易通过内部化这些外部成本，即将碳排放的环境成本计入企业的运营成本，激励企业寻求减排解决方案。通过设定碳排放上限并允许排放权的市场交易，这一机制促使企业在满足环保目标的同时寻找成本效益最高的减排方法。

公共品理论在碳排放交易中扮演了关键角色。碳排放具有全球性的公共品属性，其管理挑战在于非排他性和非竞争性这两大特点，导致传统市场机制难以有效调节。通过政府设定的碳排放配额和市场交易，碳排放交易充分利用了市场力量，实现了公共资源的有效管理。这不仅突显了政府在制定和监管市场中的重要作用，也展示了通过市场机制来优化公共品供给的可能性。

科斯定理为我们提供了一个理论视角，通过产权的明确界定和减少交易成本，探讨了如何通过市场机制解决环境外部性问题。在碳排放交易中，科斯定理强调了明确的产权分配和低交易成本的重要性。通过建立碳排放权市场，政府和市场参与者能够以更低的成本进行交易，从而推动碳排放总量的有效控制和减少。

尽管理论提供了指导碳排放交易设计的框架，但实际操作中存在的挑战仍需国际合作和政策创新来克服。这包括确保配额分配的公正性、应对市场价格的波动性以及加强全球各地区之间的协调合作。这些理论的实际应用效果也依赖于严格的监管框架、市场的透明运作和公正的配额分配机制。

本章通过对外部性理论、公共品理论和科斯定理的讨论，不仅加深了我们对碳排放交易理论基础的理解，也为实际操作中设计和实施有效的碳市场策略提供了理论支持。随着技术进步和国际政策的进一步发展，这些理论将在全球碳减排努力中发挥更大的作用，推动全球气候变化治理向更加有效和可持续的方向发展。

拓展阅读

1.Deneulin S，Townsend N.Public goods，global public goods and the common good［J］. International Journal of Social Economics，2007，34（1/2）：19–36.

本文探讨了全球公共产品（Global Public Goods，GPGs）概念在公共经济学中的新应用及其在国际发展领域中的重要性。研究的主要目的是分析这一理论框架如何助力于理解和促进人类福祉。通过综合分析国际发展中的共同利益，本文提出了一个扩展的视角，认为全球公共产品的有效供给不仅仅关乎个体的福祉，更涉及到群体层面的集体福祉。本研究强调，为了提升全球公共产品的供应效率与公平性，必须重新审视和培育全球社群中的共同利益。文章最终指出，理解并重塑国际共同利益的概念，是当今发展理论和政策研究中的关键任务，这对于构建一个更加和谐和可持续的全球化世界至关重要。

2.Hong Y，Lyu X，Chen Y，Li W.Industrial agglomeration externalities，local governments' competition and environmental pollution：Evidence from Chinese prefecture–level cities［J］.Journal of Cleaner Production，2020，277：123455.

本文通过整合中国地方政府在工业集聚中的竞争行为及其环境外部性的分析框架，理论上探讨了由地方政府竞争引发的工业集聚可能产生的环境外部性。研究使用了2007~2016年覆盖中国282个地级市的面板数据，并应用空间计量经济方法来测试工业集聚与地方政府竞争互动对环境污染及其空间溢出效应的影响。实证结果表明，相较于单一的工业集聚，工业集聚与地方政府竞争的结合是解释当前环境污染变化的关键因素。具体而言，专业化集聚与地方政府的税收竞争之间的互动通过过度拥挤效应对环境产生负面外部性，而多样化集聚与地方政府的投资竞争之间的互动则通过集中排放效应产生负面外部性。这些互动均具有显著的空间溢出效应，相邻地区在"底部竞争"策略互动及相关产业的共同影响下，将形成更大规模的过度拥挤效应和集中排放效应。根据本研究的结论，本文提出了一些政策建议，以优化地方政府的竞争行为和工业集聚，共同控制环境污染。

3.Kaul I，Grunberg I，Stern M A.Global public goods：international cooperation in the21st century［M］.Oxford：Oxford University Press，1999.

《全球公共产品：21世纪的国际合作》一书通过分析全球公共产品的概念及其对现代公共管理学的意义，探讨了国际合作在全球化背景下的新角色。全球公共产品的讨论传统上属于国际关系领域，但本书挑战了这一观点。其认为国内政策制定与国际政策制定之间的界限正在消失，国际合作已成为国家政策制定的一部分。书中通过理论与案例研究，分析了公共产品的经济和政治科学视角，并探讨了全球公共产品如环境保护、全球流行病监控和网络空间等的特性及其政策含义。

作者在书中着重强调，随着全球化的深入，国家间的边界逐渐模糊，使全球公共产品的问题更加突出，这要求对现有的国际政策和机构进行适应性改革。尤其是在全球公共产品供给中，如何通过国际合作有效解决"非排他性"和"非竞争性"消费的困境，是书中讨论的核心问题。此外，书中还探讨了未来国际公共政策和机构可能需要的改变，以更好地应对全球化带来的市场失败问题。本书不仅扩展了对全球化讨论的焦点，还提出了一系列创新性的解决方案，以强化全球公共产品的供应，推动全球公平与安全的提升。

4.Stiglitz J E.Knowledge as a global public good.In Global public goods：International cooperation in the21st century［M］.1999：308–325.

本书深入探讨了全球公共产品的概念，并特别强调了知识作为一种全球公共产品的属性及其对国际公共政策的影响。全球公共产品具备两个关键特性：非竞争性消费和非排他性。知识，如数学定理，完全符合这两个属性：一个人的学习不会减少另一个人的学习机会，且一旦发布，任何人都无法被排除在外享受这一定理。因此，知识作为一种全球公共产品，对发展具有重要作用，这一点在《世界发展报告1998/99》中得到了强调。同时本书还分析了知识作为全球公共产品的经济特性及其对国际政策制定的深远意义，特别是在推动全球发展方面的潜在影响。

5.马丽梅，张晓.中国雾霾污染的空间效应及经济、能源结构影响［J］.中国工业经济，2014（4）：19–31.

该研究利用空间计量模型探讨了中国各省份之间雾霾污染的交互影响及其与经济变动和能源结构的关系。全局空间相关性分析表明，雾霾污染在空间上呈现显著的正相关性，特别是在京津冀、长三角及其连接的中部地区污染高聚集。研究指出，产业转移是加深地区间经济与污染空间联动性的重要因素，导致了污染的显著空间溢出效应。通过建立空间环境库兹涅茨曲线（Environmental Kuznets Curve，EKC）回归模型，分析发现雾霾污染程度与能源及产业结构密切相关。研究结果显示，污染水平与人均 GDP 的增长关系不符合传统的倒"U"形 EKC 假设，而是随经济增长持续上升。综合实证分析表明，邻近地区通过产业转移实现的环境质量改善只是短期的，严格环境规制地区如北京、天津未能完全获得其政策效益，这强调了区域间联防联控的必要性。长远来看，调整能源消费结构和优化产业结构是解决雾霾问题的关键，而短期内减少劣质煤的使用则是一种有效措施。

第八章
碳汇交易的原理、机制和作用

碳汇，作为对抗全球气候变化的重要战略资源，已经成为国际社会关注的焦点。碳汇交易不仅有助于减少大气中的温室气体浓度，而且促进了生态保护和可持续发展的双重目标。本章将系统地探讨碳汇交易的原理、机制及其在全球碳市场中的作用，旨在深化理解碳汇如何作为一种有效的市场工具，被应用于全球气候治理。

碳汇交易的核心原理是通过植树造林、湿地恢复等生态工程，或通过技术手段直接从大气中捕获二氧化碳，从而"负排放"温室气体。这种通过自然过程或技术手段吸收和存储二氧化碳的能力，形成了可交易的碳信用。在国际碳市场中，这些碳信用可以被有减排需求的国家或企业购买，以补偿其排放过量的部分，实现全球温室气体减排的总体目标。

在机制设计上，碳汇交易需要考虑到碳汇的量化、监测、报告以及验证过程。这一过程确保碳汇交易的透明度和信用度，是市场运作的基础。同时，国际间的合作与协调机制也至关重要，它涉及到碳汇交易规则的统一、执行标准的制定以及合规性的监督。

此外，碳汇交易还带来了一系列的社会经济效应。它不仅可以为生态保护项目提供资金支持，还能在一定程度上促进当地社区的经济发展，提高社区居民的生活质量。然而，碳汇交易也面临着诸如碳泄漏、社会不平等以及生态风险等问题，这些都需要在实际操作中得到妥善处理。

本章将通过案例分析和理论探讨，全面展示碳汇交易在全球碳市场中的地位和功能，探讨它如何成为连接生态保护与经济发展的桥梁，以及在全球气候政策中的战略意义。

第一节 碳汇交易机制的要素

★ 理解碳汇定义和分类

★ 掌握如何监测碳汇项目的碳吸存量及其中的技术和工具

★ 了解碳汇项目如何进行第三方验证及这一过程的重要性

★ 学习与碳汇交易相关的法规、标准及参与者的权利与义务

★ 了解政府在推动碳汇交易中的政策工具和支持措施

★ 掌握碳市场的运作方式和碳汇交易的市场机制

★ 分析碳汇交易对经济的潜在影响，包括成本和收益

★ 评价碳汇项目在减少温室气体排放和其他环境效益方面的效果

一、定义与分类

在探讨碳汇的分类前，首先需要了解碳汇。碳汇指的是通过某种方式吸收并储存大气中二氧化碳的过程或系统，并对于缓解全球气候变化具有重要作用。根据形成和操作方式的不同，碳汇主要被分为两大类：自然碳汇和人工碳汇。

（一）自然碳汇

自然碳汇指的是通过自然过程，如植物光合作用，海洋及土壤等自然生态系统吸收和储存大气中的二氧化碳。这种类型的碳汇是碳循环的一部分，对于减缓全球变暖具有重要作用。自然碳汇的主要类型包括：

森林碳汇：树木和森林通过光合作用吸收二氧化碳并转化为氧气，同时将碳质储存于木质部分。全球森林是最大的陆地碳汇之一。

海洋碳汇：海洋覆盖地球表面的大部分，通过浮游生物的光合作用及溶解作用吸收大量二氧化碳。海洋碳汇是地球最大的碳汇系统。

土壤碳汇：土壤通过植物残体和微生物活动形成有机质，从而在土壤中储存碳。健康的土壤碳汇对于维持生态平衡至关重要。

亚马逊雨林是全球最大的热带雨林，占地超过550万平方公里，穿越九个国家，是地球上生物多样性最丰富的地区之一。这片雨林对地球的氧气供应和碳循环具有不可估量的影响，常被誉为"地球之肺"。亚马逊雨林通过其广阔的树木群体吸收大量二氧化碳，对抗气候变化发挥着至关重要的作用。据研究显示，这片雨林每年能吸收约20亿吨二氧化碳。然而，由于不断的森林砍伐和频繁的火灾，亚马逊雨林的这一功能正在迅速减弱。森林砍伐不仅减少了碳储存量，还破坏了生物多样性，加剧了全球变暖，因此保护这片古老雨林的重要性日益凸显。

从亚马逊雨林北上，加拿大的北方森林，作为地球上最大的陆地生态系统之一，覆盖了加拿大近三分之一的土地面积。这些广袤的森林区域不仅是无数野生动植物的家园，也是全球重要的自然碳汇。加拿大森林的碳吸收能力巨大，每年可吸收大约2.3亿吨二氧化碳，从而帮助抵消了部分温室气体排放。此外，这些森林还提供了水源保护、空气净化等生态服务，对全球环境和气候调节起着关键作用。保护和可持续管理这些森林资源是全球碳平衡的重要一环，不仅有助于保护生物多样性，也对防止全球气候进一步恶化具有重要意义。

（二）人工碳汇

人工碳汇涉及通过人为活动增加碳的储存，以及人为创建或增强的系统，旨在从大气中移除二氧化碳并进行长期储存。人工碳汇的典型形式包括：

碳捕捉与封存（CCS）：此技术涉及捕捉工业过程或能源生产中产生的二氧化碳，然后将其运输并储存于地下地质结构中。

碳捕捉与利用（CCU）：不同于CCS，CCU技术捕捉二氧化碳后将其转化为其他有用的产品，如化工材料或燃料。

植树造林和森林管理：通过种植树木和改善森林管理实践，增加森林面积或提高森林的碳储存能力。

中国的京津风沙源治理工程是一个具有里程碑意义的生态恢复项目，旨在通过大规模植树造林活动，改善北京和天津周边的生态环境，并增强地区的碳汇能力。该项目始于2001年，覆盖了北京、天津及其周边省份的400万公顷土地。目标是通过种植耐旱且生长周期长的树种，如杨树和柳树，来固定沙土，减少沙尘暴，并通过这些新植森林吸收大量的二氧化碳。研究显示，这些新植入的森林每年能吸收上百万吨的二氧化碳，显著提高了区域的空气质量，同时为当地居民提供了更多的绿色空间，改善了生态系统服务。此外，该项目还促进了地方经济发展，为社区提供了众多就业机会，包括苗圃管理、树木种植和后续维护工作。

美国的伊利诺伊盆地碳封存项目则代表了另一种类型的人工碳汇——碳捕捉与封存技术（CCS）。该项目主要集中在伊利诺伊州中部，由美国能源部资助，旨在探索和验证大规模碳封存的可行性和安全性。项目的核心是捕捉大规模工业设施（如电厂）排放的二氧化碳，并将其输送至地下深处的岩层中长期封存。项目通过使用先进的监测技术，确保封存的二氧化碳不会逸出，从而减少温室气体的排放。此技术不仅帮助电厂减少了对气候变化的影响，还推动了相关技术和安全措施的发展，为全球碳封存技术的推广和应用提供了重要数据和经验。

这两个案例展示了人工碳汇项目在全球碳减排策略中的重要性和多样性。中国的京津风沙源治理工程利用生态工程手段增强自然碳汇功能，而美国的伊利诺伊盆地项目则通过技术创新实现了工业碳排放的有效管理和封存。这两种方法虽截然不同，但都体现了人工碳汇在应对全球气候变化中的核心作用，同时也强调了跨国合作和技术交流在推动环境保护和可持续发展方面的必要性。

二、监测和验证

（一）监测方法

为确保造林项目所产生的净碳汇量具有透明性、可测量性和可核实性，制定碳汇监测（Carbon Monitoring）计划是编写项目可行性研究报告的必要步骤。监测碳汇的有效性是一个涉及多方面技术和方法的过程，主要包括遥感技术、地面测量以及数据建模等方法。通过卫星和航空遥感技术，可以大范围地监控森林、湿地等碳汇地的覆盖变化和生态状况，这是迄今为止最为广泛的监测方法。地面测量则提供了更为详尽的数据，包括土壤碳储量、植被生长状况等关键参数，这些数据对于验证遥感技术的准确性至关重要。数据建模则通过整合遥感数据和地面测量数据，运用生态模型和气候模型来预测碳汇的变化趋势。

在前文提到的亚马逊雨林中，其实施开展的碳汇监测项目使用卫星遥感技术监测亚马逊雨林的碳吸收量和碳释放量。通过对比不同年份的森林覆盖数据，科学家们能够评估森林砍伐和再生对碳循环的影响。此外，该项目还结合地面测量数据，以提高数据的准确性和可靠性。在美国加利福尼亚州的森林碳存储监测计划项目中，加州政府与地方大学合作，运用地面测量与遥感技术相结合的方法，定期评估州内森林的碳存储量。通过长期数据收集，这一计划不仅帮助监测森林碳汇的变化，还为政策制定提供了科学依据。

（二）验证程序

验证碳汇项目的有效性是确保碳交易公正性和透明性的关键步骤。验证程序通常由第三方独立机构执行，包括项目设计文件的审核、实地考察、历史数据分析及模型验证等环节。这些机构根据国际认可的标准（如联合国清洁发展机制标准）来评估项目是否达到了其预定的碳减排或碳存储目标。成功验证的项目能获得相应的碳信用额，进而在碳市场上进行交易（表8-1）。

表8-1　常见碳汇验证标准

标准名称	描述	发布机构
联合国清洁发展机制（CDM）标准	旨在促进发展中国家的可持续发展，通过认证的项目可以生成碳信用额	联合国气候变化框架公约（UNFCCC）
金标志（Gold Standard）	专注于高质量碳信用项目，强调环境保护和社会福利	非政府组织，由 WWF 及其他国际 NGO 支持
VCS 项目标准（Verified Carbon Standard）	用于验证和认证碳减排项目，确保项目的真实性、可测量性和永久性	Verra（原名 Verified Carbon Standard）
美国碳注册处（ACR）标准	提供框架和标准以量化、验证和认证温室气体（GHG）减排量和增汇量	美国碳注册处（ACR）
气候、社区与生物多样性标准（CCB）	强调项目在减碳的同时，还应带来社会和生物多样性的益处	Verra

举例来说，德国 TÜV SÜD 公司和英国瑞士标准协会（SGS）是严格的国际验证程序在确保项目质量和增强市场信任中的典范之一。在巴西的森林碳汇项目中，TÜV SÜD 采用了科学的方法来证明碳汇效果，并对项目的管理和监测方法进行了全面的评估和审核。这种细致的验证过程符合国际碳市场对透明度和可靠性的高标准，确保了碳汇项目的每个环节都能达到预期的环保和碳减排效果。同样，在肯尼亚的农业碳汇项目中，SGS 通过实地考察、历史数据比对以及与国际标准的对照，不仅验证了项目的真实性，还强化了其科学性和实用性。这些举措帮助确保了项目在提升土壤碳储量的同时，也能为当地社区带来可持续的发展福利。TÜV SÜD 和 SGS 通过遵循国际认证标准，有效提升了碳汇项目的整体品质和市场认可度，从而有助于推进全球共同努力实现的碳减排目标。

三、交易规则

（一）碳汇交易的定义和目的

碳汇交易，又称为碳信用交易，是根据《联合国气候变化框架公约》和《京都议定书》设定的，通过为各国分配二氧化碳排放指标来控制全球温室气体排放的市场机制。这一系统允许工业化程度高的发达国家在无法通过技术创新降低本国的温室气体排放至国际协议规定的标准时，可以通过在发展中国家投资环保项目如造林等，增加碳吸收量，从而抵消自身的碳排放。这种做法允许这些国家在技术上尚未达到降低排放目标时，通过所谓的"碳汇交易"来达成减排目标。据中国生态环境部发布的消息，截至2021年12月31日，全国碳排放权交易市场首个履约周期顺利结束，涵盖了发电行业的2162家重点排放单位，覆盖的温室气体排放量约为45亿吨二氧化碳，履约完成率高达99.5%。

从经济学视角来看，碳汇交易是排污权交易的一种特定形式，它的核心在于利用市场机制购买和出售减排的碳排放权的行为，从而激励企业采取节能减排措施。政府通过建立碳交易平台，使企业减少的二氧化碳排放量转化为可交易的资产，这不仅改善了环境，还为企业创造了新的收入来源。这种做法体现了市场对于外部性的管理，即通过内部化企业的环境成本和收益，引导其在生产决策中考虑环境因素。

从长远发展来看，碳汇交易的经济前景虽然不会立即显现，但它为解决生态系统服务（如森林和草原的价值补偿）提供了新的经济机制。因此，政府需要将碳汇资源的开发纳入城市和国家的各项发展战略中，包括经济社会发展战略、循环经济战略及节能减排战略。这不仅有助于增强碳汇的潜力，也是把握未来发展机遇的关键步骤。此外，市场的力量是不可忽视的。积极构建和参与碳汇交易市场，推动形成有效的碳价格机制，是实现环境目标与经济增长双赢的重要路径。这需要政府、企业及市场参与者共同努力，通过创新和合作，推动碳汇交易市场的成熟与发展。这不仅有助于全球气候变化的缓解，也符合经济持续发展的长期利益。

（二）交易主体

碳汇交易涉及多种交易主体，包括但不限于政府机构、企业、非政府组织以及个人。每一类主体在交易中扮演不同的角色，比如政府通常负责监管市场，而企业和个人则可能是买卖双方。

（三）交易方式

碳汇交易通常在碳交易市场进行，这些市场可以是国家或地区性的，也可以是国际性的。交易方式包括直接交易、拍卖或通过第三方中介机构。

1. 直接交易

直接交易通常发生在买家和卖家之间，无须任何中介机构的参与。这种方式常见于已建立良好业务关系的公司之间，或者在较小的、封闭的碳交易市场中。在直接交易中，交易双方可以自行协商交易的条款和价格，这种方式的优势在于交易成本较低，执行速度快（图8–1）。

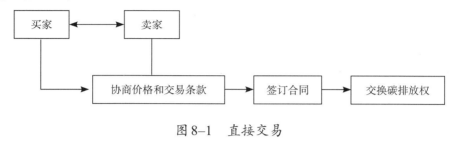

图8–1　直接交易

2. 拍卖

拍卖是碳交易市场中较为公开和透明的交易方式。在拍卖中，碳排放权的价格不是由单一买家和卖家确定，而是通过竞拍过程确定，保证了价格的市场化和公平性。拍卖可以由政府机构或其他授权的第三方组织进行，通常用于分配新的或未分配完的碳排放配额（图8–2）。

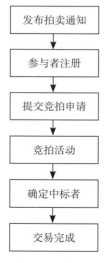

图8–2　拍卖

3. 第三方中介机构交易

第三方中介机构（如碳交易所或碳信用公司）在碳交易市场中扮演重要角色。这些机构提供交易平台、配对服务和相关的金融及咨询服务，帮助买家和卖家完成交易。第三方中介机构的存在降低了交易信息的不对称问题，增加了市场的流动性，但相对会提高交易成本（图8–3）。

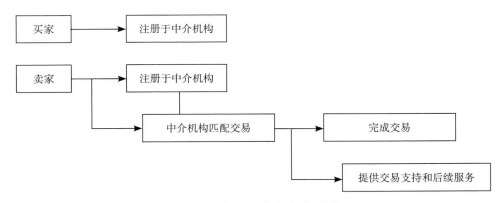

图 8-3　第三方中介机构交易

（四）交易的监管和执行

为确保碳汇交易的公正性和透明度，通常设有专门的监管机构进行监督。这些机构负责制定交易规则、监控交易行为、审查碳减排项目的合规性以及解决交易过程中的争议。

（五）交易的合法性和合规性

碳汇交易必须符合国家和国际的相关法律法规。交易双方需确保所交易的碳信用符合所有适用的环保标准和认证要求。

（六）交易双方的权利和义务

1. 买方权利

获取真实有效的碳排放权利：买方有权利获得其购买的碳排放权的真实性、有效性和合法性的保证。

获取信息和数据支持：买方有权获取关于碳减排项目的详细信息，包括项目的执行效果、监测方法和减排成果等。

2. 买方义务

遵守交易规则：买方有义务按照碳交易市场的规定进行交易，包括支付相关费用和遵守交易程序。

确保资金来源合法：买方必须保证其用于购买碳排放权的资金来源是合法的。

3. 卖方权利

获得交易价格：卖方有权获得其出售碳排放权所对应的经济补偿。

选择交易对象：在遵守市场规则的前提下，卖方可以自由选择其碳排放权的买家。

4. 卖方义务

提供真实的碳减排证明：卖方有义务确保其提供的碳排放权是基于真实、有效的碳减排行为。

遵守监管要求：卖方需按照监管机构的要求，提交必要的项目文档和监测报告，保证交易的透明性和可信度。

四、政策支持

中国政府通过多项立法和政策支持碳汇交易，在国家层面和地方实施中都做出了卓越努力。

（一）具体措施

1.《碳排放权交易管理条例》的颁布

（1）立法背景：为应对气候变化，落实国际减排承诺，中国政府决定通过建立全国统一的碳市场来控制和减少温室气体排放。这需要一套明确的法律框架来规范市场运行，确保碳交易的公正性和透明性。

（2）具体情况：2021年7月，中国正式颁布了《碳排放权交易管理条例》，标志着全国碳市场的正式启动。这是继多年地方试点后，迈向全国统一市场的关键一步。在此之前，中国自2011年起在北京、上海、广东等地开展碳交易试点。这些试点的成功经验和存在的问题为全国碳市场的建设提供了宝贵的参考。条例的颁布促进了碳交易的标准化和制度化，为未来碳市场的扩展和国际合作奠定了基础。

2.地方碳交易市场的建设与实施细则

（1）立法背景：为了响应国家碳市场的建设，各地方政府根据自身的经济特点和产业结构，制定了地方性的碳交易实施细则。

（2）具体情况：例如，广东省在2013年启动了自己的碳交易市场，成为中国碳定价和碳交易的先行者之一。广东省的碳市场不仅促进了地区内大型排放企业的碳减排，还通过碳交易所得资金支持了本地的环保和可持续发展项目。此举提高了地方政策的灵活性和适应性，为其他省份提供了模仿和学习的范例。

3.财政补贴和税收优惠政策

（1）立法背景：党中央和地方政府在近年的具体执行过程中通过不断摸索发现，为了激励更多企业和个人参与碳减排，需要提供经济激励，包括财政补贴和税收优惠。

（2）具体情况：自2014年起，中国政府逐步推出了针对碳减排技术研发和应用的财政补贴政策，以及对参与碳交易的企业给予的税收减免措施。这些经济激励措施显著提升了企业的减排积极性，促进了低碳技术的创新和应用。同时，税收优惠等政策也帮助企业减轻了经营成本，增强了市场竞争力。

（二）政策分析

1.当前政策的优势

中国政府通过《碳排放权交易管理条例》和地方碳交易市场的建设，成功建立了全国统一的碳市场框架。这种制度化的步骤确保了碳交易的公平性和透明性，为碳定价提供了标准化的参考。通过碳交易，企业被激励采取更多减排措施，因为它们可以通过出售碳排放权获得经济收益。此外，碳市场的建设也促进了绿色技术的发展和应用，尤其是在可再生能源、能效提升和碳捕捉技术等领域。

政府的财政补贴和税收优惠政策进一步激发了企业和个人的积极性。这些政策降低了投资新技术的初期成本，加速了低碳解决方案的商业化进程。税收优惠使企业在经济上得以受益，从而更愿意投入碳减排的行动中。这种经济激励措施有效地促进了私营部门的参与，增强了整个社会对气候变化行动的支持。

2. 需要改进之处

尽管取得了上述成效，中国的碳市场仍面临一些挑战和改进的空间。首先，碳市场的流动性不足是一个主要问题。市场参与度不够高，特别是一些小型企业由于缺乏资源和技术支持而难以参与碳交易。此外，碳价格波动较大，影响了市场的稳定性和预测性，从而减少了企业对长期投资的信心。其次，当前的监管体系还不够完善。碳排放的监测、报告和验证机制（MRV 系统）需要进一步强化，以提高数据的准确性和透明度。碳交易的法律和执行框架也需进一步完善，以防止市场操纵和确保交易的公正性。

3. 未来的展望

展望未来，中国的碳市场有望继续扩展和深化。随着国际社会对气候变化问题的关注持续增加，中国会逐步增强与其他国家碳市场的链接，通过国际合作提高自身碳市场的影响力和效率。这包括与欧洲联盟、加利福尼亚等成熟碳市场进行技术和策略上的合作。

我们应继续扩大碳市场的覆盖范围，包括更多行业和更广泛的温室气体种类。同时政府可以尝试尽可能增强碳市场的透明度和公众参与度，通过教育和公众意识提升活动增加市场的接受度和参与度。通过这些步骤，中国不仅能够更有效地减少温室气体排放，还能够在全球气候治理中发挥更加积极和领导的作用。

思考题

- 碳汇的定义是什么？自然碳汇和人工碳汇有何区别？
- 为什么碳汇需要通过第三方进行验证？
- 碳汇交易的监测和验证中哪些技术或工具最为关键？
- 列举几个影响碳汇交易效率的关键因素。
- 碳汇交易中，政府应如何制定支持政策？
- 如何评价碳汇交易在全球温室气体减排中的作用和效率？
- 碳汇交易市场的主要参与者有哪些？他们的角色和责任是什么？
- 碳汇交易中存在哪些潜在的道德风险或争议？
- 探讨碳汇交易对生物多样性的潜在正面和负面影响。
- 思考未来碳汇交易的发展趋势及其面临的主要挑战。

第二节　碳汇交易的原理与国际框架

学习目标

★ 明确什么是碳汇及其在全球气候变化中的角色

★ 探讨市场供需、价格形成机制及对碳汇交易的影响

★ 研究中国及其他国家在碳汇交易方面的政策、制度及实际操作

★ 评价碳汇交易对减少温室气体排放的有效性

★ 分析碳汇交易对经济发展、社会公正和环境可持续性的影响

★ 识别并分析各种市场参与者（如政府、企业和非政府组织）的利益和动机

★ 了解设计有效的碳汇交易制度面临的技术、经济和法律挑战

一、碳汇交易的基本原理

碳汇交易是应对全球气候变化的重要市场机制之一。通过建立碳市场，碳汇交易允许那些减少或吸收二氧化碳排放的行为变成可交易的碳信用。这些碳信用随后可以被那些需要减少碳足迹以满足环保要求或自我设定的碳减排目标的企业或国家购买。从经济学角度来看，碳汇交易涵盖了供需关系、价格机制等多个方面，其有效运作对于推动全球减排努力至关重要。具体原理分析如下：

（一）碳汇的市场需求

在碳汇交易中，需求主要来自那些需要达到法定碳排放标准或希望实现自愿性碳减排目标的公司和政府。随着全球对气候变化影响的认识加深，许多国家制定了严格的排放限制，迫使企业采取行动减少温室气体排放。此外，公众对环保的要求日益增加，使企业为了维护品牌形象和市场份额，需要显示其对可持续发展的承诺。这些因素共同推动了对碳汇的需求增长，市场参与者愿意支付一定的价格购买碳信用以补偿他们的碳排

放。

如图8-4所示，MAC1和MAC2曲线代表两家不同企业的边际减排成本曲线。在政府规定的碳排放权制度下，每个企业被分配了等量的碳排放权，即E^*。若企业的碳排放量超出了E^*，则需要按照每单位C^*的费用支付额外的排放费用。

在这样的制度下，企业1的实际排放量为E_1，低于其被分配的E^*。因此，它可以将其未使用的碳排放权，即（$E^* - E_1$）单位，出售给需要额外排放权的企业。企业1的出售价格会高于其自身的边际减排成本，这样它就能从中获得利润。企业2的实际排放量为E_2，超出了其被分配的E^*。为了满足其高于E^*的排放需求，企业2会在市场上购买（$E_2 - E^*$）单位的碳排放权，并且愿意为每单位排放权支付一个低于自身边际减排成本的价格，以减少自身的减排成本。通过这样的交易，企业1和企业2都能够在遵守政府排放规定的同时实现经济效益的最大化。

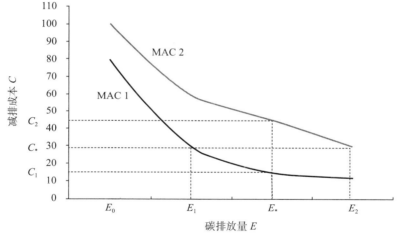

图8-4　碳交易减排机制

（二）碳汇的供给动态

碳汇的供给主要来源于林业、农业和其他生态恢复项目。例如，通过植树造林、可持续森林管理、改善农业土地使用和恢复自然生态系统等措施，可以有效增加碳的吸存能力。这些活动不仅提供了必要的碳汇，还带来了生物多样性、土壤保护、水源保持等额外环境利益。经济激励，如碳信用的销售收入，对于支持这些项目的可持续性至关重要。供给量的变化直接受到市场价格信号的影响，而这些价格信号则依赖于监测和验证碳汇项目的效果。

（三）价格机制与市场调节

碳汇交易的价格机制是其市场原理中的核心。价格由市场上的供需关系确定，受多种因素影响，包括政策变动、技术进步、经济条件以及其他市场因素。理论上，碳价格应反映减排成本的真实差异，激励低成本减排方案的实施。此外，价格的波动也反映了市场对未来政策和经济前景的预期。有效的价格机制可以确保碳市场的流动性和灵活性，促进碳减排技术的创新和投资。

碳交易的实施既有助于发现减排成本和未来碳价，推动企业减排科技创新和行业绿色转型，又可能增加纳管主体的成本，导致下游企业和消费者的负担增加，甚至引发企业间的污染转移。其正面效应包括碳排放权市场反映出最新的减排单位成本，推动减排成本的发现，以及通过碳交易压力推动企业减排和转型。然而，负面效应主要表现在碳价增加带来的成本上升，可能导致纳管主体产品市场竞争力下降，成本转嫁给下游企业和终端消费者，以及碳交易机制地域性强导致投资转移等方面。因此，碳交易是一项既有积极意义又存在挑战的重要环保政策措施，需要政府、企业和社会各方共同努力，以实现全球碳减排和可持续发展目标。

二、国际框架

（一）《京都议定书》

1. 背景

京都议定书的背景可以追溯到全球环境问题的日益严峻，特别是20世纪80年代末期关于全球变暖的科学共识形成之后，国际社会越来越认识到温室气体排放对地球气候的潜在威胁。1992年，联合国环境与发展会议（UNCED）在巴西里约热内卢举行，通过了《联合国气候变化框架公约》（UNFCCC），旨在"稳定温室气体浓度，防止人类活动对气候系统的危险干扰"。《京都议定书》正是在这一框架下的一个具体行动协议，它标志着国际社会在应对气候变化方面迈出的重要步伐。议定书的谈判历程充满挑战，涉及发达国家和发展中国家在责任、能力和经济发展阶段上的巨大差异。

2. 时间

《京都议定书》是在1997年12月的第三次联合国气候变化框架公约缔约方会议（COP3）上通过的，并于2005年2月正式生效。这个议定书是继1992年《联合国气候变化框架公约》后，国际社会在全球气候治理领域内采取的第一个具有法律约束力的国际协议。

3. 具体内容

《京都议定书》的核心内容包括设定具体的排放目标、实施时间表以及国际合作机制。议定书规定了工业化国家和欧盟必须在2008年至2012年，将其温室气体排放总量至少减少到1990年水平的95%。此外，议定书创新性地引入了三种市场机制：国际排放交易（IET）、清洁发展机制（CDM）和联合执行（JI）。这些机制允许各缔约方通过市场交易以较低成本实现排放减少目标，同时也促进了技术转移和环境可持续性。《京都议定书》的主要目标是引导和约束工业化国家减少温室气体排放，并通过市场机制激励更多的国家和企业参与到全球减排行动中。通过具体的排放减少目标和市场机制的创设，议定书试图建立一个全球性的碳市场，通过市场和财政激励措施推动低碳技术的开发和应用。

4. 全球影响

《京都议定书》的实施推动了全球碳市场的发展，尤其是通过 CDM 机制，促进了清洁能源和低碳技术在发展中国家的推广。虽然议定书在全球温室气体总排放中的直接影响有限，但它为国际社会提供了一个合作减排的框架，并对后来的国际气候协议产生了深远的影响。它的实施也引发了对气候公正、碳市场效率及其环境和社会影响的广泛讨论和研究。

5. 衍生协定

《京都议定书》的框架和原则影响了多项后续的国际气候变化协议和倡议，包括《巴黎协定》。这些协议和倡议在《京都议定书》的基础上进一步发展，旨在更广泛、更有效地应对全球气候变化问题。例如，《巴黎协定》扩大了参与主体，不仅限于发达国家，还包括发展中国家，使全球气候行动更加包容和全面。

（二）《巴黎协定》

1. 背景

《巴黎协定》是在2015年12月的《联合国气候变化框架公约》第21次缔约方会议（COP21）上达成的一项历史性全球气候治理协议。与《京都议定书》相比，《巴黎协定》涵盖了更广泛的全球参与，不仅包括发达国家，也涵盖了发展中国家的承诺和行动。协议的达成反映了全球对气候变化危机的共同认知和紧迫感，以及全球社会对实现更广泛的气候行动的需求。《巴黎协定》的背景是基于科学界对全球气候变暖可能导致的严重后果的深刻理解，以及全球社会对过去气候行动进展缓慢的反思。

2. 时间

《巴黎协定》在2015年12月12日通过，并于2016年11月4日正式生效。这一迅速的生效过程显示了国际社会对于强化气候行动的迫切意愿。协议的快速生效主要得益于大量国家表达的高度支持和迅速完成的国内批准程序。

3. 具体内容

《巴黎协定》的核心是要求所有签署国提出自国家决定的贡献（Nationally Determined Contributions，NDCs），并且每五年更新一次，以增强其减排的决心。协定设置了将全球平均温度升高控制在工业化前水平上升2℃之内，努力限制在1.5℃之内的长期温控目标。《巴黎协定》也强化了透明度框架，要求各国提供关于温室气体排放和实施NDCs进展的清晰和一致的信息。此外，协定还强调了气候适应、损失和损害以及气候融资等关键问题，要求发达国家每年至少提供1000亿美元帮助发展中国家减排和适应气候变化。《巴黎协定》的主要目标是通过全球合作限制全球平均气温升高，减少和适应气候变化的不利影响，并通过提供财政、技术和能力建设支持来强化所有国家的气候行动。这些目标体现了一个平衡的视角，旨在确保环境保护和经济发展之间的协调，同时特别关注那些最容易受到气候变化影响的脆弱国家。

4. 全球影响

《巴黎协定》对当今后疫情时代的全球气候行动产生了深远的影响。首先，它促进了全球碳排放的减少，许多国家采取了前所未有的措施来改变其能源结构和提高能效。其次，协定激励了国际社会在气候适应和气候相关金融创新方面的合作。此外，《巴黎协定》还加强了民间社会、企业界和地方政府在气候行动中的参与，使气候行动的层面更加多元化和广泛。

5. 衍生协定

《巴黎协定》的实施催生了多项国际和地区合作项目，例如全球气候行动伙伴关系（Global Climate Action Partnership）和各种跨国气候倡议，如碳定价领导力联盟（Carbon Pricing Leadership Coalition）。这些衍生协定和倡议加强了国际社会在环境保护和气候治理方面的合作，为共同应对全球气候挑战提供了新的机制和平台。

随着《京都议定书》第二个承诺期（2013~2020年）的年度审查结果在2023年第三季度公之于众，显示了发达国家在减少温室气体排放方面做出了显著努力。据报告，如果将所有批准《京都议定书》的发达国家视为一个整体，他们的温室气体排放量自1990年以来平均减少了17%。特别是欧盟，其排放量减少了25%，而德国等国家的减排比例更是达到了30%。这一成果反映了缔约方为实现《巴黎协定》中设定的减排目标所采取的必要步骤，并开始展现出积极的影响。

《京都议定书》的审查过程强调了持续监测、报告和核查（MRV）机制的重要性，这一机制自2006年以来一直是《联合国气候变化公约》的核心组成部分。在此期间，由160多名审评员组成的12个专家审评组，在首席审评员的指导下，与联合国气候变化工作人员的协助，成功发布了2022年的报告。这些报告涵盖了发达国家的各个经济部门，包括能源生产和使用、运输、工业过程、农业和废物管理等领域的排放数据，并详细记录了通过土地利用变更活动（如植树造林、再造林、森林砍伐和森林管理）实现的净排放量和碳汇量。

尽管有这些积极成果，但审查结果也显示全球仍需加大减排努力，以实现《巴黎协定》中设定的关键目标——将全球平均气温升幅相比工业化前水平尽可能控制在1.5℃

以内。这一目标的实现需要国际社会在现有基础上进一步提高减排决心，加强国际合作，并推动更广泛的技术创新和政策实施。此外，更高效的全球碳市场机制、增强的金融支持和公众意识的提升也是实现这一目标的关键因素。

在过去近20年的时间里，全球范围内来自100个国家的500多名专家参与了温室气体清单的审查工作，这些专家凭借丰富的经验为未来的报告制度奠定了坚实的基础。他们的工作不仅提高了数据的准确性和透明度，也增强了国际社会对气候变化数据的信任，为制定和实施更有效的气候政策提供了可靠的科学依据。展望未来，国际社会应当持续强化这些机制，并确保所有国家，尤其是主要排放国，积极参与到全球减缓气候变化的行动中。这种集体行动对于实现《巴黎协定》的目标至关重要，也是确保全人类可持续未来的关键所在。

思考题

- 简述碳汇交易在全球气候变化政策中的作用。
- 如何解释碳汇交易中的"碳信用"概念？
- 分析《京都协议书》和《巴黎协定》如何影响碳汇交易的发展。
- 为何全球不同国家在碳汇交易实施中存在差异？
- 讨论碳汇交易对发展中国家与发达国家的不同影响。
- 如何评价碳汇交易在实际操作中面临的主要挑战？
- 探讨碳汇交易市场中价格机制的形成与影响因素。
- 从社会经济角度分析碳汇交易对当地社区可能产生的正面和负面影响。
- 为什么透明度和监管是碳汇交易成功的关键因素？
- 设计一个理想的碳汇交易制度框架，讨论其核心组成部分及其功能。
- 思考如何通过技术创新提高碳汇的效率和效果。

第三节　碳汇交易市场

学习目标

★ 理解碳汇交易市场基本概念

★ 了解全球范围内碳汇交易市场的主要组成部分和交易机制

★ 识别市场的关键参与者

★ 了解影响碳汇价格的因素，包括供需关系、政策支持和经济环境

★ 学习支撑碳汇交易市场运行的国内外政策和法律

★ 分析碳汇交易市场在减缓气候变化中的作用及其面临的主要挑战

★ 基于现有数据和趋势，推测碳汇市场未来的发展方向

★ 通过分析具体案例，提高理论知识的应用能力

一、市场概况

全球碳汇交易市场在气候变化治理中起着至关重要的作用，各大碳市场通过碳排放权的买卖来调控温室气体的排放。以下是对全球主要碳汇交易市场的介绍：

（一）欧洲联盟排放交易体系（EU ETS）

欧洲联盟排放交易体系（EU ETS）是全球最大也是最成熟的碳市场，自2005年启动以来，已经覆盖了欧盟内部所有成员国的大部分高排放行业，包括电力、航空以及制造业等。EU ETS的核心机制是"限额和交易"系统，政府对整体碳排放设定上限，并向市场中的企业分配碳排放权。企业可以在此框架下交易排放权，以满足自身的排放需求或实现成本效益。到2020年，EU ETS覆盖了约45%的温室气体排放，交易量则超过了数十亿吨二氧化碳当量。根据国际碳行动数据库的数据，EU ETS在2020年的交易量约占全球总量的三分之一，使其成为全球最活跃的碳交易市场之一。市场效率和排放减

少的显著成效让 EU ETS 成为其他国家和地区设计和实施碳市场的典范。

（二）加利福尼亚碳市场

加利福尼亚碳市场由加利福尼亚气候投资计划和碳市场（California Cap-and-Trade Program）组成，该计划于2013年正式开始交易，涵盖了加利福尼亚州内的大多数高排放行业，包括工业、电力和交通等部门。该市场也采用了"限额和交易"的模式，政府设定整体碳排放的上限，并通过拍卖和自由分配的方式向市场主体发放排放配额。加利福尼亚碳市场是北美最大的碳市场，其特点是高度规范和严格监管，确保了市场的透明度和公平性。截至2020年，该市场的年交易量接近2亿吨二氧化碳当量，成交金额达数十亿美元，有效促进了州内的温室气体减排和可再生能源项目的发展。

（三）中国碳交易市场

中国碳交易市场于2021年7月在全国范围内启动，标志着全球最大的碳排放国正式加入碳交易市场的行列。此前中国已在多个省市试点碳交易，积累了宝贵的经验。中国的碳市场初期主要覆盖电力行业，涉及超过2000家发电企业，未来计划逐步扩展至钢铁、水泥、化工等多个高排放行业。中国碳市场采用的也是"限额和交易"机制，通过配额分配和碳信用交易来推动排放减少。

在中国碳交易市场，除法定节假日及交易机构公告的休市日外，不同的交易方式有各自的交易时段安排。采用挂牌协议方式的交易时段为每周一至周五，分两个阶段进行：上午的交易从9：30~11：30，下午的交易则从13：00~15：00。而采用大宗协议方式的交易时段则仅在每周一至周五的下午13：00~15：00进行。此外，采取单向竞价方式的交易时段将由交易机构另行公告。2022年3月15日，中国生态环境部发布了《关于做好2022年企业温室气体排放报告管理相关重点工作的通知》，该通知明确了全国碳市场第二个履约周期内发电行业的重点排放单位名录，将那些2020年或2021年年度二氧化碳排放量达到2.6万吨及以上，并且拥有符合配额管理标准的机组的单位，纳入2022年年度全国碳排放权交易市场配额管理的重点名单。同时，国家林业和草原局碳汇研究院也开发了全国首个中国核证减排量（CCER）《森林经营碳汇项目方法学》和《碳汇造林项目方法学》，这为国内碳市场林业碳汇项目的开发与交易提供了重要的指导性方法学。这些措施和发展都标志着中国碳市场在结构、管理及实施层面的进一步成熟与扩展。截至目前，中国碳市场的交易量已超过1亿吨，预计随着市场规则的完善和覆盖行业的扩大，交易量将进一步增加。

二、市场参与者

在全球碳交易市场中，市场的主要参与者包括政府、企业和非政府组织（NGOs）。

他们各自扮演着不同但互补的角色，共同推动碳市场的发展与成熟。

（一）各国政府

政府在全球碳交易市场中起着核心和引导性的作用。首先，政府负责制定和实施与碳交易相关的法律法规，这包括设定温室气体减排目标、建立碳排放配额系统、制定碳定价机制等。例如，欧盟通过其欧盟排放交易体系（EU ETS）设定了严格的排放上限和交易规则，通过市场机制促进减排技术的投资和开发。此外，政府还负责监管市场，确保交易的透明性和公平性，防止市场操纵和欺诈行为。通过这些措施，政府不仅直接影响各国内部碳市场的运作，也通过国际合作和谈判影响全球碳市场的架构和发展方向，如在国际气候谈判中推动全球碳定价机制的建立和完善。

（二）企业

企业是碳交易市场的直接参与者和最终执行者，其行为和策略对市场动态有着直接影响。在碳市场中，企业主要通过买卖碳排放权来达成法定的排放目标或实现额外的经济利益。企业在参与碳交易的过程中，需要不断评估自身的碳排放状况，选择最好成本效益的减排途径，同时寻找投资减排项目的机会，如可再生能源项目、森林碳汇项目等。此外，企业还通过碳抵消项目参与到自愿碳市场中，这些项目通常涉及社会责任和公众形象的构建，有助于提升企业的市场竞争力。例如，一些跨国公司已经承诺实现碳中和，通过购买碳信用来抵消其运营中产生的碳排放，这不仅有助于企业遵守相关法规，也是其可持续发展战略的一部分。

（三）非政府组织（NGOs）

非政府组织在全球碳交易市场中扮演着监督和推动者的角色。一方面，NGOs通过监督和评估碳市场的运作效率和透明度，帮助公众和决策者了解市场状况，揭露不公平或不透明的交易行为，推动市场规则的完善。例如，一些环保组织定期发布关于碳市场表现的报告，评估碳定价机制的公平性和有效性，倡导更为严格的监管措施。另一方面，NGOs还通过直接参与市场活动来推动碳减排项目，如开展森林保护和恢复项目，这些项目既能生成碳信用，又有助于生物多样性的保护。此外，许多NGOs还致力于提高公众对气候变化和碳市场的认识，通过教育和宣传活动增强公众参与减排行动的意识和能力。

除了政府、企业和非政府组织外，还涉及多种其他重要参与者，如第三方核查机构、金融机构和中介机构。这些参与者在市场中各司其职，共同确保碳市场的透明性、有效性和公信力。

（四）第三方核查机构

第三方核查机构在全球碳市场中扮演着关键角色，主要负责验证和核实碳排放报告和减排项目的实际效果。这些机构的核查工作是确保碳市场信誉的基石，有助于维护市场的公正性和透明性。第三方核查机构通常是独立的审核团体，拥有专业的知识和技术，能够按照国际标准进行碳排放数据的核实。

这些核查机构的工作包括对企业或项目方提交的温室气体排放报告进行独立审核，验证其准确性和真实性。此外，对于那些通过实施碳减排项目如植树造林、可再生能源项目等所生成的碳信用，第三方核查机构也需进行实地检查和数据审核，确保这些项目的碳减排量是真实有效的。这一过程有助于建立投资者和市场参与者对碳市场的信任，降低欺诈和误报的风险。第三方核查机构还需持续监控已验证项目的执行情况，确保项目持续达到其碳减排目标。此外，随着碳市场的发展和复杂性增加，这些机构的职能也在不断扩展，包括参与制定市场规则、提供技术咨询和支持碳市场的整体监管。这些核查机构因此成为连接政府、市场与项目执行者之间的关键纽带，其专业性和独立性对于整个碳市场的健康发展至关重要。

（五）金融机构

金融机构在碳市场中的角色主要体现在为碳减排项目提供资金支持和投资，以及参与碳金融产品的创新和交易。随着碳市场的成熟和扩展，越来越多的金融机构，包括银行、投资基金和保险公司，开始看到碳市场的潜在商业机会和长期投资价值。

这些机构通过提供贷款、股权投资或其他金融产品支持碳减排项目，如风能、太阳能等可再生能源项目，以及森林和土地使用改变相关的碳汇项目。这种支持不仅加速了这些项目的实施进度，也推动了低碳技术的创新和应用。除了直接投资外，金融机构还在碳信用交易中发挥作用，他们通过购买和销售碳信用以及其他碳金融衍生品，帮助管理碳排放权的价格风险，提高市场的流动性。此外，金融机构还通过发展碳市场相关的金融服务和产品，如碳交易所和碳指数基金等，为市场参与者提供更多的投资选择和风险管理工具。这些活动不仅增强了碳市场的经济活力，也促进了全球金融市场对气候变化问题的关注和响应。

（六）中介机构

中介机构在碳市场中起到桥梁和咨询者的角色，连接和协助各种市场参与者，包括项目开发者、投资者和政府等，更有效地参与碳市场。这些机构通常提供专业的咨询和管理服务，帮助客户设计和实施碳减排策略，处理碳信用的注册、交易和退市等复杂过程。

中介机构的服务范围很广，从碳足迹评估、碳减排项目的开发和注册到碳信用的销售和市场分析都有涉及。他们利用自身在市场规则、技术标准和国际政策等方面的专业知识，为客户提供定制化的解决方案，帮助他们达到碳减排目标，同时确保经济效益的最大化。中介机构还扮演着市场教育者的角色，通过组织研讨会、发布市场报告等方式，提高市场参与者对碳市场动态的理解和透明度。这一功能对于新进入市场的企业和机构尤其重要，有助于他们更快地适应市场环境，有效参与碳交易活动。

三、发展趋势

全球碳交易市场正在经历快速的发展与变革，其未来的发展方向预示着重要的经济和环境政策的转变。随着全球对气候变化问题的关注度提升，以及《巴黎协定》等国际气候协议的推动，碳交易市场预计将扩展其规模和影响力。此外，技术创新、政策制定、国际合作及市场机制的完善也将为碳市场的发展带来新的机遇。

（一）整体展望

（1）碳交易市场的扩展和深化是未来的一个重要趋势。目前，全球的碳市场已经在欧洲、北美和亚洲的部分国家和地区建立并逐步完善。随着更多国家认识到通过市场机制实现减排目标的效率，预计将有更多的国家和地区建立自己的碳交易系统。特别是在亚洲，随着中国、日本和韩国等国加强碳减排努力，碳交易市场的规模有望大幅增长。此外，随着全球碳市场的互联互通性提高，跨国和区域的碳市场链接将更为常见，这有助于提高碳定价的一致性和市场的流动性。

（2）技术创新将是推动碳市场发展的关键因素之一。随着区块链和人工智能等新技术的应用，碳市场的透明度和效率预计将大幅提升。区块链技术可以帮助追踪和验证碳排放权的交易，确保交易的安全性和不可篡改性，同时减少交易成本。人工智能技术则可以通过数据分析预测碳价走势，帮助市场参与者做出更加明智的交易决策。此外，卫星监测和遥感技术的应用也将提高对碳汇项目（如森林和其他生态系统）碳吸收量的监测精确度，增强市场信心。

（3）政策制定和国际合作也将继续发挥促进作用。随着全球气候治理体系的逐步完善，各国政府预计将出台更多激励性政策，促进碳市场的发展。这些政策可能包括税收优惠、财政补贴以及更为严格的排放标准等。同时，国际组织和多边环境协议也将继续推动国际间在碳市场政策和技术方面的交流与合作，特别是在碳定价、市场规则制定以及碳信用的互认方面。

（4）碳交易市场的发展还将带来新的经济机遇。随着市场的扩大，将有更多企业和金融机构参与到碳市场中。这不仅包括传统的能源和制造业企业，也包括金融服务业，如碳资产管理和碳金融产品开发等。此外，碳市场的发展也将促进相关行业的创新和升级，如可再生能源、能效提升技术和碳捕捉与存储技术等。这些技术和产业的发展不仅有助于减少碳排放，也将为经济带来新的增长点。

（二）我国碳市场的前景展望

中国碳交易市场的前景展望涵盖市场拓展、体制转变、电力市场化改革的影响，以及国际气候政策与碳市场链接的战略机遇。

1. 市场拓展到非发电行业

中国碳市场未来的一个重要发展方向是扩展到发电以外的行业，如水泥和电解铝等，这些行业产品相对同质，实施监测、报告和核查（MRV）相对容易。扩展的速度和顺序将依赖于各行业 MRV 体系的完善程度和国家监督的有效性。非国有企业由于缺乏直接的国家监督渠道，可能对碳市场的成本更加敏感，这需要政策上给予特别考虑，以确保碳市场在不同所有制性质的企业中公平有效地实施。

2. 从基于强度到基于总量的转变

预计中国碳市场将从当前的基于强度的排放交易体系逐步过渡到基于总量的交易体系。这一转变将有助于消除生产扩张带来的隐性产出补贴，使碳减排措施的成本效益更加明显。总量制的实施可能会提高碳减排的直接经济成本，但从长远看有利于实现更加严格和有效的温室气体控制。这种转变需要克服的主要挑战是如何平衡碳市场对企业特别是高能耗企业的经济影响。

3. 电力市场化改革的交互影响

中国电力市场化改革与碳市场的发展存在直接的交互作用。改革旨在降低电价并提高电力系统的效率和可再生能源的并网能力，这些目标与碳市场的效率提升和成本控制相辅相成。然而，电力市场化也带来了碳市场统一实施的挑战，特别是在计划内定价与市场定价并存的情况下，如何有效地传递碳成本至电力价格将是关键问题。

4. 国际接轨与市场链接

在全球多国积极寻求气候中和的大背景下，中国碳市场的国际链接提供了一个减少边际温室气体减排成本的战略机会。通过与国际气候政策接轨，特别是探索与其他国家碳市场的链接，如通过碳边界调整机制（BCAs），中国不仅可以增强碳市场的国际竞争力，还可以为本国企业提供更广泛的碳信用交易机会，从而控制碳减排成本并提升全球市场中的竞争地位。

总体来看，包括中国在内的全球碳交易市场的未来将是多方面发展和机遇并存的局面。市场的扩大、技术的进步、政策的支持以及国际合作的加强，都将共同推动碳市场向更高效、更广泛和更深入的方向发展，为全球减缓气候变化贡献力量。

思考题

- 碳汇交易市场为何在全球减缓气候变化努力中扮演关键角色?
- 描述碳汇交易市场的主要参与者,并分析他们在市场中的不同角色。
- 碳汇价格是如何形成的? 讨论影响碳汇价格的三个关键因素。
- 评述一下你认为哪些政策措施可以提升碳汇交易市场的效率和透明度。
- 探讨碳汇交易市场存在的主要挑战,并提出可能的解决方案。
- 分析一下碳汇交易市场在不同国家的发展差异及原因。
- 如何通过技术创新提高碳汇交易的准确性和可靠性?
- 讨论全球政治经济环境如何影响碳汇交易市场。
- 思考碳汇交易市场的未来发展趋势,并讨论可能出现的新机遇和挑战。
- 选择一个国家或地区,分析其碳汇交易市场的特点和成效。

章节小结

本章全面探讨了碳汇交易的原理、机制和其在全球气候变化对策中的作用。通过深入分析碳汇的定义、分类、市场结构、关键参与者以及监测和验证方法，我们提供了对碳汇交易复杂性的全面理解，强调了其在环境政策中的重要性。

碳汇包括自然碳汇和人工碳汇，是通过植物光合作用或其他技术手段从大气中移除二氧化碳的过程。自然碳汇如森林、海洋和土壤通过自然过程吸收二氧化碳，而人工碳汇包括碳捕捉与封存（CCS）、碳捕捉与利用（CCU）等技术。有效的监测和验证是确保碳汇项目准确性和可靠性的关键，通常涉及遥感技术、地面测量和数据建模等方法。

全球碳汇交易市场具有多层次结构，包括区域性和国际性市场，如欧洲联盟排放交易体系（EU ETS）、加利福尼亚碳市场和中国碳交易市场。这些市场通过"限额和交易"模式运作，设定碳排放上限并允许排放权的交易，促进成本效益最高的减排策略的实施。市场关键参与者包括政府、私营企业和非政府组织，它们在制定政策、监管市场和推动公平交易中发挥着重要作用。

碳汇价格的形成机制复杂，受供需关系、政策支持和经济环境等多种因素影响。政策如税收优惠和补贴对提高碳汇需求、推高碳价具有直接影响。此外，碳汇交易市场的法律和政策框架对确保市场的正常运作和健康发展至关重要，国际合作在这一过程中也发挥着不可或缺的作用。

尽管碳汇交易提供了有效的环境保护工具，但其实施过程中面临的挑战不容忽视。其中包括如何确保市场机制的完善、监管的严格性、公众的广泛参与以及技术的持续进步。伴随政策的优化和技术的进步，碳汇交易有望在全球碳减排努力中扮演更加重要的角色。这不仅要求持续关注和改进现有实践，也需要全球范围内的合作和创新，以确保碳汇交易能够为实现全球气候目标做出最大贡献。

拓展阅读

1.Goulder L H，Morgenstern R D，Munnings C，et al China's National Carbon Dioxide Emission Trading System：An Introduction［J］.Economics of Energy & Environmental Policy，2017，6（2）：96.

中国正准备启动全球最大的二氧化碳排放交易系统（ETS），预计此举将使全球温室气体的交易覆盖量翻倍。该系统旨在覆盖超过中国一半的温室气体排放量。国际社会对这一计划的成功寄予厚望，认为它可能成为其他国家实施类似系统的典范。然而，中国在执行此项计划时面临重大挑战，包括其庞大的国土面积、经济和地理的多样性以及国有企业的影响力。国有企业在自然气和电力行业中的主导地位及其由政府设定的价格机制，可能会削弱 ETS 的市场效率。此外，本研究基于2017年在帕洛阿尔托举行的两天研讨会成果编写，会议由斯坦福环境与能源政策分析中心及未来资源共同赞助，聚集了来自中国、美国及其他地区的决策者和学者，深入探讨了中国 ETS 的设计与实施策略。这些讨论有助于指导中国在全球气候治理中的关键角色，尤其是在优化国家排放交易策略和促进环境可持续性方面。

2.Karplus V J，Shen X，Zhang D.Herding Cats：Firm Non-Compliance in China's Industrial Energy Efficiency Program［J］.The Energy Journal，2020，41（4）：86.

本研究探讨了中国一项大规模能源效率提升计划的企业反应，尤其是关注报告质量和合规结果。通过应用统计方法识别合规报告中的数据操纵，该研究发现在计划的第一阶段（2006~2010年），企业有意夸大其性能，这表明高合规率可能被过高报告。进入第二阶段（2011~2015年），参与计划的企业数量增加了十倍，合规率却有所下降。文章构建了一个简单模型来解释观察到的非合规增加与减少错误报告之间的一致性。统计测试在第二阶段未发现操纵证据。规模较大的非国有控制企业，以及增长相对较低的城市中的企业更有可能报告非合规情况，这暗示了国家控制和地方保护主义在塑造合规决策中的作用。基于本研究的发现，文章作者为未来计划设计提供了几点经验教训。

3.Stavins R N.Addressing climate change with a comprehensive US cap–and–trade system［J］.Oxford Review of Economic Policy，2008，24（2）：298–321.

本文分析了一种针对美国国内的全经济范围内可适用的上游碳排放交易系统，该系统旨在逐步实现二氧化碳及其他温室气体排放的减少。此交易系统开始时，一半的排放许可证通过拍卖分配，另一半免费分配，随后25年内逐渐过渡到100%的拍卖分配。系统不仅包括逐步纳入的非二氧化碳温室气体，还引入了机制以减少成本不确定性。此外，该系统还提供了与其他国家减排信贷项目的链接，逐步与其他国家和地区有效的碳交易系统协调，并与其他国家的行动适当链接，以建立国内生产和进口产品之间的公平竞争环境。此分析旨在为实施有效的国内气候政策提供参考，以实现有意义的温室气体减排。

4.Vrolijk G M，Brack D.The Kyoto Protocol：a guide and assessment［M］.London：Royal Institute of International Affairs，1999.

本书旨在提供一份全面且易于理解的指南，评估了1997年在联合国总部签署的具有法律约束力的减少温室气体排放的《京都议定书》。书中探讨了该协议的背景、条款及其含义和前景。回顾了导致1997年该议定书通过的主要辩论和过程，详细介绍了其内容，并讨论了尚待解决的关键问题。一个核心主题是，京都会议中各缔约方做出的具有法律约束力的承诺与实施该协议可能使用的各种灵活机制之间存在不稳定的平衡。存在的担忧是，这些复杂的机制可能导致污染最严重的国家广泛逃避义务，从而破坏协议的目标。对于许多律师来说，关键问题将是这一国际协议的实际影响。随着一些国家已经开始采取行动，这将在国家和地区论坛中引发律师需要处理的诸多问题，因为新的市场和新的法律权利正在被创造。例如，排放交易领域在美国尤其受到关注。根据该议定书，一个缔约方在特定项目中实现的可验证减排量可以在工业化国家间转移。发展中国家也可以将可持续发展项目中认证的减排量转让给工业化国家。这种交易将涉及资本市场和环境市场之间不寻常的协同作用。已有诸如BP-Amoco、孟山都和通用汽车等大型跨国公司在试点基础上引入此类方案。然而，对于大多数公司来说，在他们投资时间和精力于排放交易方案之前，需要有更明确的市场形态信号。这些信号正从各种后京都会议中逐渐显现，如1999年11月在波恩举行的缔约方会议。

5.Schlamadinger B，Marland G.The role of forest and bioenergy strategies in the global carbon cycle［J］.Biomass and Bioenergy，1996，10（5–6）：275–300.

本研究利用 GRAZ/Oak Ridge 碳核算模型（GORCAM）探究了在16种土地使用情景下，森林和生物能源策略如何通过四种机制影响大气中碳的净通量：生物圈中的碳储存、林产品中的碳储存、使用生物燃料替代化石燃料以及使用木材产品替代更多依赖化石燃料生产的其他产品。研究发现，随着时间的推移，生物圈和林产品中的碳储量将达到稳态，持续的碳减排依赖于生物能源和木材产品替代化石燃料使用的程度。森林和生物能源策略的相对有效性及其对碳排放的影响显著依赖于场地的生产力、当前用途以及收获利用的效率。当生长率高且收获利用率高时，显著减少碳排放的主要机会是替代化石燃料。在我们的基本情景中采用的生长率和收获利用效率下，无论是采伐并用于能源和传统林产品，还是实施造林和森林保护策略，100年后的净碳平衡非常相似。提供生物质产品持续输出的种植系统的碳平衡与单一土地块的碳平衡可能有所不同。

6.Capoor K，Ambrosi P.State and trends of the carbon market2009［R］.Washington，D.C.：World Bank，2009.

这份报告由世界银行发布，提供了关于全球碳市场状态和趋势的详尽数据，包括碳汇交易的发展。这对了解碳市场的实际运作和政策动态非常有帮助。

第九章

全球海洋碳汇市场与经验借鉴

在当今环境全球化的议程中，应对全球气候变化是重要议题。海洋，作为地球最大的碳库之一，其在全球碳循环中起着至关重要的作用。如何利用碳汇，并通过市场机制实现减排目标是当前许多国家正在探索的方向。上一章我们探讨了碳汇交易市场的要素、原理与框架，本章我们将探讨全球海洋碳汇市场的形成与发展，尤其是欧盟碳汇交易市场的发展历程以及世界主要国家海洋碳汇市场的发展现状。我们将分析已有碳汇市场的亮点与问题，洞察不同国家如何通过政策和市场机制，优化碳汇管理，进而推动全球环境治理向前发展。

第一节　欧盟碳汇交易市场的发展

上一章我们学习了碳汇交易市场的概况，我们知道碳交易市场是碳排放配额（允许排放一定数量的二氧化碳或其他温室气体）和配额（代表减排量的证书）进行交易的平台。公司、政府或其他实体可以通过投资减少、避免或隔离排放的项目来产生碳配额，这些配额可以在碳市场上出售。市场包含受监管主体、金融机构和中介机构。受监管主体通常是需要参与碳市场的高碳排放行业，例如发电厂和制造设施。金融机构包括投资基金、贸易公司以及出于投资目的或代表客户参与的银行。中介机构通过连接买家和卖家来促进交易。本节我们将关注欧盟碳汇市场交易，详细了解其形成与发展过程，以及对全球减碳排放的贡献。

一、欧盟碳汇市场的建立

欧盟排放交易体系（EU ETS）是欧盟应对气候变化政策的基石，也是通过经济高效减少温室气体排放的主要工具。欧盟排放交易体系涵盖超过11000个高耗能设施（发电站和工厂）以及在这些国家之间运营的航空公司，涵盖了欧盟约40%的温室气体排放。它成立于2005年，是世界上第一个也是最大的碳交易市场，按照"总量控制交易机制（Cap and Trade）"运作。其中限额（Cap）指对系统覆盖的设施和飞机运营商可排放的某些温室气体总量设定了上限，并且该上限会随着时间的推移而减少，以减少总排放量。这种限额以排放配额表示，每一排放配额即赋予该单位排放一吨 CO_2 当量。系统内的公司必须持有等于或超过其排放量的配额。每年年末公司必须交出足够的配额以充分核算其排放量，否则将处以巨额罚款。公司会免费获得配额，也可以根据需要进行配额交易（Trade）。如果设施或运营商减少了排放，他们可以保留多余的配额以供将来使用或出售。拍卖是分配配额的主要方法，由指定平台管理，配额可由在欧盟登记处注册的任何一方在二级市场上进行交易，提倡"污染者付费"原则。在整个碳交易市场中，很大一部分配额通过拍卖分配给公司，小部分是免费提供的。配额的交易形成了碳的市场价格，并激励公司减少排放以出售剩余配额。

限额与交易原则有什么好处呢？一方面，从管理角度考虑，限额与交易考虑到所有参与者及其经济体在内的全部成本，以最低的总体成本实现既定的环境成果。传统的指挥与控制（Command and Control）方法可能会规定每个设施排放的标准限额，但灵活性有限，对企业在何处或如何减排并没有提供过多参考。另一方面，从市场角度考虑，传统方法的税收控制并不能完全保证温室气体减排目标的实现。在复杂的多国体系中，征税所有国家都需要对碳价格达成一致。在不对企业收费过高或过低的情况下，多国很难确定所需减排量的"合适价格"。交易意味着所有企业都面临相同的碳价格，并推动公司选择满足固定限额的最低成本或减少排放。在交易系统中，碳价格由市场与其他多种因素共同确定。总体限额的下降保证了企业配额的长期稀缺性，并确保配额具有市场价值。自 2005 年以来，欧盟排放交易体系已帮助发电厂和工业工厂的排放量减少了37%。除此之外，如果拍卖温室气体排放配额，这将为政府创造收入来源，其中至少50% 应根据国家元首和政府首脑的同意，用于资助欧盟或其他成员国应对气候变化。自 2013 年以来，欧盟碳交易市场已产生超过 1520 亿欧元的收入。同时，配额的出售还为欧盟排放交易体系的低碳创新和能源转型提供基金，推动各国将碳排放考量进国家预算，促进对可再生能源、提高能源效率和有助于进一步减少排放的低碳技术的投资。

最近，该系统已扩展至包含更多部门和气体。多年来，欧盟排放交易体系在推动减排方面发挥了重要作用。截至目前，它已促成其所涵盖部门的排放量大幅下降，贸易体系的收入被用于资助成员国的气候和能源举措。欧盟不断完善和加强该体系，以适应其日益增长的气候雄心，例如到2050年实现气候中和的欧盟的欧洲绿色协议。

二、欧盟碳交易市场的发展阶段

《京都议定书》于1997年达成，为首个承诺期（2008~2012年）的37个工业化国家设定了具有法律约束力的温室气体减排目标或上限。2000年3月，欧洲委员会提出了一份有关"欧盟内部温室气体排放交易"的绿皮书，其中包含了一些关于欧盟排放交易体系设计的初步想法。

1. 欧盟排放交易体系的第一阶段（2005~2007年）

第一阶段被视为试点阶段。该阶段用于测试碳市场的价格形成，并建立了必要的监测、报告和核查排放的基础设施。由于没有可靠的排放数据可用，这个阶段的上限主要是基于估算的。第一阶段主要建立了系统的基本结构并测试了欧盟内部排放交易的情况。第一阶段施行国家分配计划，每个欧盟成员国都必须制订国家分配计划，其中概述了该国打算分配的排放配额总量及其分配规则。这些计划必须得到欧盟委员会的批准，以确保符合欧盟的总体目标。这一阶段的绝大多数配额是根据历史排放数据免费分配给设施的，主要是为了减少对行业的财务影响，并获得更广泛的行业对新贸易体系的接受。《京都议定书》建立的机制允许企业通过清洁发展机制（CDM）和联合执行机制（JI）产生特定类型的减排单位。企业通过清洁发展机制或联合执行机制投资于其他国家的减排项目，基本上可以抵消自己的排放量。这些项目将产生减排信用额，企业可以使用这些信用额来遵守欧盟排放交易计划中的减排目标。在欧盟排放交易计划的初始阶段，只有在清洁发展机制下产生的单位才允许企业使用，以满足其遵守要求。第一阶段是欧盟碳交易的学习和试错阶段，经过长期实践，欧盟建立了较为健全的登记系统，准确追踪排放配额的所有权，确保交易活动的透明度和问责制，同时提高了公众和企业对碳定价和基于市场的排放控制机制的认识。尽管第一阶段在过度分配和价格波动方面存在缺陷，但对于将欧盟排放交易体系的确立发挥了重要作用。

2. 欧盟排放交易体系的第二阶段（2008~2012年）

第二阶段与《京都议定书》下的第一承诺期相同，欧盟试图通过收紧排放上限提高系统的整体稳健性。从2008年起，企业还可以使用在联合实施下产生的排放减少单位来履行他们在欧盟排放交易体系下的义务。这使欧盟排放交易体系成为CDM和JI排放减少单位最大的需求来源。与第一阶段相比，总体排放上限有所降低，对系统覆盖的部门可排放的温室气体总量有了更严格的限制。分配体制转向更多的拍卖和更少的免费配额。尽管大部分配额仍然是免费发放的，但确定分配的方法变得更加严格，以避免第一阶段出现的过度分配。欧盟排放交易体系的范围扩大到包括更多的行业和气体。从2012年起，航空排放被纳入欧盟排放交易体系，标志着该系统覆盖范围的显著扩展。该阶段实施了进一步的立法改革，以加强欧盟排放交易体系与《京都议定书》灵活机制（CDM和JI）之间的链接，从而允许更广泛地使用国际信用并促进全球碳市场一体化。欧盟也在该阶段加强了监测和报告要求，以提高数据准确性和透明度。2012年，欧盟范围内引入了单一集中式登记机构，以取代国家登记机构，简化了运营并减少了欺诈的可能性。尽管经济衰退和由此导致的工业活动下降等挑战导致配额过剩与碳价格的浮动，但该阶段建立了更强大、更有弹性的碳交易市场。这对于第三阶段的进一步改革，即重点关注长期稳定和加大减排力度提供了基础。

3. 欧盟排放交易体系的第三阶段（2013~2020年）

第三阶段与在2012年12月多哈达成的《京都议定书》第二承诺期相吻合。欧盟是已承诺在第二承诺期下设定目标的司法管辖区之一，欧盟排放交易体系将是实现该目标的关键。这一阶段的目的是提高系统的效率、有效性和减少整个欧盟温室气体排放的总体影响，标志着该体系的方法和结构的重大转变。特别是在2008年达成的对欧盟排放交易体系进行审查后，采取了重要措施改善该体系在欧盟内的协调性。继前两个阶段的相对成功和积累经验之后，第三阶段旨在与欧盟范围内的气候目标更紧密地结合起来，寻求实施更严格的上限，并纳入了石化、氨和铝等其他行业，以及某些工业流程中的一氧化二氮（N_2O）和全氟化碳（PFC）等气体。第三阶段引入了欧盟范围内的单一排放上限，取代了前阶段的国家上限。从2013~2020年，这一上限每年减少1.74%，确保总体排放量稳步减少。另一个重大转变是从排放配额的自由分配转向更多的拍卖。在第一个交易期（2005~2007年），成员国可以拍卖最多5%的排放配额，在第二个交易期（2008~2012年）最多可以拍卖10%。仅少量成员国行使了这一权利，实际只有4%的配额被拍卖，大部分仍是免费分配的。从第三个交易期（2013~2020年）起的配额拍卖受拍卖条例管辖，以确保公开、透明、协调和非歧视性的过程。任何拍卖都必须尊重内部市场规则，因此必须在非歧视性条件下向任何潜在买家开放。相当一部分配额开始拍卖给行业，这是一种更加市场化的方式，旨在减少企业的暴利，促进更有效的碳减排实践。吸取前一阶段金融危机和碳价格波动的影响，2019年欧盟成立市场稳定储备（MSR），旨在解决碳市场积累的配额过剩问题，提高碳市场的弹性和稳定性。类似中央银行在货币市场中的作用，MSR根据市场上现有的剩余量调整拍卖配额的供应量，如果盈余超过特定阈值，则自动将总配额的一定比例放入储备库，如果数量低于另一个设定阈值，则将配额释放回市场。如果流通配额总数超过8.33亿，MSR每年将从市场上剔除24%的配额。从2023年开始，这一比例改为12%。相反，如果盈余低于4亿配额，MSR会将配额重新释放到市场。

4. 欧盟排放交易体系的第四阶段（2021~2030年）

这一阶段的目的是确保欧盟排放交易体系继续有效地实现欧盟的目标，即到2030年将温室气体排放量比1990年的水平减少至少55%，并到2050年实现中和。吸取前三个阶段的经验和反馈，特别是第三阶段市场稳定储备（MSR）带来的稳定性，第四阶段欧盟决定将每年碳排放总量削减系数由2013~2020年每年减少1.74%提升到每年减少2.2%，以更快地减少排放并推动重大技术和运营跨行业的变化，确保2030年欧盟温室气体排放至少削减40%的目标。第四阶段包括对航空部门的调整，以及将海运纳入欧盟排放交易体系的考量。配额分配上，交易市场由免费分配持续转向更大范围的拍卖。免费分配仍然存在，但越来越与反映技术进步的基准相关联，这意味着公司必须进行创新以维持其免费分配。拍卖是一种透明的分配方式，市场参与者可以按照市场价格获得相关配额。从2013年第三阶段开始，所有未免费分配的配额都将被拍卖。这意味着大约一半的配额预计将被拍卖，并且这一比例在整个交易期间不断上升。认识到产业转型的社会影响，欧盟加大对创新的支持，配额拍卖的资金被更多用于支持低碳技术和能源密集型行业的创新，旨在帮助行业过渡到更清洁的技术。

　　欧盟交易市场历经了四个阶段，跨越了经济危机、能源价格变化、政策调整等多方面阻碍，减弱了碳市场的价格大幅波动，完善了市场管理和运行机制，促进了欧盟国家减碳行动（图9-1）。截至目前，欧盟排放交易体系的碳价格已达到历史高位，反映出该系统在创造强有力的减排经济信号方面的有效性。MSR已成功吸收市场上的过剩配额，有助于稳定和支持较高的碳价格。配额的免费分配不断向拍卖转变，收入越来越多地用于支持成员国的技术创新和能源转型，特别是通过创新基金和现代化基金等基金。总而言之，欧盟交易市场对完善全球碳中和具有重要贡献。然而，其未来发展也阻碍重重。碳价格上涨带来的成本增加可能会影响行业和消费者，技术开发和采用的步伐需要加快，持续积累资金，维护市场公平性，防止碳泄漏（公司将生产转移到排放限制不太严格的国家），保持系统的完整性和有效性仍然是挑战。

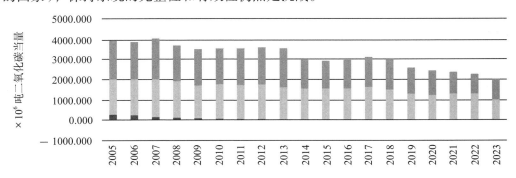

图9-1　EU ETS 历史排放量

思考题

- 欧盟排放交易体系具有哪些发展阶段？
- "限额与交易"系统是如何促进温室气体减排的？
- 在碳交易市场中，碳价格是如何形成的？
- 拍卖和免费分配各有什么优缺点？
- 第一阶段的欧盟碳交易市场遇到了哪些主要问题？
- 碳交易市场的存在对欧盟外的国家和全球碳减排有何影响？
- 欧盟碳交易市场面临的主要挑战是什么？
- 欧盟如何利用碳交易市场的收入？
- 未来欧盟碳交易市场可能的发展方向是什么？

第二节　世界主要国家海洋碳汇市场的发展

一、国际碳行动伙伴组织（ICAP）与国际碳交易市场

（一）国际碳行动伙伴组织（ICAP）

国际碳行动伙伴组织（ICAP）是一个面对全球各地政府和公共机构的国际交流和合作平台，这些政府和机构已经实施或者正在规划建立碳排放权交易体系（ETS）。ICAP成立于2007年，由超过15个国家和地区的政府领导人在葡萄牙里斯本成立，为成员辖区提供了分享最佳实践和讨论碳市场设计要素的机会，并希望通过连接不同地区的碳市场建立一个运作良好的全球碳市场。ICAP的成员包括已经实施或正在积极实施碳定价工具（如碳税或限额与交易制度）的各个国家和地方政府。这种广泛的会员基础有助于促进各种思想和经验的交流。ICAP的主要目标是通过促进发展和连接能够为碳排放定价的强大碳市场来应对气候变化，如分享最佳实践、相互学习碳市场建设的经验、帮助政策制定者在早期阶段识别建立碳市场的机会、与已有政策体系的兼容性问题、促进未来不同碳市场的连接、强化碳排放权交易作为有效的气候政策之一的关键作用以及建立和加强政府间的合作伙伴关系等。

ICAP的工作重点包含技术对话（Technical Dialogue）、ETS信息共享（ETS Knowledge Sharing）和能力建设活动（Capacity Building Activities）三大支柱。各项工作重点的目

的、具体活动及影响如表9-1所示。

表9-1 ICAP 的工作重点

	目的	具体活动	影响
技术对话	专家和利益相关者之间就设计和实施碳定价机制的技术问题进行详细讨论和交流，特别是针对排放交易体系（ETS）	圆桌讨论，专家研讨会及合作项目，基准，分配方法，监测、报告和核查（MRV）系统，碳市场联系	解决技术挑战并提高ETS设计的有效性 通过参与技术对话，成员司法管辖区可以相互学习经验并完善其碳定价方法
ETS信息共享	旨在为那些考虑或开发自己制度的司法管辖区提供信息和启发 帮助各地区从现有系统中吸取教训，提供实践经验	涉及通过报告、通信、政策简报和在线数据库传播信息，以跟踪全球ETS实施的状态和细节。 发布综合报告，分析碳市场的趋势、有效性和演变过程	有助于政策制定者了解碳市场的复杂性，并深入了解不同地区如何应对类似问题 培养全球社区意识，促进碳定价倡议区域之间相互学习
能力建设活动	旨在提高司法管辖区设计、实施和维护有效碳定价机制的能力 满足该地区的特定需求，帮助该地区在市场设计、合规、执法和公众参与等方面开展能力建设活动	开展培训计划或研讨会，向司法管辖区提供技术援助	有助于确保司法管辖区拥有必要的技能和知识，以成功管理和维持其碳排放交易体系或其他碳定价工具 保障系统的长期可行性和有效性

ICAP 通过加强对排放交易体系（ETS）的理解与实施，为各国提供了全面排放交易资源，如年度报告、技术论文和广泛的数据库等。另外，ICAP 通过信息共享与能力建设，为新兴经济体和发达国家的政策制定者能够设计和管理有效的碳市场提供了有益思路，助力于更加统一和健全的碳定价机制。总体而言，ICAP 的努力导致了更好的碳交易体系设计、明智的政策决策和更强大的国际合作，从而有助于全球对气候变化做出更有凝聚力的应对措施。

（二）国际碳交易市场

碳排放权交易已成为促进经济低碳转型的重要手段，可以在各级政府实施。一方面，以深圳为例的市级碳排放交易体系正在运作；另一方面，欧盟排放交易体系在所有欧盟成员国以及冰岛、挪威等国家实行超国家运作。另外，多个排放交易体系可能在同一司法管辖区生效，例如德国和奥地利，其中一些排放由欧盟排放交易体系覆盖，而其他排放由德国或奥地利国家排放交易体系覆盖。同样，中国国家碳排放交易体系目前覆盖了电力行业的排放，而其他省级和市级碳排放交易体系试点则监管了各个行业的排放。在北美，存在许多省或州一级的碳排放交易体系，其中一些与国内或国际关联。据ICAP 统计，至2023年10月，全球共有30个碳排放权交易体系在次国家层面生效，13

个在国家层面生效，1个在超国家层面生效，14个排放交易体系正在开发中，另有8个正在考虑中。

目前，使用排放交易的司法管辖区已经占全球 GDP 的58%，总共覆盖了约 9.9×10^9 吨二氧化碳当量，占全球温室气体排放量的18%以上，是2005年的三倍多。全球近1/3的人口生活在碳排放交易体系生效的管辖范围内，碳定价对世界大部分居民有直接和间接影响。碳排放交易体系将于2024年生效，系统按顺时针顺序排列，最外环上的数字表示系统所涵盖的总排放量按最近可用的数据。只要该国碳交易市场包含其中某个过程（如林业），无论是否包含该过程排放的全部温室气体，我们都将该过程计入其核算范围。

碳市场的经济规模对支持气候融资具有很大潜力。2023年，ETS 共筹集了740亿美元的收入，自2007年以来累计贡献了近3030亿美元。其中，欧盟收入最高，超世界50%。德国、英国收入也十分显著，三个经济体总计约占世界的86%。

二、北美碳交易市场

（一）区域温室气体倡议

区域温室气体倡议（RGGI）是美国第一个以市场为基础的强制性减少温室气体排放计划，包含美国东北部和大西洋中部地区多个州，旨在限制和减少电力行业的二氧化碳排放。RGGI 于2005年通过协议成立，并于2009年正式开始运营。该倡议由康涅狄格州、特拉华州、缅因州、马里兰州、马萨诸塞州、新罕布什尔州、新泽西州、纽约州、罗德岛州和佛蒙特州10个州共同发起。它是美国第一个以市场为基础、总量控制与交易的区域性倡议。在 RGGI 的州内，容量在25兆瓦或以上的化石燃料发电机组必须在三年的控制期内持有与其二氧化碳排放量相等的配额。RGGI 从根本上来说是一个专注于发电厂的限额与交易计划。它通过发放有限数量的可交易二氧化碳配额，对发电厂的二氧化碳排放量设定了区域上限，每个配额允许排放一吨二氧化碳。大多数配额通过季度拍卖进行分配。各州基本上已经放弃了免费分配，以确保市场公平并从销售中产生公共收入。各州将配额拍卖的收入用于资助能源效率、可再生能源和其他消费者福利计划。这种再投资有助于减少未来的排放并降低能源费用。如果需要，发电厂可以从市场购买额外的配额，或者投资减少排放并出售多余的配额。该系统包括抵消规定，允许发电厂最多3.3%的合规义务通过批准的抵消项目来履行。与欧盟碳交易市场类似，RGGI 各州建立了成本控制储备（CCR），其中包括除储备上限之外的一定数量的配额。如果配额价格超过预定价格水平，这些配额就会被出售，因此只有当减排成本高于预期时，CCR 才会触发。2024年 CCR 触发价格为15.92美元，此后每年上涨7%。每年 CCR 的规模为地区上限的10%。从2021年开始，如果价格低于既定的触发价格，实施排放遏制储备（ECR）的各州将停止流通配额，以确保额外的减排量。2024年ECR触发价格为7.35美元，此后每年上涨7%。研究表明，RGGI对参与国产生了积极的经济影响。通过将拍卖收益再投资于能源效率和可再生能源项目，RGGI各州看到了这些行业的增长，同时创造了就业机会并节约了能源。

（二）加州限额与交易计划

1.基本信息

加州的总量控制与交易计划是该州减少温室气体排放的主要战略计划，由加州空气资源委员会（CARB）管理。它于2013年启动，作为2006年全球变暖解决方案法案的一部分，该法案制定了长期的目标。与欧盟碳交易市场类似，加州碳交易计划也基于总量控制与交易原则，对该州每年允许排放的温室气体总量设定不断下降的上限。该计划涵盖的主体约占该州温室气体排放量的75%，适用于位于加利福尼亚州境内排放大量温室气体的主体，例如大型工业设施、发电机和进口商、天然气供应商和运输燃料供应商。然而，并非所有工业流程的排放都符合限额与交易要求。例如，尽管用于为乳制品制造设施提供动力的能源排放已纳入限额与交易范围内，但来自生产牛奶的奶牛的甲烷排放并未涵盖在内。此外，覆盖行业内的小型企业（例如个体加油站）通常可以免除满足要求，因为它们的排放量低于既定阈值。

加州总量控制与交易的主要活动部门及排放情况如下：

经济活动部门：工业，运输业，建筑业，能源业。

温室气体：CO_2，CH_4，N_2O，SF_6，HFCs，PFCs，NF_3。

抵销和抵免：国内。

分配制度：基准测试，寄售免费分配，拍卖。

排放情况及分类：2020年共排放381.3×10^6吨二氧化碳当量，包含2020年总排放的76%。

排放组成：能源307.2×10^6吨二氧化碳当量（81%），工业流程33.8×10^6吨二氧化碳当量（9%），农业林业及其他土地利用29.9×10^6吨二氧化碳当量（8%），废物10.4×10^6吨二氧化碳当量（2%）。

排放目标：2020年将温室气体排放量减少到1990年的水平，2030年将温室气体整体排放量比1990年低40%，2045年比1990年水平至少减少85%，达到零净碳排放的目标。

2.配额分配和收入制度（表9-2）

表9-2　配额分配和收入制度

	上限或排放总量限制	部门和阈值	配额分配和收入
第一个履约期2年（2013～2014年）	上限为162.8×10^6吨二氧化碳当量；2014年降至159.7×10^6吨二氧化碳当量，年增长率为2%	大型工业设施（包括水泥、玻璃、氢气、钢铁、铅、石灰制造、硝酸、石油和天然气系统、石油精炼以及纸浆和造纸制造，包括在任何这些设施中共同拥有/运营的热电联产设施）发电，电力进口及其他固定燃烧	泄漏风险根据每个特定工业部门的排放强度和贸易风险水平分为"低""中"和"高"风险等级。无论泄漏风险如何，第一个合规期的辅助系数为100%
第二个履约期3年（2015～2017年）	2015年上限上升到394.5×10^6吨二氧化碳当量；2017年上限降至370.4×10^6吨二氧化碳当量，平均每年下降3.1%	第一阶段的部门以及还涵盖天然气供应商、用于含氧混合的重新配制混合油（即汽油混合油）和馏分燃料油（即柴油燃料）的供应商、加利福尼亚州的液化石油气供应商以及液化天然气供应商排放量等于或大于每年25000吨二氧化碳当量，以及其他燃料分销商	对于具有中等泄漏风险的设施，原始法规包括第二个合规期的辅助系数降至75%，第三个合规期降至50%
第三个履约期3年（2018～2020年）	上限从358.3×10^6吨二氧化碳当量开始；2020年以平均年增长率为3.3%下降至334.2×10^6吨二氧化碳当量		
第四个履约期3年（2021～2023年）	上限每年下降约13.4×10^6吨二氧化碳当量，平均每年减少约4%，直到2030年；2030年的上限为200.5×10^6吨二氧化碳当量		

这些涵盖的主体可以通过三种方式遵守计划要求：减少温室气体排放；获得配额（排放一吨二氧化碳当量的许可证）以弥补其排放；购买"抵消"（支付其他地方的温室气体减排项目）以弥补其排放量。配额主要通过季度拍卖的方式分配，有些是免费的，特别是针对面临竞争劣势或"泄漏"风险的公用事业和行业（公司可能会将生产转移到排放限制较宽松的地区）。拍卖通常设定在每年的2月、5月、8月和11月，产生的收入用于资助气候和清洁能源项目，特别是弱势社区的项目。

2023年一级市场拍卖价格：32.93美元

3. 灵活性与抵消政策

除了获得温室气体排放配额外，加州空气资源委员会还允许主体通过购买抵消额继续排放温室气体。抵消方式允许公司通过限额与交易体系之外经过验证的减排项目（例如林业或农业甲烷捕获项目）履行高达8%的合规义务。例如，加利福尼亚州的限额与交易实体（例如炼油厂）可以通过一家直接与森林所有者合作以保护森林生长的私人公司购买抵消额。由于森林的碳汇作用，保护森林能够对固碳产生长久的影响。这种联系允许碳配额的跨境交易，扩大了市场的流动性和稳定性。

允许银行业务，不允许借款。允许使用抵消信用，2021~2025年的排放量可用于履行合规义务的抵消份额为每年4%，2026~2030年的排放量为每年6%。

该计划的主要目标是以最低成本减少全州范围内的温室气体排放。该计划的其他主要目标包括鼓励投资更清洁、更高效的技术，以减少排放，并使加州成为气候问题上的全球领导者。加州的 GDP 显著增长，同时持续减少温室气体排放，这表明经济增长和环境监管可以共存。通过该计划的拍卖筹集了数十亿美元，并分配给旨在减少碳足迹的各种项目，例如改善公共交通、节约用水和增加可再生能源产量。资金的很大一部分用于弱势和低收入社区，以帮助应对气候变化影响并改善空气质量。

虽然国家依靠各种各样的活动来实现其温室气体减排目标，但限额与交易是弥补其他政策和计划本身无法实现预期减排目标差距的关键组成部分。然而，目前的总量控制与交易还不够严格，不足以推动实现该州2030年温室气体减排目标所需的额外减排。这是因为在过去几年中，涵盖实体和外部投资者积累并储存了大量未使用的配额。也就是说，他们已经购买了（到目前为止尚未使用）多余的许可证，可以用来在未来几年进行额外的排放。因此，在该计划当前的结构下，所涵盖的实体可能会拥有足够多的银行配额来遵守计划要求，即使它们的排放水平继续超过2030年上限。该计划的缺点可能会导致上限保持不变。从长远来看，可能需要下调上限，以使该州走上实现2045年温室气体目标的轨道。

（三）魁北克限额与交易制度

1.基本信息

魁北克的总量控制与交易系统于2013年1月1日启动，根据2011年关于温室气体排放配额总量控制与交易制度的法规建立，由环境与应对气候变化部（MELCC）管理和执行。该机构负责监督该计划的运作，包括参与者的监管、津贴的分配以及合规性的监控。总量控制与交易系统覆盖了魁北克省约85%的温室气体排放量。其中的关键行业包括每年排放25000吨或更多二氧化碳当量的行业、化石燃料分销商和电力进口商，主要目标为2030年将排放量减少到比1990年水平低37.5%。魁北克设计的系统与西部气候倡议（WCI）兼容，同时与采用类似系统的其他司法管辖区（如加利福尼亚州）联系起来。

魁北克保障机制的主要活动部门及排放情况如下：

经济活动部门：工业，运输业，建筑业，能源业。

温室气体：CO_2，CH_4，N_2O，SF_6，HFCs，PFCs，NF_3。

抵销和抵免：国内。

分配制度：基准测试，拍卖。

排放情况及分类：2020年共排放77.6×10^6吨二氧化碳当量，包含2020年总排放的77%。

排放组成：能源52.3×10^6吨二氧化碳当量（68%），工业流程13.2×10^6吨二氧化碳当量（17%），农业8.1×10^6吨二氧化碳当量（10%），废物4×10^6吨二氧化碳当量（5%）。

排放目标：2030年比1990年的温室气体水平减少37.5%，2050年实现碳中和。

2.配额分配和收入制度（表9-3）

表9-3　配额分配和收入制度

	上限或排放总量限制	部门和阈值	配额分配和收入
第一个履约期2年（2013~2014年）	23.2×10^6吨二氧化碳当量	电力和工业设施的生产商和进口商	铝、石灰、水泥、化工和石化、冶金、采矿和造粒、纸浆和造纸、石油精炼等其他行业免费获得排放配额；在前三个履约期，约1.48亿个排放单位被免费分配，约占该期间上限的36%，在前三个履约期内，约2.56亿个排放单位被拍卖或用于储备
第二个履约期3年（2015~2017年）	2015年上限上升到65.3×10^6吨二氧化碳当量；2017年上限降至61×10^6吨二氧化碳当量，平均每年3.2%	第一阶段的部门以及运输和建筑部门以及中小型企业使用的燃料的分销和进口。排放量等于或大于每年25000吨二氧化碳当量，以及其他燃料分销商	
第三个履约期3年（2018~2020年）	上限从59.0×10^6吨二氧化碳当量开始；2020年以平均年增长率为3.5%下降至54.7×10^6吨二氧化碳当量		
第四个履约期3年（2021~2023年）	在2021年上限名义上略有增加至55.3×10^6吨二氧化碳当量后，由于调整了不同温室气体的全球变暖潜能值，上限将平均每年减少约2.2%，直到2030年；2030年的上限为44.1×10^6吨二氧化碳当量		根据贸易风险和排放强度确定辅助系数。这些指标将工业部门的碳泄漏风险分为三类（"低""中"和"高"），辅助系数分别为90%、95%和100%；2022年9月通过的新规则将从2024年开始逐步降低免费分配水平，减少率将由三个附加参数决定：上限下降系数为2.34%

2023年一级市场拍卖价格：44.46加元（32.93美元）

2023年二级市场拍卖价格：45.57加元（33.76美元）

3. 灵活性与抵消政策

允许银行业务，但排放者必须遵守系统中所有实体都持有的排放单位的一般持有限值，持有限值根据年度排放单位预算而降低。不允许借款。

允许使用抵消信用，抵消抵免可用于每个实体合规义务的8%。

2014年1月，其与加州的碳交易计划正式联系起来，魁北克省和加利福尼亚州运营着一个联合碳市场，配额和信贷可以跨境交易。这意味着在一个司法管辖区购买的配额可用于遵守另一司法管辖区的法规。这种整合有效地增加了市场的流动性和规模，通过在更广泛的经济基础上分散风险和机会来稳定配额价格。同时，两地为了促进市场联系，其司法管辖区都努力协调法规并调整限额与交易规则，包括合规期、报告要求和拍卖时间表的同步，以确保无缝的市场运作。魁北克省和加利福尼亚州联合拍卖碳配额，并协调在同一时间以相同的最低价格进行拍卖。这些拍卖的收入随后被分配回各自的管辖区，用于资助当地的环境和能源项目。通过整合市场，魁北克和加利福尼亚州受益于更大的市场稳定性和可预测性。较大的市场可以吸收较大的供需变化，从而减轻较小的孤立市场可能出现的价格波动。这种联系扩大了每个计划的环境影响，促进了北美两个主要经济体更广泛地减少温室气体排放。它发出了强烈的信号，表明两个司法管辖区致力于应对气候变化的严肃性。在这两个司法管辖区运营的公司可以简化其合规策略，并在更广泛的地理区域优化其减排投资，这可以带来更具成本效益的减排和绿色技术创新。通过连接各自的系统，魁北克和加利福尼亚巩固了其在减缓气候变化方面的领导者地位。这种伙伴关系展示了地方实体在环境问题上合作的潜力，为考虑类似联系的其他地区提供了蓝图。这次联系是多地区合作、通过跨境方法应对气候变化的重要尝试。虽然这种联系带来了许多好处，但也带来了挑战。监管协调需要持续合作和谈判，以解决政策目标、经济条件和政治气候方面的差异。此外，关联系统的成功取决于每个地区市场治理和合规执行的稳健性。总体而言，WCI下的魁北克—加利福尼亚联系是管辖区如何有效结合资源和政策框架以提高排放交易体系的效率和影响的开创性范例，这种合作方法可以作为扩大碳市场和在全球范围内整合气候政策的宝贵模式。

（四）北美碳交易市场小结

北美的三大碳交易体系——区域温室气体倡议（RGGI）、加州的总量控制与交易计划以及魁北克的总量控制与交易系统——体现了该地区通过市场机制实现减排的多样化方法。每个项目都有适合当地经济和环境背景的独特特征，但它们也有一些相似之处。

三个系统都遵循总量控制与交易原则，即对允许的排放量设定上限，并随着时间的推移而减少。系统内的实体需要持有足够的配额（许可证）来支付其排放量，并且他们可以在市场上购买或出售这些配额。RGGI、加利福尼亚州和魁北克省都利用拍卖作为分配配额的主要方法，这有助于确定碳的市场价格并产生公共收入。所有系统都将出售配额的收益重新投资到各种促进能源效率、可再生能源的计划以及旨在减少碳排放和援助受气候政策影响社区的其他举措中。每个计划都包括银行和配额借用等机制，为参与者提供灵活性并促进更顺利的合规性。它们允许通过经过验证的抵消项目来履行一定比例的合规义务，这些项目通常涉及上限部门之外的温室气体减排工作（例如林业项目、甲烷捕获）。

不同之处在于，RGGI专注于电力行业，主要针对电力行业的温室气体排放，但已逐步扩大其目标，以包括更广泛的经济和公共健康效益，涉及东北部和大西洋中部地区的多个州。通过与示范规则一致的各个州法规来实施，展示了多州合作方法。加利福尼亚州涵盖的行业广泛，包括发电、工厂、运输燃料等，拥有广泛的环境目标，不仅限于减少温室气体排放，还旨在解决空气污染问题并广泛支持弱势社区。系统在加利福尼亚州境内运营，但与魁北克省有联系。通过州立法实施并由加利福尼亚州空气资源委员会管理，展示了影响更广泛区域行动的单一州系统。魁北克在部门覆盖范围方面与加利福尼亚州类似，但在魁北克境内运营，并与西部气候倡议（WCI）下的加利福尼亚州系统相关联，重点是将其系统与更广泛的省级环境政策和国际气候承诺相结合。魁北克也是一个单一司法管辖区系统，但建立在加拿大的一个省，反映了魁北克的具体立法环境和政策优先事项。

三、亚洲主要的碳交易市场

亚洲最主要的碳交易市场主要分布在中国、韩国和日本。中国的碳交易市场于2011年建立，先后在8地进行试点工作，历经十年实践于2021年7月全面启动线上交易。截至2023年12月，全国碳市场累计成交配额4.42亿吨，成交额近250亿元。我们将在下一章详细介绍中国碳市场的发展历程和主要贡献。本节主要关注于韩国与日本的碳交易市场。

（一）韩国排放交易计划

1. 基本信息

韩国排放交易计划（K-ETS）是东亚第一个全国性强制性排放交易体系，根据2010年《低碳、绿色增长框架法》建立，于2015年启动，涵盖了韩国约89%的国家温室气体排放量，并将帮助该国实现到2050年碳中和的目标。K-ETS覆盖了该国电力、工业、建筑、废物、运输、国内航空和国内海运领域的804个最大排放源。涵盖的实体必须交出所有涵盖的排放配额，并通过拍卖或免费分配进行分配，至少10%的配额必须进行拍卖。根据生产成本和贸易强度基准，为 EITE 部门提供了免费分配。2021年起，国内金融中介机构等第三方均可参与兑换。

韩国排放全交易计划的主要活动部门及排放情况如下：

经济活动部门：海运业，废物处理，航空业，交通业，建筑业，工业，能源业。

温室气体：CO_2，CH_4，N_2O，SF_6，HFCs，PFCs。

抵销和抵免：国内和国际。

分配制度：免费分配，拍卖。

排放情况及分类：2020年共排放 676.6×10^6 吨二氧化碳当量，包含2020年总排放的88.5%。

排放组成：能源 587.7×10^6 吨二氧化碳当量（87%），工业流程 51.4×10^6 吨二氧化碳当量（8%），农业 21.4×10^6 吨二氧化碳当量（3%），废物 16.1×10^6 吨二氧化碳当量（2%）。

排放目标：2030年比2018年水平减少40%，2050年实现碳中和。

2. 配额分配和收入制度（表9-4）

表9-4 配额分配和收入制度

	上限或排放总量限制	部门	配额分配和收入
第一个履约期3年（2015~2017年）	2015：540.1×10^6 吨二氧化碳当量 2016：560.7×10^6 吨二氧化碳当量 2017：585.5×10^6 吨二氧化碳当量	五个行业的23个子行业：热电、工业、建筑、废物和运输（国内航空）	100% 免费分配给拍卖子行业的实体
第二个履约期3年（2018~2020年）	2018：593.5×10^6 吨二氧化碳当量 2019：563.2×10^6 吨二氧化碳当量 2020：562.5×10^6 吨二氧化碳当量	对公共和废物部门进行了分类，涵盖以下六个部门：热电、工业、建筑、运输、废物和公共部门，这些部门分为62个子部门	97% 免费分配给拍卖子行业的实体；定期拍卖始于2019年，投标人可以购买15%～30%的配额
第三个履约期5年（2021~2025年）	2021~2023：589.3×10^6 吨二氧化碳当量 2024~2025：567.1×10^6 吨二氧化碳当量	扩大运输部门的覆盖范围，包括货运、铁路、客运和海运。建筑业也被纳入了该系统的范围，这使分部门的数量增加到69个	少于90% 免费分配给受拍卖的子行业实体；投标人最多可以购买15%的配额

2022年一级市场拍卖价格：10672韩元（8.17美元）

2022年二级市场拍卖价格：9999韩元（7.66美元）

3. 灵活性与抵消政策

允许银行业务，但有跨阶段和阶段内的限制。允许在单个交易阶段内借款。在第一阶段允许使用国内抵消信用，即韩国抵消信用（KOC）。自第二阶段以来，允许KOC和国际限额（受定性标准约束），每个阶段最高抵消额不同。从2024年起，韩国政府进一步放宽未使用配额的结转限制，允许结转额度达到3倍的净销售额，并将抵消信用的有效转换期从2年延长到5年。政府还计划推动与碳价格挂钩的金融产品的开发，并计划在2025年之前引入碳排放权的期货市场，以提高市场预测性和稳定性。此外，将引入寄售交易制度，并计划从2025年起将ETS市场对更多金融机构以及个人投资者开放。拍卖量的调整也将根据市场需求适时进行，确保市场的供需平衡。这些改革措施预计将显著提高K–ETS的市场活力，为韩国实现2030年以前至少减少35%温室气体排放的国家承诺提供强有力的市场支持。

（二）日本碳交易计划

1. 基本信息

东京总量控制与交易计划由东京都政府（TMG）于2010年4月1日启动，是世界上第一个要求大型商业和工业建筑减少二氧化碳排放的城市总量控制与交易计划，涵盖了大都市地区约20%的排放量。东京总量管制与交易计划的一个独特之处是其目标是办公楼和商业部门的其他建筑。它涵盖了每年消耗能源1500千升或更多（原油当量）的大型二氧化碳排放设施。实际上，该计划适用于约1300处设施：商业领域约1000处办公楼、公共建筑和商业设施；在工业部门，约有300家工厂和其他设施。

东京碳排放限额与交易计划其他信息如下：

经济活动部门：工业，建筑业。

温室气体：CO_2。

抵销和抵免：国内。

分配制度：免费分配。

排放情况及分类：2021年共排放80.8×10^6吨二氧化碳当量，占2021年总排放的18%。

排放组成：商业21.8×10^6吨二氧化碳当量（40%），住宅17.3×10^6吨二氧化碳当量（32%），交通运输8.8×10^6吨二氧化碳当量（17%），制造业3.8×10^6吨二氧化碳当量（8%），废物处理1.8×10^6吨二氧化碳当量（3%）。

排放目标：2030年温室气体比2000年减少50%，2050年实现碳中和。

2. 配额分配和收入制度（表9-5）

表9-5　配额分配和收入制度

	上限或排放总量限制	部门和阈值	配额分配和收入
第一个履约期 2010年4月1日至 2016年9月30日	比基准年排放量减少8%或6%（基准年排放量基于2002财政年度至2007财政年度之间任何连续三年的平均排放量）	商业和工业建筑中的燃料、热能和电力消耗 业主须承担退房义务，所有租户均须配合业主减持措施，大型租户（建筑面积超过5000平方米或每年用电量超过600万千瓦时）也需要准备并提交自己的减排报告 阈值：每年消耗至少相当于1500000升原油能源的设施	铝、石灰、水泥、化工和石化、冶金、采矿和造粒、纸浆和造纸、石油精炼等其他行业免费获得排放配额 在前三个履约期，约1.48亿个排放单位被免费分配，约占该期间上限的36%，在前三个履约期内，约2.56亿个排放单位被拍卖或用于储备
第二个履约期 2015年4月1日至 2021年1月31日	比基准年排放量减少17%或15%		
第三个履约期 2020年4月1日至 2026年9月30日	比基准年排放量减少27%或25%		
第四个履约期 2025年4月1日至 2031年9月30日	比基准年排放量减少50%或48%		

2023年二级市场拍卖价格：650日元（4.63美元）

3. 灵活性与抵消政策

只允许在连续的合规期之间进行银行业务。不允许借款。允许使用积分抵消信用，抵消抵免最多可用于每个实体合规义务的33%。

2011年4月，东京将其项目与埼玉县ETS联系起来。东京和埼玉信用正式有资格在两个司法管辖区之间进行贸易。到目前为止，埼玉和东京之间已经进行了大约60次限额转移。

四、大洋洲碳交易市场

（一）澳大利亚保障机制

1. 基本信息

澳大利亚于2016年推出的保障机制（Safeguard Mechanism）对200多个高排放设施实施了排放基线。这些基线是根据考虑排放强度的产出标准确定的。保障机制下的净排放总限额是基于所有单个涵盖实体的排放强度基准的年度排放限值（基线）的总和。因此，该限制不是事前设定的，只有在合规期结束后才能知道。超过其基线的设施必须通过交出保障机制信用（SMC）或澳大利亚碳信用单位（ACCU）来补偿其超额排放。在某些情况下，允许工厂在较长时期内平均其排放量或从未来的配额中借款。2023年3月通过了改革保障机制的立法，修改后于7月生效。从2023年7月起，部分措施将生效，包括收紧基线和实施4.9%的默认年减排率，以与2030年的国家减排目标保持一致等。改革后的机制还将引入SMC交易，为澳大利亚境内的碳交易提供新的市场动态。改革还规定了保障机制总排放量的下降比例，所有保障设施的总排放量必须随着时间的推移而减少，以五年滚动平均值衡量。从2025年7月初开始，过去五年保障覆盖排放量的滚动平均值必须低于三年前的五年滚动平均值；从2027年7月初开始，保障措施覆盖排放量的五年滚动平均值必须低于两年前的五年滚动平均值。

澳大利亚保障机制的主要活动部门及排放情况如下：

经济活动部门：工业，运输业，航空业，废物处理。

温室气体：CO_2，CH_4，N_2O，SF_6，HFCs，PFCs。

抵销和抵免：国内。

分配制度：免费分配。

排放情况及分类：2020年共排放 528.1×10^6 吨二氧化碳当量，占2020年总排放的26%。

排放组成：能源 415.8×10^6 吨二氧化碳当量（79%），工业流程 32.7×10^6 吨二氧化碳当量（7%），农业 67.8×10^6 吨二氧化碳当量（12%），废物 11.7×10^6 吨二氧化碳当量（2%）。

排放目标：到2030年，比2005年的水平低43%，到2050年实现净零排放。

2. 配额分配和收入制度

根据改革后的保障机制，基线是根据生产水平乘以排放强度值来设定的。该值最初是根据设施当前的排放强度设置的。然而，在到2030年的7年中，基线将过渡到根据行业平均排放强度值设定。根据历史排放量，行业基线适用于并网发电。对于未确定其他基线的设施，默认值为100000吨二氧化碳当量。超标基准的设施（垃圾填埋场和获得借款安排的设施除外）将发放SMC，这些SMC可以存入银行以备将来使用或出售给其他设施。

一级市场：配额暂时不进行拍卖。

二级市场：目前正在建立一个澳大利亚碳交易所，该交易所将清算和结算ACCU，并可能结算CER颁发的其他类型的碳单位和证书。全国碳交易所预计将于2024年启动。

3. 灵活性与抵消政策

在2030年之前，SMC允许无限制地进行银行业务。每年最多允许借款10%的贷款，并在借款发生后的一年内适用10%的利率。在前两年，该利率将较低，为2%，同时该设施的基线将在第二年相应减少。

抵消政策上允许使用根据国内抵消计划发行的ACCU，无定量限制。

（二）新西兰排放交易计划

1. 基本信息

新西兰排放交易计划（NZ ETS）于2008年启动，是该国减缓气候变化的核心政策，它覆盖了新西兰大约一半的温室气体排放量。《2002年气候变化应对法案》为新西兰排放交易体系设定了立法框架，并将新西兰所有关键的气候立法纳入一项法案。新西兰排放交易体系的行业覆盖面很广，包括林业、固定能源、工业加工、液态化石燃料、废物和合成温室气体。分配主要基于拍卖，拍卖于2021年3月开始。免费分配仅适用于排放密集型和贸易暴露（EITE）活动，并基于产出和强度的基准。新西兰排放交易体系的独特之处在于，林业部门既有上缴义务，又有机会获得减排单位。全年进行了4次拍卖，共售出1500万个单位，成本控制储备金CCR还出售了另外800万个单位。然而，没有一次拍卖通过，这意味着2023年的拍卖会上没有出售任何配额。2023年8月，通过《气候变化应对（延迟处罚和工业分配）修正案》，更新工业分配设置的修正案成为法律。该法案还收紧了寻求获得免费排放单位新活动的资格标准。政府现在正在收集数据，以便为分配基线的更新提供信息。

新西兰保障机制的主要活动部门及排放情况如下：

经济活动部门：林业，海事，废物处理，航空业，运输业，建筑业，工业，能源业。

温室气体：CO_2，CH_4，N_2O，SF_6，HFCs，PFCs。

抵销和抵免：国内。

分配制度：免费分配及拍卖。

排放情况及分类：2020年共排放79.8×10^6吨二氧化碳当量，占2020年世界排放的48%。

排放组成：农业40.5×10^6吨二氧化碳当量（51%），能源31.2×10^6吨二氧化碳当量（40%），工业流程4.5×10^6吨二氧化碳当量（5%），废物3.6×10^6

吨二氧化碳当量（4%）。

排放目标：2030年净排放量比2005年减少50%；生物甲烷排放量在2017年水平下减少10%。2050年将所有温室气体（生物甲烷除外）的净排放量减少到零；将生物甲烷排放量减少到比2017年水平低24%～47%。

收入：2023年收入3470万新西兰元（2130万美元）。自项目开始以来，共收入51亿新西兰元（31亿美元）。

2. 配额分配和收入制度

分配制度根据基于产出和强度的基准，为26个符合条件的工业活动提供免费分配。高排放密集型活动［每100万新西兰元（61万美元）收入超过1600吨二氧化碳当量］可获得90%的免费分配。中等排放密集型活动［每100万新西兰元（61万美元）收入超过800吨二氧化碳当量］可获得60%的免费分配。拍卖于2021年推出，工业免费分配正在逐步减少。从2021～2030年，所有工业活动的最低年度逐步减少率为0.01；从2031～2040年，这一比率将增加到0.02；从2041～2050年，这一比率将上升到0.03。

可供拍卖的NZU数量每年确定一次，年度数量在季度拍卖之间分配。2023年拍卖的配额比例为54%，拍卖了1500万台但没有出售配额。

一级市场：拍卖由NZX（新西兰交易所）和欧洲能源交易所（EEX）联合运营，每年举行四次。任何新西兰排放交易体系注册账户持有人都可以参加拍卖。

二级市场：大多数新西兰ZU在二级市场上交易。交易可以直接在公司之间（场外交易）或通过交易平台进行。交易可以是现货交易，也可以通过远期合约进行。

3. 灵活性与抵消政策

允许银行业务但不允许借款。不允许使用抵消信用。

思考题

- 请描述区域温室气体倡议（RGGI）的基本结构是如何通过市场机制来实现温室气体减排的？

- 加州碳交易计划（Cap-and-Trade）的目标和实现方式有哪些特点？

- 魁北克的总量控制与交易系统（SPEDE）与加州系统联合的意义何在，这种跨境合作对碳市场有何影响？

- 描述东京碳交易计划在不同阶段的主要成就和目标是如何逐步提升的。

- 分析澳大利亚的《安全机制》改革如何转变为基线和信用制度，以及这种改变对市场有何潜在影响。

- 新西兰碳交易计划（NZ ETS）的立法背景和主要目标是什么？该计划在减排方面取得了哪些进展？

- 韩国排放交易计划（K-ETS）的配额分配策略如何影响其市场流动性和减排效果？

- 怎样评价巴西在全球减排努力中的角色，特别是在森林保护和气候变化政策方面的发展？

- 比较RGGI、加州和魁北克的碳交易系统在减排策略和市场运作方面的异同。

- 探讨亚洲碳市场在全球减排中的角色和挑战，特别是中国、韩国和日本的碳交易策略有何不同？

第三节　世界主要国家海洋碳汇交易的经验借鉴

学习目标

★ 理解碳交易市场的基本框架
★ 识别影响碳交易市场的关键因素
★ 掌握碳交易市场的运作原理
★ 评估碳交易市场面临的挑战

一、影响碳交易市场的因素

（一）政策与立法支持

政策与立法支持是碳汇交易市场发展的基石。适当的政策和法律框架不仅为碳市场的运行提供了必要的监管保障，还能有效地激励各方参与者，促进技术创新和资本投入，从而推动碳汇项目的实施和碳排放的减少。其具体作用体现在以下几个方面：

1. 确立市场基础

政策和立法为碳汇交易市场的创建提供了法律基础。通过正式的立法措施，可以确立市场的法律地位，定义市场的结构和参与者的责任。例如，设立排放上限、规定必须交易的排放权数量、明确交易规则和程序等，这些都需要通过立法来规定。

2. 提供经济激励

政府可以通过各种政策措施提供经济激励，以鼓励企业和个人参与碳汇交易。这些激励可能包括税收优惠、补贴、财政支持或碳信用的初始分配。这些措施可以降低参与碳市场的成本，提高碳汇项目的经济吸引力，从而促进市场的活跃度和扩容。

3. 增强市场信任

通过明确的监管框架和合规要求，政策和立法可以增强市场参与者的信任。确保市场的透明度和公平性，比如通过监测、报告和核查（MRV）系统来验证碳汇项目的实际效果，以及确保交易的公正性和透明性，都是建立市场信任的关键措施。

4. 推动技术创新和基础设施发展

政府可以通过政策支持推动相关的技术研发和基础设施建设，比如支持碳捕捉与存储（CCS）技术的商业化，或是改善与碳汇相关的生态恢复技术。此外，通过立法确保对新技术的研究和部署提供必要的支持和框架，可以加速这些技术的市场应用。

5. 国际合作与合规

在全球化的碳市场中，政策和立法还必须处理国际合作和合规问题。通过与其他国家和国际机构的合作，建立跨境碳交易的法律和政策框架，可以扩大市场的规模并增强其效能。例如，通过双边或多边协议允许跨境碳信用交易，可以为碳汇市场带来更大的灵活性和深度。

（二）市场机制建设

市场机制建设直接关系到市场的效率、公正性和可持续性。其包含：

1. 价格发现机制

市场机制提供了一个透明和公正的环境，使市场参与者能够根据供求关系自由交易碳配额，从而形成碳价格。合理的价格发现机制能够有效地将环境成本内化到生产和消费决策中，促进经济主体减少温室气体排放，推动低碳技术的开发和应用。

2. 提高市场效率

通过建立和维护高效的交易平台和交易规则，市场机制能够减少交易成本和时间，提高市场流动性。高效的市场能够吸引更多参与者，增加市场深度和宽度，从而提高整个市场的效率和响应能力。

3. 促进公平竞争

市场机制通过确保交易的公开透明和所有参与者的公平对待，有助于维护市场的公正性。例如，通过规定明确的交易规则和参与条件，确保没有市场操纵或不正当竞争行为发生。

4. 监管与合规

有效的市场机制需要配合严格的监管和合规体系。监管机构需要确保市场参与者遵守市场规则，实施必要的监测、报告和验证（MRV）程序，以确保碳排放和碳减排的数据的准确性和真实性。这有助于增强市场的信誉和参与者的信心。

5. 创新和适应性

市场机制的建设还包括对市场变化的适应和对新技术的接纳能力。例如，随着碳捕捉与封存（CCS）等新技术的商业化，市场机制需要适应这些变化，合理地将这些新技术纳入碳交易体系，确保市场的包容性和前瞻性。

6. 激励机制

市场机制通过为减排提供经济激励（如通过碳信用的交易获利）激发市场参与者的积极性。这种机制鼓励企业和个人通过投资减排项目或采用更清洁的技术来减少自身的碳排放，从而促进整个社会的碳减排。

（三）科学研究

科学研究在碳交易市场建设中起到了基础和催化作用，通过提供数据支持、技术创新和政策建议来促进市场的有效运行和发展，其主要包含以下几方面：

1. 准确性和可靠性的提高

科学研究能够提供更精确的温室气体排放和吸收的数据，这对于碳交易市场的公正性和有效性至关重要。通过改进排放量的测量、报告和验证（MRV）方法，科学研究帮助市场参与者更准确地了解其碳足迹，从而做出合理的交易决策。

2. 碳定价的科学基础

科学研究通过分析碳排放对环境的影响，为碳定价提供了科学依据。这包括评估不同温室气体的全球变暖潜能（GWP），以及它们在大气中的持续时间。这些信息对于制定合理的碳定价机制和碳税政策至关重要。

3. 评估政策效果

科学研究可以评估现有碳交易制度和政策的效果，识别问题和不足，提供改进的依据。例如，研究可以分析碳交易系统中的漏洞，如碳泄漏（carbon leakage）和市场操纵行为，提出防范和对策。

4. 新技术和方法的开发

科学研究推动了碳捕捉、利用和存储（CCUS）等新技术的发展，这些技术对于实现深度减排具有重要作用。通过这些技术，企业可以在保持运营的同时，减少碳排放或实现负排放，增强碳交易市场的灵活性和广度。

5. 气候模型和预测

科学研究通过发展先进的气候模型和排放预测技术，帮助政策制定者和市场参与者理解可能的未来排放路径和气候变化趋势。这对于长期的碳市场策略制定和调整碳交易上限非常重要。

二、碳交易市场面临的主要挑战

碳交易市场作为全球应对气候变化的重要工具，通过市场机制激励减少温室气体排放，但其实施过程中面临多重挑战，这些挑战不仅影响市场的效率和公平性，还可能削弱其在全球减排努力中的有效性。

（1）碳交易市场受到复杂政策和法规环境的影响。全球范围内，不同国家和地区的碳政策和法规存在显著差异，这种不一致性导致全球碳市场的分割，降低了操作效率。此外，政策的不稳定或不确定性，如频繁变动的政策目标和规则，常常阻碍市场参与者作出长期投资和参与市场的决策，进一步抑制了市场的发展。

（2）缺乏全球统一的碳市场架构是一个重要问题。由于国际合作不足，全球碳市场高度碎片化，限制了市场的规模和效能。这种碎片化不仅增加了跨国监管和法律执行的难度，还提高了交易成本。缺乏一个统一的市场也使全球碳价格的形成缺乏统一标准，影响了碳市场的整体流动性和功能。

（3）碳价格的波动也是市场面临的一个重大挑战。由于受到供需不平衡、政策变化和宏观经济因素的影响，碳价格经常出现大幅波动。这种价格不稳定性不利于市场的预测，使企业和投资者难以进行有效的长期规划和决策，从而影响其减排行为和投资低碳技术的意愿。

（4）监测、报告和验证（MRV）系统的挑战也不容忽视。准确监测和报告碳排放数据是碳市场运行的基础，但在许多国家，尤其是发展中国家，缺乏必要的技术和基础设施来支持有效的 MRV 实施。此外，验证碳减排项目的实际效果往往复杂且成本高昂，这增加了市场运作的难度。

（5）市场操纵和欺诈行为同样是碳市场需面对的严峻问题。虚假的碳减排项目可能被用来非法获利，不仅损害了市场的公信力，也降低了公众对碳交易机制有效性的信任。

（6）碳泄漏问题，即企业将排放转移至规制较弱的国家，以及碳逃避现象。企业通过转移生产活动来避开碳成本，均削弱了碳减排措施的全球效果。

（7）公众对碳交易机制的接受度和参与也是影响市场成功的关键因素。缺乏对碳市场机制的理解可能导致公众支持不足，影响政策的实施和市场的有效运作。因此，加强对碳市场的教育和宣传，提高公众意识，是提升市场接受度和参与度的重要策略。

总之，尽管碳交易市场为全球减排提供了一个有力的市场化工具，但要克服这些挑战，需要国际社会、政府、市场参与者之间的密切合作，通过改进政策、加强监管和促进技术创新，确保市场能够有效且公平地运作。

思考题

- 碳交易市场中的"限额与交易"机制是如何工作的？

- 政策和法规如何影响碳市场的效率和公平性？

- 市场机制如何促进碳价格的稳定和合理发现？

- 碳市场如何处理国际合作和合规的问题？

- 碳泄漏现象如何影响全球碳减排的效果？如何解决这一问题？

- 碳交易市场中如何保证交易的透明度和公正性？

- 市场操纵和欺诈在碳交易中如何被监管和预防？

- 科学研究如何支持碳市场的决策和政策制定？

- 公众对碳交易市场的认知和参与有何重要性？如何提升？

- 碳市场对低碳技术创新和推广有何影响？政府如何通过碳市场推动技术进步？

章节小结

本章我们学习了全球碳交易市场的现状，包含欧盟、加拿大、美国、日本、韩国、澳大利亚、新西兰等国家。不同国家碳交易市场的发展阶段不同，其框架与配额分配方法也有区别。然而，其总体指导原则——限额与贸易是相同的。在学习过程中，需要着重对比不同国家碳交易市场的异同。

一、欧盟碳汇市场的建立和运作机制

欧盟排放交易体系（EU ETS）成立于2005年，是全球第一个也是最大的碳交易市场，涵盖了欧盟约40%的温室气体排放。该体系采用总量控制和交易机制，设定了温室气体排放的上限，并允许市场参与者通过配额交易来达成排放目标。其发展经历了四个阶段：

第一阶段（2005~2007年）：试点阶段，主要建立市场基础设施和监测体系。

第二阶段（2008~2012年）：与《京都议定书》第一承诺期同步，增强市场稳健性，逐步减少免费配额。

第三阶段（2013~2020年）：实施更严格的排放上限，扩大市场覆盖范围，引入市场稳定储备（MSR）机制以应对配额过剩。

第四阶段（2021~2030年）：进一步提高减排目标，扩大拍卖配额，增强市场透明度和公平性。

二、碳交易市场的经济与环境效益

通过限额和交易机制，企业可以在成本最低的地方减排，从而整体上降低减排成本。碳交易市场的设立促进了碳价格的形成，激励企业减少排放，并通过出售剩余配额获得经济收益。自体系运行以来，欧盟的碳排放显著减少，同时市场的收入也被用于支持低碳技术和能源转型的投资。

三、国际碳行动伙伴组织（ICAP）

ICAP 成立于2007年，是一个国际平台，致力于促进全球碳市场的交流与合作，连接已建立或计划建立碳交易系统的国家和地区。主要功能包括技术对话、ETS 信息共享、能力建设，旨在推动全球碳市场的健全发展与相互链接。

四、国际碳交易市场的发展

北美、欧洲、亚洲等地区均有自己的碳交易系统，其中包括美国的区域温室气体倡议（RGGI）、加州的碳交易系统、欧盟的 EU ETS、中国的国家碳交易市场等。这些市场涵盖了各自地区的主要碳排放源，采取总量控制与交易的机制，通过设置碳排放上限和配额交易来控制和减少温室气体排放。

五、碳市场的设计与运作

碳市场的设计考虑到各地区的经济、环境特征和政策需求，因此存在结构上的差异。典型的碳市场操作包括配额分配、交易、监测与报告，以及市场监管等。碳市场的经济影响显著，不仅有助于减排，还通过配额拍卖等方式为政府和相关行业带来经济收益。

六、国际碳汇市场

北美碳市场以区域合作和州级倡议为特征，如 RGGI 和加州碳市场，注重电力和工业部门的碳排放控制。欧洲碳市场是最成熟的碳市场，涵盖了广泛的行业和气体，具有较高的市场整合度和复杂的监管机制。亚洲碳市场以中国、韩国和日本为代表，重点在能源和工业部门，市场规模逐渐扩大。

七、碳汇市场的经验分析

碳市场的成功极大依赖于强有力的政策和法规支持，这包括确立市场的法律基础、提供经济激励、增强市场信任以及推动技术创新和基础设施发展。市场机制的建设关键在于确立一个有效的价格发现机制，提高市场效率，促进公平竞争，并通过严格的监管与合规体系来维护市场的稳定性和信誉。科学研究为碳市场提供技术和数据支持，包括改进排放量的测量和验证方法、提供碳定价的科学依据，评估政策效果，以及促进新技术和方法的发展。

八、碳汇市场面临的主要挑战

不同国家和地区之间政策法规的不一致性可能导致市场分割和效率低下。缺乏国际合作和统一框架，限制了市场的规模和影响力。碳价格受多种因素影响，其不稳定性可能阻碍长期投资和市场参与者的决策。在一些国家和地区，有效的 MRV 系统的缺乏限制了市场的透明度和可信度。市场操纵和虚假项目可能损害市场的公信力和有效性，缺乏对碳市场机制的理解和支持可能影响政策的实施和市场的有效运作。

拓展阅读

1.Liu L，Chen C，Zhao Y，Zhao E.（2015）.Chin's carbon–emissions trading：Overview，challenges and future.Renewable and Sustainable Energy Reviews，49，254–266.

由于中国已成为年度总排放量最大的温室气体排放国，加快中国温室气体减排的步伐对全球应对气候变化的努力取得成功至关重要。碳交易是减缓气候变化的市场机制和关键工具。文章探讨了中国碳交易市场迄今为止的政策过程和发展状况，以了解该市场的出现和发展，并了解阻碍中国碳交易市场发展的障碍。为实现这一目标，研究人员介绍和分析了中国在国际市场上的地位，考察了中国政府启动碳市场的驱动因素，并追溯了强制性碳排放权交易和自愿性碳排放权交易的发展情况。有人认为，中国碳交易市场面临碳交易市场功能性缺失、配额分配不准确、交易机制不完善、立法滞后等挑战。现阶段，碳价无实时、现货交易占主导地位等缺点，使中国贸易市场与功能体系有很大区别。中国碳市场的快速市场整合似乎遥不可及，建议采取具体措施，促进中国碳交易市场的发展。

2.Benjaafar S，Li Y，Daskin M.（2013）.Carbon footprint and the management of Supply Chains：Insights from simple models.IEEE Transactions on Automation Science and Engineering，10（1）：99–116.

通过使用相对简单和广泛使用的模型，研究者说明了如何将碳排放问题纳入采购、生产和库存管理方面的运营决策。文章展示了如何通过将碳排放参数与各种决策变量相关联，修改传统模型以支持考虑成本和碳足迹的决策，同时研究了这些参数的值以及监管排放控制政策的参数如何影响成本和排放。通过使用这些模型来研究碳减排要求在多大程度上可以通过操作调整来解决，作为对碳减排技术进行昂贵投资的替代（或补充）。作者还利用这些模型研究了同一供应链内企业之间的合作对其成本和碳排放的影响，并研究了企业寻求这种合作的激励机制。最终他们提供了一系列视角，突出了运营决策对碳排放的影响，以及运营模式在评估不同监管政策的影响和评估投资更高效碳技术的收益方面的重要性。

3.MacKenzie D.（2009）.Making things the same：Gases，emission rights and the politics of Carbon Markets.Accounting，Organizations and Society，34（3–4）：440–455.

碳市场是温室气体排放许可证或不排放温室气体信用额度的交易系统。文章深入探讨了此类市场的建立方式，并重点关注使碳市场具有可操作性的两个主要方面：不同气体的可比性和核算实践中排放权的标准处理。文章概述了导致它们建立的政策轨迹，并继续探索使这些市场成为可能的基本条件。该研究依赖于对参与碳市场的个体的访谈，例如市场设计师、交易员、经纪人和非政府组织成员。这些定性数据辅以文件分析，包括监测报告和与排放权有关的会计内部辩论。文章采用"有限主义"视角，并借鉴"行动者网络"理论来理解塑造这些市场的社会技术过程。文章最后讨论了应该如何对待碳市场，同时考虑了环保主义者和反对资本主义者的观点。它还建议发展"市场设计政治"，旨在使碳市场成为减排的有效工具。同时，该研究强调需要采用多学科方法来了解碳市场及其具体的建设细节，这对碳市场的有效性至关重要。

4.Newell R G，Pizer W A，Raimi D.（2013）.Carbon Markets15years after Kyoto：Lessons learned，new challenges.Journal of Economic Perspectives，27（1）：123–146.

碳市场规模庞大，而且正在扩大。从过去八年的市场经验中可以吸取许多教训：应该减少免费配额，更好地管理市场敏感信息，并认识到交易系统需要对市场参与者和市场信心产生影响的调整。此外，新兴市场架构的特点是服务于不同司法管辖区的独立排放交易体系，碳市场还存在各种其他类型的政策。这种情况与《京都议定书》设计者15年前设想的自上而下的综合性全球贸易架构形成鲜明对比，并提出了一系列新问题。在这种新架构中，从事排放交易的司法管辖区必须决定如何、是否以及何时相互联系。利益攸关方和政策制定者必须面对如何衡量市场之间努力的可比性，以及与各种其他政策方法的可比性。反过来，国际谈判者必须制定一项全球协议，以适应和支持日益自下而上的碳市场和减缓气候变化的方法。

5.Chapple L，Clarkson P M，Gold D L.（2013）.The cost of carbon：Capital market effects of the proposed emission trading scheme（ets）.Abacus，49（1）：1–33.

2008年3月，澳大利亚政府宣布打算引入国家排放交易计划（ETS），目前预计将于2015年开始实施。这一即将到来的发展为调查澳大利亚的ETS对澳大利亚证券交易所（ASX）公司的市场估值产生的影响提供了一个理想的环境，这是澳大利亚首次对ETS定价影响的实证研究。首先，我们假设公司价值将与公司的碳强度状况呈负相关。也就是说，在引入ETS之前（2007年），无论是与未来合规和/或减排成本相关的未入账负债的存在，还是与未来收益减少有关的原因，对高碳排放企业的公司价值都将产生更大的影响。使用58家澳大利亚上市公司的样本（受当前排放数据的限制），这些公司包括规模更大、利润更高、风险更低的澳大利亚上市公司，我们首先进行了一项事件研究，重点关注五个不同的信息事件，这些事件被认为会影响拟议的ETS颁布的可能性。在这里，我们找到了直接证据，证明资本市场确实在为拟议的ETS定价。其次，使用Ohlson（1995）估值模型的修改版本，我们进行了估值分析，不仅旨在补充事件研究结果，而且更重要的是，为资本市场评估拟议的ETS反映在市值中的经济影响程度提供见解。在这里，我们的结果表明，市场评估碳密集度最高的样本公司的市值相对于其他样本公司的市值下降了7%~10%。此外，根据样本公司的碳排放情况，我们预计"未来碳许可价格"在每吨二氧化碳排放17~26澳元。这项研究比行业报告更精确，行业报告将碳价格设定在每吨157~74澳元。

第十章

中国海洋碳汇市场

随着全球碳减排压力的增加，中国作为世界上最大的碳排放国之一，正在积极探索包括海洋碳汇在内的多元化减排途径。海洋碳汇作为一种新兴的温室气体减排策略，对于中国实现碳达峰和碳中和目标具有重要意义。本章将深入探讨中国海洋碳汇市场的现状、发展趋势及其潜在的社会经济影响，以及中国在全球碳汇市场中的角色。

中国的海洋碳汇市场尚处于起步阶段，但已经展现出巨大的发展潜力。政府对于海洋保护的重视，以及碳交易政策的逐步完善，为海洋碳汇的开发提供了政策支持和市场环境。中国的海洋面积广阔，生态系统多样，包括大量的海草床、盐沼和红树林等，这些都是优质的碳汇源。

然而，海洋碳汇的开发和管理面临诸多挑战。如何科学评估和验证海洋碳汇的减排效果，如何构建有效的市场机制和监管体系，以及如何平衡经济发展与生态保护的关系，都是中国在推动海洋碳汇市场发展过程中必须解决的问题。此外，全球气候变化对海洋环境的影响，如海平面上升、海水酸化等，也给海洋碳汇的稳定性和持续性带来了不确定性。

本章将通过具体案例和数据分析，揭示中国海洋碳汇交易市场的发展现状和趋势，探讨政策制定者、企业以及社会各界如何通过创新和合作，推动海洋碳汇成为中国乃至全球碳市场的重要组成部分。通过这种方式，中国不仅可以在国际上承担更大的环境责任，也可以为全球生态系统的健康和可持续发展贡献自己的力量。

第一节　中国碳汇交易市场的运行与推进

学习目标

★ 学习中国碳汇市场的发展历程及其与国际碳市场的关联

★ 了解支持中国碳汇交易市场的政策、法律和规定

★ 认识在中国碳汇交易市场中扮演关键角色的政府机构、私营企业和非政府组织

★ 探索用于监测、报告和验证（MRV）碳汇效果的技术

★ 识别中国碳汇市场面临的主要挑战及其原因

★ 评价中国碳汇市场的运作效率和交易活动

★ 分析政策变化如何影响市场动态和参与者行为

★ 基于当前趋势，预测市场未来可能的发展方向和改进领域

根据世界气象组织（WMO）在《WMO 全球气候状况临时声明》中的表述，工业革命前大气中二氧化碳的含量为280毫升/升，而目前已迅速增加到410毫升/升。此外，联合国政府间气候变化专门委员会（IPCC）在《气候变化2021：自然科学基础》报告中指出，全球变暖的速度超出了预期，即使大幅减少温室气体排放，未来20年内全球仍有可能暂时升温1.5℃。为了对抗气候变化，许多国家和地区已设立碳中和目标，这些国家和地区的 GDP 总量占全球40%，温室气体排放量占50%。

一、市场概况

（一）中国碳汇交易市场的历史背景

中国碳汇交易市场的概念起源于全球对气候变化应对的国际合作和市场机制探索。自从1997年《京都议定书》提出清洁发展机制（CDM）以来，中国就开始参与国际碳交易，利用其丰富的碳汇资源和发展中大国的地位，积极发展碳信用项目。2004年7

月1日，中国政府发布了《清洁发展机制项目运行管理暂行办法》，明确了 CDM 项目的实施范围、许可条件、管理及执行机构和程序等相关细节。该办法特别强调，CDM 项目不仅要促进发展中国家的可持续发展，还需有助于减少温室气体排放，并且其产生的减排量应仅为附件1缔约方的国内减排补充。此外，中国在进行 CDM 项目时对包括碳汇项目在内的单边项目持保守态度。在这些项目的开展中，中国特别重视提升能源效率、开发新能源与可再生能源以及甲烷和煤层气的回收利用。2005 年，中国首次在国家层面提出建立碳排放交易市场的构想，随后在"十一五"规划中将碳排放交易作为气候变化对策之一。此后，随着国内外对气候变化问题重视程度的提升和碳交易国际市场的发展，中国开始探索建立本国的碳汇交易市场，以期通过市场机制有效地控制和减少温室气体排放。

（二）中国碳汇交易市场的发展过程

中国碳汇交易市场的发展经历了从试点到全面推广的过程。2011 年，国家发展和改革委员会正式批准北京、天津、上海、重庆、湖北、广东和深圳七个省市开展碳排放交易市场试点工作。这些试点覆盖了中国北方、东方、南方和中部的不同地区，形成了覆盖广泛的试验区，旨在通过地方试点来积累经验，探索适合中国国情的碳市场运行模式。这些试点市场在设计上各具特色，但共同目标是探索建立一个有效的碳排放权交易体系。通过这些试点，中国积累了宝贵的运营经验和数据，这为后续的全国碳市场的推广打下了坚实的基础。

1997 年：《京都议定书》签署，清洁发展机制（CDM）启动，中国开始参与。

2005 年：中国首次提出建立国内碳排放交易市场的构想。

2011 年：国家发改委批准七个省市作为碳排放交易市场试点。

2013~2020 年：试点市场运行，积累经验，完善制度。

2021 年 7 月：全国碳交易市场正式启动，初期覆盖发电行业。

2021 年及以后：计划逐步扩展至钢铁、水泥、化工等其他行业。

（三）当前的规模和结构

截至 2021 年，中国碳市场已经发展成为全球最大的碳交易市场之一。中国碳交易市场于 2021 年 7 月正式启动，首批覆盖的行业为发电行业，这一行业的碳排放量占到了全国碳排放总量的近 40%。市场结构上，中国碳市场主要以配额交易为主，企业之间可以通过碳排放权的买卖来满足政府设定的排放目标。全国市场的启动初期，交易方式以双边协议和场内交易为主，计划逐步引入更多的市场化机制和交易工具，如期货、期权等金融衍生产品。此外，市场还计划逐步扩展到其他重点排放行业，如钢铁、水泥、化工等，以实现全面覆盖。

二、政策驱动

中国政府在推动碳汇交易市场的发展中扮演着至关重要的角色，通过制定相关法律、政策和激励措施，来确保市场的有效运行和持续推进。政府的法律和政策框架为碳汇交易提供了必要的规范和指导，而激励措施则是促进各参与主体积极参与的关键。

（一）法律与政策框架

《联合国气候变化框架公约》第四条第7款规定："发展中国家缔约方能在多大程度上有效履行其在本公约下的承诺，将取决于发达国家缔约方对其在本公约下所承担的有关资金和技术转让承诺的有效履行，并将充分考虑到经济和社会发展及消除贫困是发展中国家缔约方的首要和压倒一切的优先事项。"中国对气候变化的重视和应对措施展现了其作为一个负责任的发展中国家的承诺。国家气候变化对策协调机构的成立及一系列相关政策的实施，是中国落实国家可持续发展战略的重要一环。2007年，国家发展和改革委员会发布了《中国应对气候变化国家方案》，该方案不仅设定了2010年的具体气候变化应对目标，而且提出了建立资源节约型、环境友好型社会的长远目标，明确提出了建设碳排放权交易市场的初衷。根据这一国家方案，中国于2011年启动了北京、上海、天津、重庆、湖北、广东和深圳的碳排放权交易试点工作，这些试点市场的成功运行为全国碳市场的扩展提供了宝贵经验。到2017年，中国正式宣布启动全国范围内的碳排放权交易市场，覆盖发电行业，标志着全球最大碳市场的诞生。2021年中华人民共和国生态环境部颁布的《碳排放权交易管理办法（试行）》进一步完善了碳市场的法律框架，明确了市场的主体、交易规则、监督管理和法律责任，为碳市场的健康发展和规范运行提供了坚实的法律保障。这一系列措施体现了中国在全球气候治理中的积极角色和对国际责任的坚定履行。

（二）激励措施

为了鼓励更多企业和地方政府参与碳交易，中国政府实施了一系列激励措施，包括财政补贴、减税优惠和信贷支持等。例如，政府对参与碳减排并实现额外碳信用的企业提供税收减免，以及对开展碳吸收项目的企业和地区给予资金支持。此外，中国政府还通过提供低利率的绿色信贷，支持碳减排技术的研发和应用。这些激励措施极大地促进了碳市场的活跃度和技术创新。

（三）政策实施案例分析

广东省和深圳市作为中国碳交易市场的先行者，其成功的实践为全国碳市场的推广和深化提供了重要经验。这两个地区的碳市场均受到了具体的政策支持和激励措施的驱动，以下分析详细说明了这些政策和激励措施如何促进了碳汇交易市场的发展。

1. 广东省碳排放权交易市场

广东省的碳交易试点项目启动于2013年，是基于国家发展和改革委员会推动下的全国性策略。其碳市场政策主要包括碳排放配额分配方案和碳市场交易规则。这些政策旨在通过市场机制控制和减少全省的碳排放。具体来说，广东省政府为参与市场的企业设定了碳排放配额，并允许这些配额在市场上自由交易。这种配额的初始分配和后续的市场调整旨在鼓励企业通过技术创新和管理优化降低碳排放。

为了进一步激励企业参与碳市场，广东省政府还实施了包括财政补贴在内的多项措施。例如，为技术改造和能效提升的项目提供资金支持，以及对达到碳排放减少目标的企业给予税收优惠或直接的财政奖励（表10-1）。华润电力等大型发电公司利用这些政策和激励措施，不仅达到了碳排放的合规要求，还通过有效管理其碳配额在市场上出售剩余配额，获得了额外的经济收益。这增强了公司在市场中的竞争力，同时促进了环境友好型技术的应用和能效的提高。这些激励措施显著提高了企业的参与积极性，并帮助它们通过碳市场实现经济效益。

表10-1 广东省碳交易市场政策及激励措施

政策 / 激励措施	描述
碳配额分配	广东省制订了科学的碳排放配额分配方案，确保按照各行业的实际排放和减排潜力公平分配碳配额
交易规则	建立了一套详细的交易规则，包括碳排放权的购买、销售、登记及退休流程，确保市场的透明性和效率
财政补贴	对采用低碳技术和优化管理实现显著减排的企业提供财政补贴，鼓励更多企业通过技术创新减少碳排放
技术改造支持	政府支持企业进行技术升级改造，尤其是能效提升和污染控制技术，以达到更高的环境标准和碳减排目标

2. 深圳市碳排放权交易系统

深圳市的碳市场政策包括广泛的行业覆盖和低门槛入市标准，这使多种类型的企业都能参与碳交易。深圳市政府为小微企业提供了特别的技术和财政支持，以帮助它们克服参与市场的初期困难。

深圳还实施了针对达到或超过碳减排目标的企业的奖励机制，包括财政奖励和公开表彰，以提高企业的社会形象和市场地位。此外，对于实施内部碳定价机制的企业，深圳提供了政策指导和技术支持，帮助它们更有效地管理碳资产（表10-2）。如腾讯公司作为深圳市的一家主要碳市场参与者，通过实施内部碳定价机制和投资绿色能源项目，有效地管理了其碳排放。这不仅使腾讯在碳市场中实现了成本效益，还增强了公司的绿色品牌形象，并推动了可持续发展策略的实施。

表10-2　深圳市碳排放交易系统政策及激励措施

政策／激励措施	描述
多行业覆盖	深圳碳市场覆盖广泛的行业，从重工业到服务业，确保各类企业均可参与碳交易，推动全行业碳减排
奖励机制	对超额完成碳减排目标的企业给予奖励，激励企业采取更积极的减排措施
小微企业支持	提供技术和财政支持给参与碳市场的小微企业，帮助它们克服参与碳市场的门槛，鼓励创新和灵活的减排解决方案
内部碳定价机制	政府鼓励企业内部实施碳定价机制，提升企业对碳成本的自我管理能力

三、技术支持

在中国碳汇交易市场的运行与推进中，关键技术的支持尤为重要，尤其是在监测、报告和验证（MRV）碳汇效果的技术。碳汇交易市场的健康发展依赖于准确的数据和透明的信息，这些都需要借助高效的技术工具来实现。同时，市场运行中的挑战以及政府和市场参与者的应对策略也是确保碳市场长期稳定与效益最大化的关键因素。

（一）技术支持

支持碳汇交易市场的关键技术主要包括遥感技术、地理信息系统（GIS）、大数据分析和区块链技术等。这些技术的应用能够提高碳汇项目的监测精确性，加强数据的处理能力，以及提升碳信用的透明度和交易的安全性。遥感技术可以通过卫星或无人机获取大范围的植被和土地利用情况的实时数据，帮助评估和监测森林碳汇、农田碳汇等碳吸收项目的效果。GIS技术能够处理和分析空间数据，辅助决策者更好地理解碳汇分布和变化情况，优化碳汇项目的布局。大数据分析可以处理大量的环境、气象和交易数据，通过算法模型预测碳市场的趋势和碳汇项目的潜在价值。区块链技术的应用能够增强碳交易记录的不可篡改性和透明度，保证交易的信誉和合规性。

（二）市场挑战与对策

中国碳汇交易市场在运行中面临的主要挑战包括技术和方法论的局限性、市场参与度不足以及政策和法律框架的不完善。技术和方法论的局限性主要表现在碳汇量的准确测量和长期监控上，尤其是在复杂的生态系统中。市场参与度不足则是由于碳汇项目的初始成本较高，且回报周期较长，难以吸引足够的投资者。此外，政策和法律框架的不完善也制约了碳市场的规范发展和扩容。针对这些挑战，政府可以通过制定更明确的政策指导和激励措施，如税收优惠、财政补贴等，来降低市场参与的门槛和风险。同时，加强国内外技术交流和合作，提升本土技术的研发和应用能力，也是应对市场挑战的有效策略。

（三）中国的技术应用实例

在中国，已有若干成功的技术应用实例支持碳汇交易市场的发展。一个典型的例子是浙江省的"碳卫星"项目，该项目利用卫星遥感技术监测和评估森林碳汇的变化。通过与地面监测数据的结合，碳卫星能够提供更加准确和全面的碳存储量评估报告，为政府和企业提供科学的碳交易决策支持。

从2024年初中国气象局举办的温室气体监测及碳源汇项目进展交流会中获悉，由浙江省气象科学研究所牵头的跨机构合作项目取得了重大进展。该项目名为"多源监测数据在区域尺度碳源汇评估技术试用中的敏感性分析"，与杭州市气象局、安徽省气象科学研究所及长三角环境气象预报预警中心共同参与。这项研究的目标是提高长三角地区碳监测的精度和连续性，为精确评估该地区的碳排放和吸收提供科技支撑。研究团队已经开发出了一套高精度的在线监测数据质控分析方法，并成功研发了二氧化碳在线实时监测数据质控软件，同时编制了一份详尽的技术报告，为地方政府在低碳绿色经济发展决策中提供了重要的科学依据。

此外，该项目在浙江省内部署的温室气体监测平台已开始发挥重要作用。这一平台结合了地面站点监测与卫星遥感数据，能够实现温室气体数据的实时采集和在线监控。它利用这些数据进行质控和分析，从而制作相关的业务产品，为浙江省的双碳目标——碳达峰和碳中和的决策提供科学、精准的支持。通过这些技术的应用，浙江省能够更好地监控和管理其温室气体排放，进一步推动该省在全国碳减排努力中的领导地位。

关于碳卫星项目，这是一个全球范围内的技术发展趋势，利用卫星技术进行大气中二氧化碳的测量和监控。中国也在积极发展相关技术，并已将其作为监测和评估碳源汇动态的重要工具。碳卫星能够提供精确的二氧化碳浓度数据，这对于理解全球和区域碳循环具有重要意义。通过碳卫星，科研人员可以更精确地追踪碳排放和碳吸收的地理分布及其变化，帮助政府和企业制定更有效的碳减排策略和适应措施。例如，浙江省通过结合碳卫星数据和地面监测数据，能够对该省及其城市的碳排放和自然碳吸收进行详细的年度评估，为实现低碳发展目标提供了坚实的数据支持。这种从空中到地面的综合监测网络是实现有效碳管理和达成国际气候目标的关键步骤。

这一技术应用在金融市场同样适用。浙江省东阳市国有资产投资有限公司于2024年初在香港证券交易所成功发行了一种创新型绿色债券，此次发行的资金将主要用于支持东阳市的新型绿色建材及可再生资源利用项目。这种绿色债券具有全球首创的特点，它采用了"无人机+碳卫星"技术进行碳排放认证,代表了绿色金融工具在环境责任和透明度方面的重大进步。在这次债券发行中,中国银河国际证券(香港)有限公司担任全球协调人,成功地运用了包括香港中文大学(深圳)数据经济研究院在内的学术及行业资源,提高了债券发行过程中企业碳足迹的透明度和准确性。这不仅提升了企业碳排放数据的全面性和精确性,而且为绿色债券市场树立了新的标准,吸引了高质量的专业投资者对此类债券的兴趣。此次绿色债券的成功发行,为其他企业如何在全球资本市场上有效展示环境责任提供了宝贵的参考。

中国碳汇交易市场的未来发展将继续依赖于技术进步和市场机制的完善。通过加强关键技术的研发和应用,以及优化市场运行的政策环境,中国的碳汇交易市场有望在全球碳减排努力中发挥更加重要的作用。

思考题

- 中国碳汇交易市场的发展受哪些国内外政策影响最大?
- 描述中国碳汇市场中监测和验证碳汇的技术流程。
- 分析中国碳汇市场运行中的三个主要挑战及其可能的解决方案。
- 讨论中国碳汇交易政策如何影响企业的碳排放行为。
- 如何评价中国碳汇交易市场的法律和政策环境对新参与者的开放性?
- 探讨技术创新如何促进中国碳汇交易市场的发展。
- 分析中国碳汇市场在全球碳市场中的竞争力和潜在影响。
- 讨论中国碳汇市场的主要法律障碍和政策缺陷。
- 探索中国如何利用碳汇交易促进绿色经济的转型。
- 分析一个成功的中国碳汇交易项目,讨论其成功的关键因素。

第二节　中国海洋碳汇交易市场的现状

★ 识别参与中国海洋碳汇市场的各类主体，包括政府机构、私营企业和非政府组织

★ 理解在中国进行海洋碳汇交易的各种模式，包括直接交易和通过交易平台

★ 学习海洋碳汇交易的具体流程，从碳汇生成到其交易的完整链条

★ 通过分析具体案例，了解成功的海洋碳汇项目的关键要素

★ 掌握中国海洋碳汇市场的规模及其在全球碳市场中的地位

★ 识别中国海洋碳汇市场面临的主要技术、法律和市场接受度等方面的挑战

★ 学习影响中国海洋碳汇市场发展的政策环境，包括激励措施和限制因素

★ 评估中国海洋碳汇市场的发展潜力和可能的扩展方向

一、市场参与者

在探讨中国海洋碳汇交易市场的现状时，了解市场的主要参与者是至关重要的。结合我们在本书第十章第三小节所学，这些参与者包括政府部门、企业和第三方核查机构等，它们各自在海洋碳汇交易系统中扮演着独特而关键的角色。下文将详细描述这些团体和机构的功能、责任以及它们在市场中的互动方式。

（一）政府部门的角色和职责

在中国海洋碳汇市场中，政府部门是核心参与者之一，负责制定和执行政策，监管市场，以及推动碳汇项目的发展。在中国，国家发展和改革委员会（NDRC）及其地方分支机构在碳汇市场的监管和政策制定中起着主导作用。这些政府机构负责制定海洋碳汇及其交易的政策框架，审批碳汇项目，以及监督和管理碳信用的生成和交易。此外，国家海洋局作为专责管理中国海洋和海岸资源的政府机构，也在海洋碳汇项目的审批和

监管中发挥重要作用。政府部门还负责协调不同利益相关者之间的合作，包括国家能源局、环境保护部门以及地方政府等，共同推动海洋碳汇市场的健康发展。

（二）企业的参与和贡献

企业是海洋碳汇市场的直接参与者和主要动力。在中国，众多企业尤其是各类能源密集型和高排放的大型企业，正在积极参与海洋碳汇项目，以实现其碳中和目标并优化其环境责任报告。这些企业涉及多个行业，包括但不限于石油、天然气、化工、钢铁及航运等。例如，中国石油天然气集团公司等大型国有企业，已经开始探索如何通过海洋碳汇项目来补偿其碳排放，同时也支持这些项目以提高企业的可持续性和市场形象。此外，许多新兴的私营企业和初创公司也在开发创新的海洋碳汇技术和解决方案，如海藻培养、盐沼恢复和人工养殖等，这些技术有潜力大幅增加海洋碳汇的效率和规模。

（三）第三方核查机构的作用

第三方核查机构在确保海洋碳汇市场的透明性和公信力方面发挥着至关重要的作用。这些机构负责对碳汇项目的碳吸收量进行独立核查和验证，确保项目的数据真实可靠，符合国家和国际的标准和要求。在中国，诸如中国环境科学研究院、中国质量认证中心等国有研究机构，以及一些专业的私营核查公司，都在提供这类服务。这些核查机构使用先进的科学方法和技术，如卫星遥感、地面监测和生物地球化学分析等，来评估和验证海洋碳汇项目的碳捕捉能力。核查结果不仅对项目运营商和投资者提供重要信息，也是政府监管和公众信任的基础。

在中国海洋碳汇市场中，政府部门、企业和第三方核查机构之间的互动构建了一个多层次、跨部门的合作框架。政府通过制定政策和监管机制为市场参与者提供了明确的指导和法规环境。企业根据这些政策进行投资决策，并开展具体的碳汇项目。第三方核查机构则作为这一体系中的独立评估者，确保所有项目活动的透明和科学性。此外，学术界和研究机构也参与到这一市场中，它们通过研究和技术开发，支持政府和企业更好地理解和利用海洋碳汇的潜力。这种多方参与和合作是推动中国海洋碳汇市场健康发展的关键。

总体而言，中国海洋碳汇交易市场的参与者包括政府部门、各类企业以及第三方核查机构，它们各自在市场中扮演着不可或缺的角色。通过这些参与者的合作与互动，海洋碳汇市场在推动中国乃至全球的环境可持续性方面具有重要的战略意义。

二、交易模式

中国海洋碳汇交易市场是近年来随着国家碳减排政策和全球气候变化应对措施逐步推广和实施的一个新兴市场。海洋碳汇，包括海草床、红树林、盐沼以及其他海洋生态系统，由于其独特的碳固定和存储能力，被视为重要的自然碳汇资源。中国的海洋碳汇交易模式正处于起步阶段，目前正在逐步探索和完善交易平台、交易规则和流程等关键组成部分。研究结果表明，中国海洋碳汇交易市场的构建需要采用"市场＋政府"的双轨模式，同时建议市场建设应该按照分阶段的发展计划进行。此外，海洋碳汇交易市场的建设内容应涵盖市场的基本要素，包括供需关系、价格机制和风险管理等市场运作及其支持机制。为了确保海洋碳汇交易市场能够持续且有效地运作，需要强化组织领导，完善体制机制，加强顶层设计和法律体系的建设，深化科学研究，提升技术水平，并注重人才培养和智力支持的加强。

（一）交易平台

中国海洋碳汇的交易平台尚未完全成熟，目前主要依托现有的碳交易市场及其电子交易系统进行。中国的碳市场自2017年起在全国范围内逐步推广，目前主要集中在电力行业的排放权交易。然而，海洋碳汇的交易则涉及更为复杂的生态系统服务评估和碳吸存量核算。为此，中国环境保护部门和相关科研机构正在合作开发专门的海洋碳汇交易平台，以提供更精确的碳汇量度量、交易记录和交易验证服务。这些平台的开发目标不仅是实现海洋碳汇的准确交易，还包括通过技术支持提高交易的透明度和公信力，为市场参与者包括政府部门、企业和公众提供一个可靠的交易环境。例如，中国科学院海洋研究所与部分省级政府合作，利用卫星遥感和现场监测数据，建立了初步的海洋碳汇数据平台，为未来全面的交易平台奠定了数据和技术基础。

（二）交易规则

关于交易规则，中国海洋碳汇交易的规则制定正逐步从概念性框架走向具体实施细则。这包括碳汇量的核算方法、交易的资格要求、交易的标准合同以及监管和法律责任等方面。在碳汇量核算方面，中国环境保护部门正与国际组织合作，参考国际通行的标准，结合中国海洋生态系统的特点，制定适用于红树林、海草床等不同类型海洋碳汇的量化标准。在交易资格方面，目前主要限于符合国家碳排放控制目标的大型企业和公共项目，未来可能逐步向中小企业和个人开放。为了确保交易的公正性和透明度，中国还在制定相关的交易监管机制，包括第三方审核、交易记录公示以及违规行为的法律后果。这些规则的制定和实施是确保海洋碳汇交易市场健康发展的基础，也是提升国内外投资者信心的关键。

目前，中国的海洋事业正处于转变发展方式、优化产业结构和转换增长动力的攻关期。同时，中国的碳市场已成为全球第二大配额成交量市场。然而，海洋碳汇核算体系仍不完善，方法也不统一，这严重影响了后续工作的展开。制定海洋碳汇标准体系成为我们面临的一项重要任务。作为世界海洋大国，中国有机会组织整合海洋负排放相关的学科，加快研究海洋碳中和核算机制和方法学，率先制定海洋碳汇标准并进行海洋碳汇交易试点。这将有助于中国在海洋碳汇领域占据先机，掌握未来发展的主动权。因此，制定海洋碳汇核算标准具有多重重要意义（表10-3）。

从国家的角度来看，制定标准有利于在国际气候谈判和碳交易中形成有利的局面，提升国际话语权。从科学角度来看，标准涵盖了多种类型的碳汇，为未来海洋碳汇研究留下了更多空间。从产业角度来看，制定标准有利于在发展低碳经济的同时稳健地实现产业转型，提高经济效益。

表10-3　海洋生态系统服务价值推荐核算方法

方法	说明
影子工程法	影子工程法，也称恢复费用法或重置成本法，通过构建一个替代原有环境功能的人工工程来估算环境破坏造成的经济损失。该方法假设原环境不存在，以达到相同社会效益所需的其他方式的成本进行评估。常用于评估防风固沙、干扰调节等生态功能的价值
市场价格法	市场价格法将环境视为一种生产要素，通过分析环境变化对生产率和成本的影响来计算其对产值和利润的影响，进而估算环境变化带来的经济效益或损失。这种方法适合用于食品和原料生产功能的价值估算，如土壤流失对农作物产量的影响
防护费用法	防护费用法基于人们为避免或减少环境有害影响所愿意支付的防护措施费用。这些费用被视为环境效益或生态损失的最低估价，需要结合环境的具体状况和多种因素进行综合分析。此方法常用于干扰调节和污染处理功能的价值评估
替代成本法	替代成本法评估那些通常无法通过市场交易直接买卖的环境效应和服务功能的价值。通过计算可替代这些服务的产品的直接成本来估算。例如，用污水处理厂处理氮、磷等污染物的成本及相关排放税费来评估海洋生态系统的生物控制功能的价值

（三）交易流程

在交易流程方面，中国海洋碳汇交易市场正试图建立一套高效、透明的操作流程。这个流程从碳汇项目的注册开始，涉及项目的可行性评估、碳汇量核算、审批上市、交易匹配以及交易后的监测和报告。项目开发者需要向环保部门提交项目申请，包括详细的项目描述、预期的碳吸存量以及环境影响评估报告。经过初审合格后，项目进入公示期，以接受公众和专家的意见。之后，项目需要通过第三方评估机构的碳汇量核算和环境影响验证。一旦项目获得正式批准，即可在指定的交易平台上市交易。在交易完成后，项目开发者需定期向监管机构提交项目运行和碳汇效果的监测报告，确保项目的持续合规性和碳汇效果的实际性。此外，交易双方还需通过交易平台完成交易款项的结算，确保交易的财务透明和安全。

通过这些详细的介绍，可以看出中国海洋碳汇交易市场在建设的初期阶段已经初步形成了一套较为完整的体系框架，从交易平台的建设、交易规则的制定到交易流程的执行，各环节都在逐步完善中。这不仅对于中国自身的碳减排目标实现具有重要意义，也为全球海洋碳汇交易市场的发展提供了有价值的经验和参考。

三、项目案例

在全球范围内，海洋碳汇作为一种减缓气候变化的有效途径，正在逐渐受到重视。中国作为一个拥有广阔海域资源的国家，近年来也在积极探索和推动海洋碳汇的交易市场。

（一）案例一：珠江口红树林恢复项目

1. 背景介绍

珠江口红树林恢复项目位于中国南部沿海地区，是国内首个红树林碳汇项目。该项目启动于2010年，目的是通过恢复和保护红树林来吸收二氧化碳，同时提升当地生物多样性和保护海岸线。红树林是海洋碳汇的重要组成部分，能有效固碳并为海洋生物提供栖息地。

2. 具体措施

珠江口红树林恢复项目通过一系列科学管理和恢复措施实施。首先，项目采用了本土红树林种植技术，种植了适应当地环境的红树林植物。其次，为了保证红树林的存活率和生长质量，项目实施了定期的生态监测和维护工作。此外，项目还包括当地社区和相关利益相关者的参与，通过提供就业机会和环境教育来增强项目的社会支持力度。

3. 成功因素

珠江口红树林恢复项目的成功主要得益于以下几个关键因素。首先是政策激励，中国政府在碳减排和生态保护方面出台了一系列优惠政策和财政补贴，为项目提供了必要的经济支持。其次，环境因素也发挥了重要作用，珠江口地区的自然条件适宜红树林的生长，为项目的实施提供了有利的自然环境。最后，企业自身因素，如项目管理团队的专业性和持续的科研支持，保证了项目从科学角度出发，实现了生态恢复和碳汇增加的双重目标。

（二）案例二：海南省海草床保护项目

1. 背景介绍

海南省海草床保护项目是中国在海洋碳汇领域的又一创新实践。海草床是海洋中的一种重要生态系统，能有效吸收海水中的碳并提供丰富的生物栖息地。该项目始于2015年，旨在通过科学管理和保护措施，恢复和维护海南省沿海地区的海草床资源。

2. 具体措施

海南省海草床保护项目采取了多种措施确保海草床的健康和持续性。项目团队进行了详细的海域调查，确定了海草床的分布和健康状况，以便制定有效的保护措施。此外，项目还包括对海草床的人为破坏行为进行监控和管理，比如限制过度的渔业活动和海岸线开发。项目还强调了当地社区的参与，通过教育和培训提高公众对海草床生态功能的认识。

3. 成功因素

海南省海草床保护项目的成功依赖于几个关键因素。政策支持为项目提供了坚实的法律和财政基础，中国政府对生态保护和可持续发展的高度重视为项目的实施提供了政策保障。环境因素，如海南省独特的海洋生态环境，为海草床的生长和保护提供了自然优势。企业和管理团队的高度责任感和专业能力，确保了项目措施的科学性和实效性，同时也加强了与地方政府和社区的合作。

通过以上案例的学习，我们可以看到，科学的管理措施、政策激励、环境优势以及企业和社区的参与是推动海洋碳汇项目成功的关键因素。这些因素不仅促进了项目的实施，也为中国乃至全球的海洋碳汇交易市场的发展提供了宝贵的借鉴经验和模式。

四、问题和挑战

中国海洋碳汇交易市场是碳交易市场的重要组成部分，具有巨大的发展潜力和环境效益。然而，其发展也面临诸多问题和挑战，这些可以分为技术与监测问题和政策与市场运行挑战。

（一）技术与监测问题

海洋碳汇的核心问题之一在于碳汇量的准确测定和长期监控。海洋生态系统，如红树林和海草床，其碳捕获和存储的过程受多种环境因素影响，如水质、气候变化和人类活动等，这使监测和验证变得复杂。当前，中国在海洋生态系统碳汇的定量测定技术尚不成熟，缺乏标准化的方法和工具，这限制了碳汇交易的准确性和透明度。

（二）政策与市场运行挑战

中国海洋碳汇市场的另一个挑战是缺乏成熟的政策支持和市场机制。虽然中国政府已开始推广碳排放交易系统，但在海洋碳汇领域，相关的政策法规、市场激励和交易机制仍不健全。此外，公众对海洋碳汇概念的认知不足，也制约了市场的参与度和投资意愿。

（三）解决方案

针对技术与监测问题，建议加大在海洋科学研究和监测技术上的投资，发展远程感测和生物地球化学模型等高新技术，以提高碳汇量评估的准确性和效率。此外，可以建立海洋碳汇监测网络，促进数据共享和技术标准化。对于政策与市场运行的挑战，建议政府出台更具针对性的政策框架，明确海洋碳汇交易的法律地位和操作规程，同时通过公共教育和宣传提高公众对海洋碳汇重要性的认识，激发市场活力。

结合前文提到的珠江口红树林恢复项目和海南海草床保护项目，我们将从问题和挑战的角度对它们进一步分析：

1. 珠江口红树林恢复项目

珠江口的红树林恢复项目是中国海洋碳汇交易市场中的一个典型案例，该项目面临的主要问题和挑战包括生态恢复的复杂性和资金的持续投入。红树林生态系统极其敏感，其恢复不仅需要科学的规划和管理，还需要应对气候变化和人类活动的干扰。此外，红树林项目的资金需求较大，需要长期的财政支持和市场投资。为解决这些问题，项目采取了多方合作的模式，包括政府、科研机构和非政府组织的共同参与。通过实施科学的监测和管理策略，项目有效地提升了红树林的碳汇功能，并通过碳信用销售为项目带来了经济收益，实现了生态保护与经济利益的双赢。

2. 海南海草床保护项目

海南海草床保护项目则着重于解决海草床生态系统面临的退化问题。该项目的主要挑战在于生态保护与当地经济发展的矛盾，尤其是渔业活动对海草床的影响。项目通过建立海洋保护区，限制影响海草床的人类活动，同时开展海草床的人工种植和恢复工作。此外，项目还采用了社区参与的方式，提高当地居民对保护工作的认同感和参与度，通过教育和培训提升他们的环保意识。这些措施不仅改善了海草床的生态状况，还增强了其碳汇能力，为当地社区带来了生态旅游等新的经济机会。

通过上述两个具体项目的分析可以反映出中国海洋碳汇交易市场在面临问题和挑战时，通过科学的管理、合理的政策支持和多方参与可以有效地推进项目实施并取得成功。这些案例为中国和世界范围内的其他海洋碳汇项目提供了宝贵的经验和策略，有助于推动整个市场的健康发展和环境改善。

思考题

● 中国海洋碳汇市场中的主要参与者有哪些，他们各自扮演什么角色？

● 描述中国海洋碳汇交易的一般流程，包括关键的监测和验证步骤。

● 分析一个中国海洋碳汇项目的成功案例，指出成功的关键因素。

● 在中国海洋碳汇市场中，什么因素限制了市场的发展？

● 讨论中国政府在推动海洋碳汇市场发展中所采取的政策措施。

● 如何评价中国海洋碳汇市场的规模和成熟度？

● 海洋碳汇交易中存在哪些技术挑战？这些挑战如何被克服？

● 中国海洋碳汇项目在国际碳市场处于什么位置？有哪些竞争优势和劣势？

● 未来，中国海洋碳汇市场可能的发展方向是什么？

● 如果你是政策制定者，你会如何设计政策来解决中国蓝碳市场的现存问题？

第三节　中国海洋碳汇交易市场的发展展望

★ 能识别中国海洋碳汇市场未来可能的增长点和发展趋势

★ 掌握如何分析政策对海洋碳汇市场发展的推动与制约作用

★ 了解预期的技术创新及其对海洋碳汇效率和市场运作的潜在影响

★ 学习中国在全球海洋碳汇市场中的角色以及如何通过国际合作提升竞争力

★ 评估中国海洋碳汇交易市场的商业潜力和环境影响

★ 识别海洋碳汇项目实施中的技术需求和挑战

★ 了解监管框架如何适应市场的快速发展，确保可持续和透明的市场操作

★ 通过案例学习，提高分析和评价海洋碳汇项目成功与失败的能力

中国海洋碳汇市场正处于快速发展阶段，未来几年内的发展趋势可能将集中在以下三个主要领域：拓展潜在的增长点、技术革新以及政策与监管框架的优化。

一、拓展潜在的增长点

中国的海洋碳汇市场未来的增长主要体现在两个方面：生态恢复项目的扩展和新兴碳汇技术的应用。随着中国政府对环境保护和气候变化应对的重视，红树林恢复、盐沼保护以及海草床扩展等项目将获得更多的政策和财政支持。这些生态系统不仅能有效减少大气中的二氧化碳，还能增强生物多样性和提高海洋生态系统的韧性。此外，随着碳汇计量和验证技术的发展，新兴的海洋碳汇技术如人工智能与海洋碳汇、二氧化碳捕获和封存技术（CCS）也将逐步被开发和实施，这将为市场带来新的增长点。

近日的研究发现，结合环境化学大数据和人工智能技术（机器学习），可以有效地揭示气候变化对海洋浮游植物的影响。这项研究详细分析了温度升高和二氧化碳浓度增

加等气候变化因素对海洋浮游植物丰度和生产力的影响，并预测了未来不同气候情景下的影响变化。结果表明，减少温室气体排放和人为污染是保持海洋浮游植物多样性及其海洋生物固碳能力的必要措施。此外，该研究通过机器学习模型展示了海洋环境化学因素与浮游植物固碳之间的复杂关系，为未来海洋生物多样性保护和海洋生物碳汇能力提升提供了重要的科学依据。这标志着人工智能在生态环境数据分析领域的应用迈出了重要步伐，并为助力碳中和目标的实现提供了技术支持。

此外，另有研究表明，二氧化碳捕捉与封存技术（CCS）被视为对抗全球气候变化的关键策略之一。该技术涉及将二氧化碳从工业排放源中分离出来，然后运输并储存于地下，以避免其释放到大气中。国际能源署（IEA）在其报告中强调，为控制全球升温幅度在2℃以内，21世纪末CCS技术需要贡献约14%的二氧化碳减排量。若目标是更严格的1.75℃，则CCS的贡献需增至32%。政府间气候变化专门委员会（IPCC）的报告也特别提到，实现本世纪中叶二氧化碳净零排放及控制全球升温在1.5℃以内至关重要，强调了CCS在实现这些全球气候目标中的必要性。

随着对这项技术认识的加深，二氧化碳捕捉、利用与封存（CCUS）技术应运而生，这不仅涵盖了CCS的所有功能，还包括了将捕获的二氧化碳转化为有用产品，如在化工生产中利用，实现二氧化碳的资源化。这种技术的应用不仅可以减少温室气体的排放，还能带来经济效益，因此被认为具有更高的实用性和经济价值。全球范围内，CCUS技术已逐渐被接受并投入使用，成为碳减排与经济发展相结合的一个典范。

二、技术革新

技术革新是推动海洋碳汇市场发展的关键驱动力。未来几年，重点将放在提升碳汇量计量的准确性和效率上。这包括利用卫星遥感、无人机技术和人工智能算法来监测和评估碳汇效果。例如，通过高分辨率的卫星图像和数据处理技术，可以实时监控红树林和海草床的健康状况及其碳吸存能力的变化。此外，生物工程技术在海洋碳汇中的应用也将逐步增多，如使用基因编辑技术改良的海洋植物，使其具有更高的碳吸收和存储能力。

随着中国对实现碳达峰和碳中和目标的战略部署，国家碳计量中心的建设显得尤为关键。位于内蒙古、广东、山东和福建的四个国家碳计量中心正在前沿推动碳计量技术的创新和应用，以确保碳排放的"可测量、可报告、可核查"。这些中心通过构建研究平台、数据平台和监督服务平台，加强碳计量技术研究，致力于解决碳核算与碳交易中的技术难题。利用先进的在线监测系统和大数据分析，中心能够精确评估和管理碳排放数据，提升数据质量，为碳交易和政策制定提供科学依据。进一步地，通过引入和优化如卫星遥感和人工智能技术等先进测量设备和方法，这些碳计量中心正在推动从传统碳核算向更高效实时测量的转变。碳计量技术的创新不仅加速了中国碳减排的精确实施，还为国家向绿色低碳经济的转型提供了强有力的支撑。

三、政策与监管框架的优化

为了支持海洋碳汇市场的健康发展，政策与监管框架的优化是不可或缺的。预计未来中国政府将出台更加明确和有力的政策，以规范和促进海洋碳汇项目的实施。这包括制定详细的碳汇量认证标准、提供税收优惠、建立碳汇交易平台等。同时，政府可能会加强跨部门和跨地区的合作，确保碳汇项目能够在全国范围内得到有效的协调和支持。

1. 政策建议

在分析了中国海洋碳汇交易市场的当前状况后，为了促进其健康和持续的发展，政策指导可以从以下三个方面出发：增强制度框架、技术和科研投入加强以及市场机制和激励措施的创新。

（1）增强制度框架。首先，建立和完善海洋碳汇的法律和政策框架是推动市场发展的基础。目前，中国在海洋碳汇政策方面还处于起步阶段，缺乏具体的法规和标准来指导和规范市场操作。政府需要制定明确的海洋碳汇定义、权属归属、交易规则以及监测和报告的标准。其次，应该建立专门的管理机构，负责海洋碳汇项目的审核、注册、交易和监管，确保市场的透明度和公正性。这一框架的建立将为市场参与者提供清晰的指导，降低市场运行的不确定性和风险。

（2）技术和科研投入加强。海洋碳汇项目的实施和管理高度依赖于科技支持，尤其是在碳汇量的准确测定和长期监控方面。政府应该加大对海洋科学研究的投入，支持相关的技术开发和创新。这包括发展更高效的海洋生态监测技术、碳吸存能力评估方法以及环境影响的长期跟踪技术。同时，鼓励高校、研究机构、企业和非政府组织之间的合作，共同推进科技创新和应用。通过科技进步，可以提高项目的经济性和可操作性，从而吸引更多的投资者参与到市场中来。

（3）市场机制和激励措施的创新。为了激发市场活力和吸引更多资金投入海洋碳汇项目中，政府应当创新市场机制和激励措施。这包括实施税收优惠、提供财政补贴以及开展碳信用交易。此外，可以探索建立公私合作模式（PPP），鼓励私营部门参与海洋碳汇项目的投资和运营。通过这些激励措施，不仅可以减轻企业的成本负担，还可以提高项目的投资回报率，增强市场的吸引力。

通过落实以上政策引导，中国的海洋碳汇交易市场有望实现更加健康和可持续的发展。这些措施将帮助建立一个更加成熟、规范和活跃的市场环境，为中国乃至全球的气候变化应对做出重要贡献。

2.国际合作

中国在全球海洋碳汇市场中扮演着越来越重要的角色，这主要得益于其丰富的海洋资源、积极的环保政策和对国际合作的开放态度。通过与国际组织和其他国家的合作，中国不仅能够提升自身海洋碳汇市场的竞争力，还能在全球碳减排努力中发挥关键作用。以下两部分将探讨中国如何通过国际合作提升其海洋碳汇市场的竞争力，并结合中澳和中欧的具体案例加以说明。

（1）提升技术能力和标准化。中国通过国际合作显著提升了其海洋碳汇相关的技术能力和标准化进程。通过与发达国家和国际科研机构的合作，中国在海洋生态系统的碳汇测定、监测技术以及数据管理方面取得了显著进步。这些技术和知识的转移不仅提高了中国在全球海洋碳汇市场中的技术水平，也促进了国内外市场的对接和标准化。

中国和澳大利亚在2010年启动了一个海洋碳汇合作项目，旨在共同研究和开发红树林和海草床的碳汇评估技术。通过此合作项目，双方共同开发了一套适用于亚太地区的碳汇测定标准，提升了碳汇数据的准确性和透明度。从未来趋势和发展方向来看，随着全球对碳汇的重视日益增加，该项目预计将进一步扩展，可能包括更多种类的海洋生态系统，如盐沼和珊瑚礁，同时增加更多国家的参与和合作。

中国与巴西合作开展的海洋碳汇项目旨在通过共享卫星数据和现场监测技术，提升双方在海洋碳汇测量和验证方面的能力。该项目不仅涉及科学研究，还包括建立共同的技术标准和数据平台。未来趋势和发展方向：随着项目的深入，预计将进一步扩展到涉及更多海洋生态系统的保护和碳汇认证领域，例如扩展到珊瑚礁保护和碳汇商业化利用。此外，项目还将促进双方在国际海洋碳汇政策制定中的合作，提升双方在全球海洋碳汇市场中的影响力。

（2）推动政策协同和市场机制创新。中国通过国际合作加强了全球海洋碳汇政策的协同，推动了市场机制的创新。通过参与国际气候变化谈判和多边环境协议，中国影响了全球海洋碳汇政策的制定，推广了包括碳交易在内的市场机制。这种政策协同不仅增强了中国海洋碳汇市场的国际影响力，也为中国企业在全球市场中提供了更多的商业机会。

在2015年的巴黎气候会议期间，中国与欧盟签署了碳市场合作协议，旨在促进双方在碳市场建设和运营方面的经验交流与技术合作。通过这次合作，中国获得了欧盟碳市场的运作经验，特别是在监测、报告和核实（MRV）系统建设方面取得了实质性进展。从未来趋势和发展方向上来看，随着中国碳市场的逐步成熟和国际化，预计未来将与欧盟及其他碳市场进行更深层次的链接，包括共同的碳信用项目、交叉交易以及技术和政策的进一步整合。

3. 国际合作面临的问题及解决方案

国际合作对于推动中国海洋碳汇市场的发展具有至关重要的作用。这种合作不仅可以帮助中国学习和引进国际上的先进技术和管理经验，还能促进中国在全球碳市场中的政策协同和市场接轨，提高中国海洋碳汇项目的国际认可度和竞争力。然而，这种合作也面临着一系列挑战，包括技术转移的障碍、国际政治经济环境的复杂性以及合作机制的不完善等。

（1）国际合作的现存问题。

① 技术转移障碍。在国际合作项目中，高端技术往往涉及大量的知识产权问题，这导致技术转移过程中的法律和经济成本较高。此外，技术适应性的问题也不容忽视，即直接引进的国外技术可能需要根据中国的具体环境进行相应的调整和改进。

② 国际政治经济环境的影响。国际合作往往受到国际政治经济环境的影响。例如，地缘政治的紧张可能导致合作受阻，国际贸易政策的变化可能影响项目的资金流和物资供应。

③ 合作机制不完善。国际合作项目的管理和运作往往需要复杂的协调和高效的管理机制，但现有的合作机制可能存在缺乏灵活性、反应迟缓等问题，这会降低合作效率和效果。

（2）潜在的解决方案。

① 加强技术本地化与共同研发。为解决技术转移的障碍，中国可以与国际伙伴建立共同研发机制，共享研发成果，同时重视技术的本地化改造和创新。例如，中国与德国合作的"中德碳市场项目"就包括双方技术人员的深度交流和联合研发环节，以确保所引进技术的高效运作和持续升级。

② 多边合作平台的构建。为减少国际政治经济因素的负面影响，中国可以积极参与或发起建立多边合作平台，如亚太海洋合作组织，通过多边机制增加合作的稳定性和互信。这种平台可以在国家间形成合力，共同应对国际政治和经济的波动。

③ 优化国际合作项目管理。建立高效灵活的国际合作项目管理机制，引入现代项目管理方法，如敏捷管理和电子治理技术，提高项目的反应速度和适应能力。同时，建议设立专门的国际合作协调机构，负责处理合作中出现的问题，确保合作项目的顺利进行。

中国在通过国际合作提升海洋碳汇市场竞争力方面已经取得了一定的成效，并且未来有望在全球海洋碳汇领域发挥更大的影响力。这些合作不仅加快了中国在该领域的技术进步和政策创新，也有助于形成更加开放和互利的国际海洋碳汇市场环境。

思考题

- 根据本节内容描述中国海洋碳汇市场未来五年的潜在发展方向。

- 讨论中国政府应如何调整政策以支持海洋碳汇市场的发展。

- 哪些技术创新可能对中国的海洋碳汇项目产生重大影响?

- 探讨中国在海洋碳汇市场中进行国际合作的潜在好处和挑战。

- 评价当前海洋碳汇市场面临的主要监管挑战及可能的解决方案。

- 如何理解市场需求对于海洋碳汇项目的成功至关重要?

- 预测环境变化如何影响海洋碳汇的有效性和市场需求。

- 分析中国海洋碳汇交易市场如何应对全球经济波动。

- 探讨如何通过教育和公众参与提高海洋碳汇项目的社会接受度。

- 通过分析一个失败的海洋碳汇项目案例,讨论其失败的原因及从中学到的教训。

章节小结

本章全面探讨了中国海洋碳汇交易市场的运行机制、当前状况以及对未来发展的展望。随着全球对气候变化应对的重视程度不断提升，海洋碳汇作为减缓气候变化的有效途径，已经成为中国乃至全球碳减排策略的重要组成部分。

一、市场运行与推进

中国海洋碳汇市场的运行依托于国家层面对碳排放交易的制度建设和政策支持。通过设立试点项目和推广有效的市场运作模式，中国已逐步建立起一个覆盖多个海洋生态系统的碳汇交易市场。这一市场不仅包括红树林、盐沼和海草床等自然碳汇，还包括人工增殖等新型碳汇技术。国内碳汇市场的发展得益于政府的积极政策推动、跨区域的合作机制建设以及碳交易法律框架的逐步完善。

二、当前市场现状

中国的海洋碳汇交易市场尽管处于起步阶段，但已展现出巨大的发展潜力。市场参与者包括政府机构、企业及非政府组织等多方力量，共同推动海洋碳汇项目的实施与监管。交易模式逐渐从直接交易转向通过专业平台进行，以提高交易的透明度和效率。然而，市场仍面临技术和方法论的局限性、市场参与度不足以及政策和法律框架的不完善等挑战。

三、发展展望

从分析结果来看，中国海洋碳汇交易市场的发展将集中在扩展潜在的增长点、技术革新，以及政策与监管框架的优化上。技术革新，尤其是在碳汇量计量和监测技术方面的进步，将直接影响碳汇项目的效率和市场的活跃度。政策层面，预计将出台更多激励措施和详细规定，以引导和促进更广泛的市场参与。国际合作也将是推动市场发展的关键，通过技术共享和政策对接，提升中国海洋碳汇市场的国际竞争力。

总的来说，中国海洋碳汇交易市场正处于快速发展阶段，通过不断完善市场机制和政策环境，以及加强技术创新和国际合作，有望在全球碳减排努力中扮演更加重要的角色。通过这些努力，中国不仅能有效地减缓气候变化，还能在全球碳汇市场中占据更有利的地位，推动国内外环境保护和可持续发展的双重目标。

拓展阅读

1.Rehdanz K，Tol R S，Wetzel P.Ocean carbon sinks and international climate policy［J］. Energy Policy，2006：3516–3526.

尽管陆地植被碳汇已被纳入《京都议定书》作为人为温室气体排放的抵消手段，海洋碳汇却未受到同等关注。与《京都议定书》谈判时期陆地碳汇的未知性相似，海洋碳汇同样充满不确定性。在2012年后的谈判中，某些国家可能会提倡包括海洋碳汇，以减少它们的减排义务。本研究利用一个简单的国际二氧化碳排放市场模型，评估允许使用海洋碳汇将使哪些国家受益或损失。本文的分析限于使用有关国家专属经济区内的人为碳封存信息，并从1990年开始推导人为吸收量。与常规森林管理活动的碳封存一样，自然海洋碳封存的成本为零。专属经济区内的人为海洋碳封存总量巨大，这显著改变了大多数国家的减排成本。例如澳大利亚、丹麦、法国、冰岛、新西兰、挪威和葡萄牙等国将大幅受益，许多其他国家也将从中获利。当前的碳排放许可净出口国，尤其是俄罗斯，将从中受益较少，可能会反对包括海洋碳汇在内的政策。

2.Liu C，Liu G，Casazza M，Yan N，Xu L，Hao Y，Yang Z.Current status and potential assessment of China's ocean carbon sinks［J］.Environmental Science & Technology，2022：6584–6595.

本研究提出了一种全面且整体的框架和方法，用于评估海洋碳汇，以解决当前研究中的限制，并考虑了不同类型的碳汇及其碳储存周期的特征。研究结果显示，中国的总海洋碳汇量为每年（69.83~106.46）×10^{12}克碳，其中，海洋养殖、沿海湿地和远洋碳汇分别为每年（2.27~4.06）×10^{12}克碳、（2.86~5.85）×10^{12}克碳和（64.70~96.55）×10^{12}克碳。此外，诸如海岸保护和恢复、海洋养殖发展、海洋碱化、海洋施肥和海洋生物能源结合碳捕集与封存等基于海洋的解决方案显示出巨大的减缓潜力，但在大规模部署前需要进一步研究。尽管中国的海洋碳汇仅抵消了其化石燃料排放的3.27%~4.99%，但其巨大的增强潜力和特定优势不容忽视，必须根据地区特征采取增强措施。然而，仍存在一些不确定性和限制，例如双重计算和碳汇抵消等问题需要进一步考虑。总的来说，这项研究为发展基于海洋的解决方案提供了基础，以弥补气候减缓的差距。

3.Ren W.Study on the removable carbon sink estimation and decomposition of influencing factors of mariculture shellfish and algae in China—a two-dimensional perspective based on scale and structure[J].Environmental Science and Pollution Research，2021：21528–21539.

面对经济发展与生态环境保护的双重压力，加强节能减排并增加碳汇的策略显得尤为重要。众所周知，森林碳汇对减少大气中的二氧化碳具有显著效果，但海洋养殖的碳汇功能鲜为人知。文章基于中国渔业部门的统计数据和质量评估方法，建立了一个初步的海洋养殖贝类和藻类可移除碳汇的核算系统，并估算了2005~2017年其在中国的容量。通过使用对数平均迪维西亚指数（LMDI），分析了结构和规模因素对海洋养殖贝类和藻类可移除碳汇的影响。结果显示，中国海洋养殖贝类和藻类的年均可移除碳汇达到92.7万吨，总体呈上升趋势，其中贝类的碳汇总量大于藻类。在此基础上，牡蛎是中国海洋养殖中主要的碳汇来源，其次是菲律宾蛤仔。此外，中国海洋养殖贝类和藻类年可移除碳汇的经济价值相当于1.39亿~5.56亿美元。规模因素在中国海洋养殖的可移除碳汇能力中起主导作用，而结构因素的作用较小。这项研究为理解和利用海洋生态系统作为碳汇的潜力提供了重要信息，同时也为相关政策的制定提供了数据支持。

4.Wu J，Li B.Spatio-temporal evolutionary characteristics of carbon emissions and carbon sinks of marine industry in China and their time-dependent models[J].Marine Policy，2022：104879.

该研究对中国十个沿海省市2008~2019年海洋产业的碳排放与碳汇进行了定量分析，探讨了其空间和时间演变特征，并从国家和省级角度建立了碳排放与碳汇的时序模型。研究结果表明：① 在观察期内，中国海洋产业的碳排放与碳汇均呈年度增长趋势，且碳排放的增长速度超过了碳汇的增长速度。② 中国海洋产业的直接、间接及总碳排放和贝类、藻类及总碳汇都符合时间的幂函数模型，预计总碳排放和碳汇将分别在2021年和2022年达到峰值。③ 不同省市的碳排放和碳汇受多种因素影响，各自的时序模型表现出差异。这些发现为加快渔业节能减排及提升其碳汇生态功能提供了参考依据，同时也阐明了海洋政策在中国沿海地区海洋产业发展中的作用。此研究为政策制定者和行业管理者提供了科学依据，以优化能源利用和促进海洋产业低碳发展。

5.Zarate-Barrera T G，Maldonado J H.Valuing blue carbon：carbon sequestration benefits provided by the marine protected areas in Colombia［J］.PloS one，2015：e0126627.

该篇研究旨在评估哥伦比亚新建立的一系列海洋保护区中，通过红树林和海草床实现的海洋碳捕获和储存服务（即蓝碳服务）的经济价值。为此，文章通过模拟一个假想的海洋碳市场来估算这些服务的货币价值，并构建了一个受益函数，考虑了红树林和海草床捕获和储存蓝碳的能力。研究还模拟了碳市场价格、贴现率、生态系统自然损失率和关于后《京都议定书》谈判的预期等关键变量的变化情景。结果表明，由这些生态系统提供的碳捕获和储存所带来的预期收益虽然可观，但高度依赖于《京都议定书》延期谈判的预期以及碳信用需求与供应的动态。此外，文章结果显示这些生态系统的自然损失率似乎对年度收益价值的影响不显著。这一研究是首次尝试将蓝碳作为保护服务的一项进行估值，为全球变暖缓解策略的制定提供了重要信息和政策建议。

参考文献

［1］IPCC.Climate Change2021: The Physical Science Basis.Contribution of Working Group I to the Sixth Assessment Report of the Intergovernmental Panel on Climate Change［R］. Cambridge University Press，Cambridge，UK，2021.

［2］IPCC.Summary for Policymakers.In T.F.Stocker，D.Qin，G.–K.Plattner，M.Tignor，S.K.Allen，J.Boschung，A.Nauels，Y.Xia，V.Bex，& P.M.Midgley（Eds.），Climate Change2013: The Physical Science Basis.Contribution of Working Group I to the Fifth Assessment Report of the Intergovernmental Panel on Climate Change［R］.Cambridge University Press，Cambridge，United Kingdom and New York，NY，USA，2013.

［3］Shakun J D，Clark P U，He F，et al. Global warming preceded by increasing carbon dioxide concentrations during the last deglaciation［J］.Nature，2012，484（7392），49–54.

［4］徐可西，詹冰倩，姜春，等.碳排放约束下的城市空间格局优化：理论框架、指标体系与实践路径［J］.自然资源学报，2024（3）：682–696.

［5］韩庆丰，李赛，吴楚珩，等.中国碳排放权交易减排效应研究——基于 ETS 试点的准自然实验［J］.统计与决策，2023（13）：160–165.

［6］刘占成，王安建，于汶加，等.中国区域碳排放研究［J］.地球学报，2010（5）：727–732.

［7］王凯，蒋国翔，罗彦，等.适应气候变化的国土空间规划应对总体思路研究［J］.规划师，2023（2）：5–10.

［8］黄惠康.论气候变化全球治理的中国主张——纪念《联合国气候变化框架公约》开放签署30周年［J］.国际法学刊，2022（4）：1–33，154.

［9］李宗艳.全球臭氧层恢复已步入正轨［J］.生态经济，2023（3）：1–4.

［10］于宏源.G20环境治理和发展趋势［J］.电力与能源，2016（5）：576–581.

［11］高世楫，俞敏.中国提出"双碳"目标的历史背景、重大意义和变革路径［J］.新经济导刊，2021（2）：4–8.

［12］郑爽.全球碳市场动态［J］.气候变化研究进展，2006（6）：281–285.

［13］王雪峰，廖泽芳.市场机制、政府干预与碳市场减排效应研究［J］.干旱区资源与环境，2022（8）：9–17.

［14］魏庆坡，安岗，涂永前.碳交易市场与绿色电力政策的互动机理与实证研究［J］.中国软科学，2023（5）：198–206.

［15］张哲，张煜星.世界主要碳排放国家碳达峰和碳汇能力研究［J］.林业资源管理，2023（2）：1–9.

［16］Hall D.Ocean Through Time.Smithsonian Ocean［R］.2019.

［17］Kiwi Energy.The Five Steps of the Carbon Cycle［R］.Kiwi Energy，2023.

［18］Riebeek H.The carbon cycle［R］.NASA Earth Observatory，2011.

［19］Editors of Encyclopaedia Britannica.Kyoto Protocol［R］.Encyclopedia Britannica，2024.

［20］Alongi D M.Carbon sequestration in mangrove forests［J］.Carbon management，2012，3（3）：313–322.

［21］Alongi D M.Carbon cycling and storage in mangrove forests［J］.Annual review of marine science，2014，6：195–219.

［22］Alongi D M.Global significance of mangrove blue carbon in climate change mitigation［J］.Sci，2020，2（3）：67.

［23］Atwood T B，Connolly R M，Almahasheer H，et al.Global patterns in mangrove soil carbon stocks and losses［J］.Nature Climate Change，2017，7（7）：523–528.

［24］Bouillon S，Borges A V，Castañeda–Moya E，et al.Mangrove production and carbon sinks：a revision of global budget estimates［J］.Global biogeochemical cycles，2008，22（2）：78.

［25］Chmura G L.What do we need to assess the sustainability of the tidal salt marsh carbon sink？［J］.Ocean & coastal management，2013，83：25–31.

［26］Duarte C M，Marbà N，Gacia E，et al.Seagrass community metabolism：Assessing the carbon sink capacity of seagrass meadows［J］.Global biogeochemical cycles，2010，24（4）：84.

［27］Duarte C M，Middelburg J J，Caraco N.Major role of marine vegetation on the oceanic carbon cycle［J］.Biogeosciences，2005，2（1）：1–8.

［28］Emerson S.Organic carbon preservation in marine sediments［J］. The carbon cycle and atmospheric CO_2: natural variations Archean to present, 1985, 32: 78-87.

［29］Emerson S, Hedges J. Chemical oceanography and the marine carbon cycle［M］. Cambridge University Press, 2008.

［30］Fourqurean J W, Duarte C M, Kennedy H, et al. Seagrass ecosystems as a globally significant carbon stock［J］. Nature geoscience, 2012, 5（7）: 505-509.

［31］Joos F, Plattner G K, Stocker T F, et al. Global warming and marine carbon cycle feedbacks on future atmospheric CO_2［J］. Science, 1999, 284（5413）: 464-467.

［32］Kennedy H, Beggins J, Duarte C M, et al. Seagrass sediments as a global carbon sink: Isotopic constraints［J］. Global biogeochemical cycles, 2010, 24（4）: 75.

［33］Kirwan M L, Mudd S M.Response of salt-marsh carbon accumulation to climate change［J］. Nature, 2012, 489（7417）: 550-553.

［34］Krause-Jensen D, Duarte C M.Substantial role of macroalgae in marine carbon sequestration［J］. Nature Geoscience, 2016, 9（10）: 737-742.

［35］Kristensen E, Bouillon S, Dittmar T, et al. Organic carbon dynamics in mangrove ecosystems: a review［J］. Aquatic botany, 2008, 89（2）: 201-219.

［36］Lavery P S, Mateo M Á, Serrano O, et al. Variability in the carbon storage of seagrass habitats and its implications for global estimates of blue carbon ecosystem service［J］. PloS one, 2013, 8（9）: e73748.

［37］Longhurst A R.Role of the marine biosphere in the global carbon cycle［J］. Limnology and Oceanography, 1991, 36（8）: 1507-1526.

［38］Lovelock C E, Reef R.Variable impacts of climate change on blue carbon［J］. One Earth, 2020, 3（2）: 195-211.

［39］Middelburg J J.Marine carbon biogeochemistry: A primer for earth system scientists（p.118）［M］.Springer Nature, 2019.

［40］Nellemann C, Corcoran E, Duarte C M, et al. Blue Carbon: The Role of Healthy Oceans in Binding Carbon［J］. UN Environment, GRID-Arendal, 2009.

［41］Riebesell U, Körtzinger A, Oschlies A. Sensitivities of marine carbon fluxes to ocean change［J］. Proceedings of the National Academy of Sciences, 2009, 106（49）: 20602-20609.

［42］Worden A Z, Follows M J, Giovannoni S J, et al. Rethinking the marine carbon cycle: factoring in the multifarious lifestyles of microbes［J］. Science, 2015, 347

（6223）：1257594.

［43］Almahasheer H，Serrano O，Duarte C M，et al. Low carbon sink capacity of Red Sea Mangroves［J］. Scientific Reports，2017，7（1）：22.

［44］Atta Aly M A，Beltagy A S，Hobson G E. Comparison between three tomato lines（Rin Rin，Rin Rin and Rin Rin）in ACC content，loss in firmness and loss in weight）［J］. Acta Horticulturae，1986（190）：183–190.

［45］Atwood T B，Connolly R M，Ritchie E G，et al. Predators help protect carbon stocks in blue carbon ecosystems［J］. Nature Climate Change，2015，5（12）：1038–1045.

［46］Boyd P W，Claustre H，Levy M，et al. Multi–faceted particle pumps drive carbon sequestration in the ocean［J］. Nature，2019，568（7752）：327–335.

［47］Coll M，Libralato S，Tudela S，et al. Ecosystem overfishing in the ocean［J］. PLoS one，2008，3（12）：e3881.

［48］Doney S C，Fabry V J，Feely R A，et al. Ocean acidification: the other CO_2 problem ［J］. Annual review of marine science，2009，1：169–192.

［49］Duarte C M，Cebrián J. The fate of marine autotrophic production［J］. Limnology and Oceanography，1996，41（8）：1758–1766.

［50］Gao G，Beardall J，Jin P，et al. A review of existing and potential blue carbon contributions to climate change mitigation in the Anthropocene［J］. Journal of Applied Ecology，2022，59（7）：1686–1699.

［51］Gattuso J P，Hansson L.（Eds.）. Ocean acidification［M］. Oxford University Press，USA，2011.

［52］Gattuso J P，Frankignoulle M，Wollast R. Carbon and carbonate metabolism in coastal aquatic ecosystems［J］. Annual Review of Ecology and Systematics，1998，29（1）：405–434.

［53］Heinze C，Meyer S，Goris N，et al. The Ocean Carbon Sink – Impacts，vulnerabilities and challenges［J］. Earth System Dynamics，2015，6（1）：327–358.

［54］Hofmann G E，Smith J E，Johnson K S，et al. High–frequency dynamics of ocean pH: a multi–ecosystem comparison［J］. PloS one，2011，6（12）：e28983.

［55］Hönisch B，Ridgwell A，Schmidt D N，et al. The geological record of ocean acidification［J］. science，2012，335（6072）：1058–1063.

［56］Honjo S, Eglinton T I, Taylor C D, et al. Understanding the role of the biological pump in the global carbon cycle: an imperative for ocean science ［J］. Oceanography, 2014, 27（3）: 10–16.

［57］Hopkinson C S, Cai WJ, Hu X. Carbon sequestration in wetland dominated coastal systems—a global sink of rapidly diminishing magnitude ［J］. Current Opinion in Environmental Sustainability, 2012, 4（2）: 186–194.

［58］Houghton R A. Why are estimates of the terrestrial carbon balance so different? ［J］. Global change biology, 2003, 9（4）: 500–509.

［59］IUCN. Manual for the creation of Blue Carbon projects in Europe and the Mediterranean ［R］. Otero, M.（Ed）, 2021: 144.

［60］Jaffe L S. Ambient carbon monoxide and its fate in the atmosphere ［J］. Journal of the Air Pollution Control Association, 1968, 18（8）: 534–540.

［61］Jiao N, Wang H, Xu G, et al. Blue carbon on the rise: challenges and opportunities ［J］. National Science Review, 2018, 5（4）: 464–468.

［62］Jones T, Ratsimba H, Ravaoarinorotsihoarana L, et al. The dynamics, ecological variability and estimated carbon stocks of mangroves in Mahajamba Bay, Madagascar ［J］. Journal of Marine Science and Engineering, 2015, 3（3）: 793–820.

［63］Joos F, Meyer R, Bruno M, et al. The variability in the carbon sinks as reconstructed for the last 1000 Years ［J］. Geophysical Research Letters, 1999, 26（10）: 1437–1440.

［64］Large W G, McWilliams J C, Doney S C. Oceanic vertical mixing: A review and a model with a nonlocal boundary layer parameterization ［J］. Reviews of geophysics, 1994, 32（4）: 363–403.

［65］Lovelock C E, Reef R. Variable impacts of climate change on blue carbon ［J］. One Earth, 2020, 3（2）: 195–211.

［66］Malhi Y, Baldocchi D D, Jarvis P G. The carbon balance of tropical, temperate and boreal forests ［J］. Plant, Cell & Environment, 1999, 22（6）: 715–740.

［67］McGowan J A, Cayan D R, Dorman L M. Climate–ocean variability and ecosystem response in the Northeast Pacific ［J］. Science, 1998, 281（5374）: 210–217.

［68］McKinley G A, Fay A R, Eddebbar Y A, et al. External forcing explains recent decadal variability of the Ocean Carbon Sink ［J］. AGU Advances, 2020, 1（2）: 96.

［69］Mooney H. The carbon balance of plants［J］. Annual review of ecology and systematics, 1972, 3（1）: 315–346.

［70］Palumbi S R, Sandifer P A, Allan J D, et al. Managing for ocean biodiversity to sustain marine ecosystem services［J］. Frontiers in Ecology and the Environment, 2009, 7（4）: 204–211.

［71］Piao S, Fang J, Ciais P, et al. The carbon balance of terrestrial ecosystems in China ［J］. Nature, 2009, 458（7241）: 1009–1013.

［72］Pörtner H O, Karl D M, Boyd P W, et al. Ocean systems. In Climate change 2014: impacts, adaptation, and vulnerability. Part A: global and sectoral aspects. contribution of working group II to the fifth assessment report of the intergovernmental panel on climate change（pp. 411–484）［M］. Cambridge University Press, 2014.

［73］Raine R C T, Patching J W. Aspects of carbon and nitrogen cycling in a shallow marine environment［J］. Journal of Experimental Marine Biology and Ecology, 1980, 47（2）: 127–139.

［74］Reay D S, Grace J. Carbon dioxide: Importance, sources and sinks［J］. Greenhouse Gas Sinks, 2007（2）: 1–10.

［75］Reay D S, Dentener F, Smith P, et al. Global nitrogen deposition and carbon sinks［J］. Nature Geoscience, 2008, 1（7）: 430–437.

［76］Sasmito S D, Taillardat P, Clendenning J N, et al. Effect of land - use and land - cover change on mangrove blue carbon: A systematic review［J］. Global change biology, 2019, 25（12）: 4291–4302.

［77］Smith S V. Marine macrophytes as a global carbon sink［J］. Science, 1981, 211（4484）: 838–840.

［78］Taillardat P, Friess D A, Lupascu M. Mangrove blue carbon strategies for climate change mitigation are most effective at the national scale［J］. Biology letters, 2018, 14（10）: 20180251.

［79］Valentini R, Matteucci G, Dolman A J, et al. Respiration as the main determinant of carbon balance in European forests［J］. Nature, 2000, 404（6780）: 861–865.

［80］Volk T, Hoffert M I. Ocean carbon pumps: Analysis of relative strengths and efficiencies in ocean - driven atmospheric CO_2 changes［J］. The carbon cycle and atmospheric CO_2: Natural variations Archean to present, 1985, 32: 99–110.

［81］Watson A J, Schuster U, Shutler J D, et al. Revised estimates of ocean–atmosphere

CO_2 flux are consistent with Ocean Carbon Inventory［J］. Nature Communications，2020，11（1）：105.

［82］Wunsch C，Ferrari R. Vertical mixing，energy，and the general circulation of the oceans［J］. Annu. Rev. Fluid Mech.，2004，36：281–314.

［83］Zhang Y，Zhao M，Cui Q，et al. Processes of coastal ecosystem carbon sequestration and approaches for increasing Carbon Sink［J］. Science China Earth Sciences，2017，60（5）：809–820.

［84］Buchanan J M，Stubblebine W C.Externality.In Classic papers in natural resource economics［M］.London：Palgrave Macmillan UK，1962：138–154.

［85］北京环境交易所 .CCER 与抵消机制在碳市场的应用［M］.北京：北京环境交易所，2018：4–7.

［86］Coase R H.The problem of social cost［J］.The Journal of Law and Economics，2013，56（4）：837–877.

［87］Demsetz H.Toward a theory of property rights.In Classic papers in natural resource economics［M］.London：Palgrave Macmillan UK，1974：163–177.

［88］Deneulin S，Townsend N.Public goods，global public goods and the common good［J］. International Journal of Social Economics，2007，34（1/2）：19–36.

［89］Hong Y，Lyu X，Chen Y，et al.Industrial agglomeration externalities，local governments' competition and environmental pollution：Evidence from Chinese prefecture–level cities［J］.Journal of Cleaner Production，2020，277：123455.

［90］Jia Z，Lin B.Rethinking the choice of carbon tax and carbon trading in China［J］. Technological Forecasting and Social Change，2020，159（0040–1625）：120187.

［91］Kaul I，Grunberg I，Stern M A.Global public goods：international cooperation in the21st century［M］.Oxford：Oxford University Press，1999.

［92］Liu Z，Deng Z，Davis S J，et al. Monitoring global carbon emissions in2021［J］. Nature Reviews Earth & Environment，2022，3：1–3.

［93］Mankiw N G.Principles of economics［M］.9th ed.Cengage Learning，2021.

［94］联合国粮食及农业组织 .REDD+ 减少毁林和森林退化所致排放［EB/OL］.

［95］Stern N H.The Economics of Climate Change：The Stern Review［M］.Cambridge：Cambridge Univ.Press，2006.

［96］Stiglitz J E.Knowledge as a global public good.In Global public goods：International cooperation in the21st century［M］.1999：308–325.

［97］Williamson O E.Transaction–cost economics：the governance of contractual relations ［J］.The Journal of Law and Economics，1979，22（2）：233–261.

［98］马丽梅，张晓.中国雾霾污染的空间效应及经济、能源结构影响［J］.中国工业经济，2014（4）：19–31.

［99］UNFCCC.Kyoto Protocol paves the way for greater ambition under Paris Agreement ［EB/OL］.

［100］UNFCCC.Reporting and review under the Kyoto Protocol：Second commitment period［EB/OL］.

［101］UNFCCC.The Kyoto Protocol was adopted on11December1997［EB/OL］.

［102］Goulder L H，Morgenstern R D，Munnings C，et al. China's National Carbon Dioxide Emission Trading System：An Introduction［J］.Economics of Energy & Environmental Policy，2017：6（2）：135.

［103］Karplus V J，Shen X，Zhang D.Herding Cats：Firm Non–Compliance in China's Industrial Energy Efficiency Program［J］.The Energy Journal，2020：41（4）：96.

［104］中国环境保护部.关于做好2022年企业温室气体排放报告管理相关重点工作的通知［EB/OL］.

［105］Aatola P，Ollikainen M，Toppinen A. Price determination in the EU ETS market: Theory and econometric analysis with market fundamentals［J］. Energy Economics，2013，36：380–395.

［106］Anderson H M，Gao J，Turnip G，et al. Estimating the effect of an EU–ETS type scheme in Australia using a synthetic treatment approach［J］. Energy Economics，2023，125：106798.

［107］Arimura T H，Abe T. The impact of the Tokyo emissions trading scheme on office buildings: what factor contributed to the emission reduction?［J］. Environmental Economics and Policy Studies，2021，23：517–533.

［108］Borghesi S，Montini M. The best（and worst）of GHG emission trading systems: comparing the EU ETS with its followers［J］. Frontiers in Energy Research，2016，4：27.

［109］Choi Y，Liu Y，Lee H. The economy impacts of Korean ETS with an emphasis on sectoral coverage based on a CGE approach［J］. Energy Policy，2017，109：835–844.

［110］Convery F J. Origins and development of the EU ETS［J］. Environmental and

Resource Economics, 2009, 43: 391–412.

[111] De Perthuis C, Trotignon R. Governance of CO_2 markets: Lessons from the EU ETS [J]. Energy Policy, 2014, 75: 100–106.

[112] Diaz–Rainey I, Tulloch D J. Carbon pricing and system linking: lessons from the New Zealand emissions trading scheme [J]. Energy Economics, 2018, 73: 66–79.

[113] Hepburn C, Grubb M, Neuhoff K, et al. Auctioning of EU ETS phase II allowances: how and why? [J]. Climate Policy, 2006, 6 (1): 137–160.

[114] Hintermann B, Peterson S, Rickels W. Price and Market Behavior in Phase II of the EU ETS: A Review of the Literature [J]. Review of Environmental Economics and Policy, 2016.

[115] Hopkins D, Campbell - Hunt C, Carter L, et al. Climate change and Aotearoa New Zealand [J]. Wiley Interdisciplinary Reviews: Climate Change, 2015, 6 (6): 559–583.

[116] ICAP. Emissions Trading Worldwide: Status Report 2024.

[117] Isser S N. A Review of Carbon Markets: EU–ETS, RGGI, California, the Clean Power Plan and the Paris Agreement. RGGI, California, the Clean Power Plan and the Paris Agreement (September 21, 2016) [R], 2016.

[118] Joltreau E, Sommerfeld K. Why does emissions trading under the EU Emissions Trading System (ETS) not affect firms' competitiveness? Empirical findings from the literature [J]. Climate policy, 2019, 19 (4): 453–471.

[119] Leining C, Kerr S, Bruce–Brand B. The New Zealand Emissions Trading Scheme: critical review and future outlook for three design innovations [J]. Climate Policy, 2020, 20 (2): 246–264.

[120] Meng S, Siriwardana M, McNeill J, et al. The impact of an ETS on the Australian energy sector: An integrated CGE and electricity modelling approach [J]. Energy economics, 2018, 69: 213–224.

[121] Narassimhan E, Gallagher K S, Koester S, et al. Carbon pricing in practice: a review of the evidence [J]. Climate Policy Lab: Medford, MA, USA, 2017.

[122] Park H, Hong W K. Korea's emission trading scheme and policy design issues to achieve market–efficiency and abatement targets [J]. Energy Policy, 2014, 75: 73–83.

[123] Pietzcker R C, Osorio S, Rodrigues R. Tightening EU ETS targets in line with the

European Green Deal: Impacts on the decarbonization of the EU power sector［J］. Applied Energy，2021，293：116914.

［124］Qi T，Weng Y. Economic impacts of an international carbon market in achieving the INDC targets［J］. Energy，2016，109：886–893.

［125］Ramsey P A. Sensitivity review: The ETS experience as a case study. In Differential item functioning（pp. 367–388）［M］. Routledge，2012.

［126］Rudolph S，Kawakatsu T. Tokyo's greenhouse gas emissions trading scheme: a model for sustainable megacity carbon markets. In Market Based Instruments（pp. 77–93）［M］. Edward Elgar Publishing，2013.

［127］S. La Hoz Theuer，A. Olarte. Emissions Trading Systems and Carbon Capture and Storage: Mapping possible interactions，technical considerations，and existing provisions［R］. Berlin: International Carbon Action Partnership，2023.

［128］Wakabayashi M，Kimura O. The impact of the Tokyo Metropolitan Emissions Trading Scheme on reducing greenhouse gas emissions: findings from a facility–based study ［J］. Climate Policy，2018，18（8）：1028–1043.

［129］Zhang Y J，Wei Y M. An overview of current research on EU ETS: Evidence from its operating mechanism and economic effect［J］. Applied Energy，2010，87（6）：1804–1814.

［130］Liu C，Liu G，Casazza M，et al. Current status and potential assessment of China's ocean carbon sinks［J］.Environmental Science & Technology，2022：6584–6595.

［131］Rehdanz K，Tol R S，Wetzel P.Ocean carbon sinks and international climate policy［J］. Energy Policy，2006：3516–3526.

［132］Ren W.Study on the removable carbon sink estimation and decomposition of influencing factors of mariculture shellfish and algae in China—a two–dimensional perspective based on scale and structure［J］.Environmental Science and Pollution Research，2021：21528–21539.

［133］Wu J，Li B.Spatio–temporal evolutionary characteristics of carbon emissions and carbon sinks of marine industry in China and their time–dependent models［J］. Marine Policy，2022：104879.

［134］Xie S，Luo W，He Y，Huang H，et al. Construction of China's marine carbon sink trading market［J］.Sci.Technol.Rev，2021：84–95.

［135］全国海洋标准化技术委员会.中国海洋碳汇经济价值核算标准［M］.青岛：自然

资源部第一海洋研究所，2021.

［136］王静，龚宇阳，宋维宁，等．碳捕获、利用与封存（CCUS）技术发展现状及应用展望［J］．中国环境科学研究院，2023.

［137］Zarate-Barrera T G，Maldonado J H.Valuing blue carbon：carbon sequestration benefits provided by the marine protected areas in Colombia［J］.PloS one，2015：e0126627.

［138］浙江省气象科学研究所．聚焦区域尺度碳源汇精细化评估［EB/OL］．中国气象局政府门户网站，［2024-04-30］.